"十三五"国家重点出版物出版规划项目

现代机械工程系列精品教材

普通高等教育"十一五"国家级规划教材

单片机原理与应用

第 3 版

主　编　霍孟友
副主编　陈淑江　李建美　张　涵　王爱群
参　编　潘　伟　胡天亮　卢国梁
主　审　于复生　姚永平

机械工业出版社

STC15F 系列单片机在 8051 内核的基础上扩展、提高了芯片性能，片上资源丰富，速度高，抗静电，抗干扰能力强，而功耗低，价格低，能满足一般实际应用要求，可谓名副其实的单芯片计算机。

本书选择 STC15F 系列单片机作为主讲机型，从微型计算机的基本结构、工作原理出发，系统介绍了 STC15F 系列单片机的片上硬件资源，包括 CPU、存储器、引脚功能、中断、定时器/计数器、模数转换器（ADC）、异步串行通信、常用串行总线、可编程计数器阵列等，详细介绍了 STC 系列单片机汇编语言指令以及 C 语言 C51 系统的编程方法，并编写了综合应用章节。书中的多数举例使用了汇编、C 语言双编程对照。此外，为便于学习单片机，特编列了相关基础知识附录，以供查阅。

本书主要作为高等院校相关专业师生的教科书，也可作为单片机应用、电子设计爱好者的参考书。

图书在版编目（CIP）数据

单片机原理与应用/霍孟友主编. —3 版. —北京：机械工业出版社，2019.8

"十三五" 国家重点出版物出版规划项目 现代机械工程系列精品教材
普通高等教育"十一五" 国家级规划教材

ISBN 978-7-111-63062-3

Ⅰ.①单… Ⅱ.①霍… Ⅲ.①单片微型计算机-高等学校-教材 Ⅳ.①TP368.1

中国版本图书馆 CIP 数据核字（2019）第 126065 号

机械工业出版社（北京市百万庄大街 22 号 邮政编码 100037）
策划编辑：刘小慧 责任编辑：刘小慧 侯 颖 王小东
责任校对：樊钟英 封面设计：张 静
责任印制：孙 炜
北京玥实印刷有限公司印刷
2020 年 1 月第 3 版第 1 次印刷
184mm×260mm · 19 印张 · 430 千字
标准书号：ISBN 978-7-111-63062-3
定价：47.80 元

电话服务 网络服务
客服电话：010-88361066 机 工 官 网：www.cmpbook.com
010-88379833 机 工 官 博：weibo.com/cmp1952
010-68326294 金 书 网：www.golden-book.com
封底无防伪标均为盗版 机工教育服务网：www.cmpedu.com

第3版前言

STC15F 系列单片机是宏晶科技推出的 STC 单片机中性能较高的单片机，典型的型号有 STC15F2K60S2、STC15F2K608 等。STC15F 系列单片机片上资源丰富，速度高，抗静电，抗干扰能力强，功耗低，价格低，能满足一般应用要求，可谓名副其实的单芯片计算机。

STC15F 系列单片机的内核为 8051，但芯片性能做了较大扩展与提高：能够以单机器周期（1T）工作，比传统的 8051 快 8~12 倍；集成了 8~62KB 的 Flash 程序存储器、2KB 数据存储器（RAM）、1KB 片内 EEPROM；具有 26~42 个 4 种工作模式的通用 I/O 口；集成硬件看门狗；集成高精度 R/C 时钟和高可靠复位电路；集成 3 通道比较/捕获单元；集成 8 路 10 位精度 ADC；有 3 个 16 位定时器及低功耗唤醒专用定时器；有 4 个可编程时钟输出口；有 14 个中断源；有 1 组高速同步串行通信端口（SPI）；有 2 组高速异步串行通信端口（UART）等。芯片的功能可以满足一般的检测、控制应用要求。STC15F 系列单片机具有在线可编程功能，可以节省仿真器与编程器，方便了教学或系统开发。

本书主要介绍能够满足一般应用要求的 STC15F 系列单片机，在读者学习以后就可以进行应用实践，能切实达到"学以致用"的目的。

考虑到使用本书的读者大部分为在校学生，他们学习的主要目的是掌握并学会使用一款可以解决应用问题的控制器，而他们在专业基础知识方面还有些欠缺，如果过多、过深地涉及原理知识的学习，反而会给他们的学习造成困惑。为此，本书对原理知识进行了弱化，而采用"轻原理，重应用"的策略，除了学习软件方面的汇编语言外，加强对 C51 语言、编程应用以及开发环境的知识讲解，所有的应用举例均用两种语言对照编程参照。总之，以读者"能用会用"作为教材编写的方向。

另外，在附录中特别增设了基础知识，以便初学者查阅。

为促进对 STC15F 系列单片机的学习与掌握，宏晶科技设计了专门的教学实验箱。本书的部分应用举例涉及实验内容，可以让学生在课后马上进行实验验证，从而促进他们对课堂学习内容的理解和吸收。

本书由山东大学霍孟友任主编，山东大学陈淑江、李建美、王爱群和山东建筑大学张涵任副主编，山东大学潘伟、胡天亮、卢国梁参与了编写。全书内容分为 11 章, 具体编写分工为: 李建美编写第 1、6 章, 霍孟友编写第 2、10 章, 潘伟编写第 3 章, 陈淑江编写第 4、5 章, 王爱群编写第 7 章, 张涵编写第 8、9 章, 胡天亮编写第 11 章, 卢国梁编写了附录部分。山东建筑大学于复生教授和宏晶科技总经理姚永平先生担任本书的主审。他们对教材编写提出了宝贵建议, 在此致以诚挚的谢意。

由于编者水平有限, 书中难免有疏漏与不妥之处, 敬请读者不吝指正。请将宝贵意见发至 hmy2618@sdu.edu.cn 邮箱, 以便与作者沟通交流。

编　者

2019 年 1 月于济南

第 2 版前言

本书为普通高等教育"十一五"国家级规划教材。

单片机小巧，功耗低，控制功能强，可靠性高，应用灵活，价格低廉，非常适用于机、电、仪一体化产品，在工业控制、机电一体化产品、家用电器、智能仪表等诸多领域得到了广泛应用，充分显示了单片机广阔的应用前景。

本书是为高等学校非计算机专业学生和有关工程技术人员学习和掌握 MCS-51 单片机原理基础知识和应用技术而编写的，希望读者通过对本书的学习能掌握单片机原理知识和工程应用的基本方法。

本书主要是本着理解、会用的宗旨而编写的。针对非计算机专业学生及初学单片机知识的工程技术人员的特点，编者结合自己多年的教学经验和应用开发方面的体会，在注重基本概念、原理讲解的同时，强调了应用技术方法的学习。在章节内容安排上，遵循循序渐进的原则，强调内容的整体性，而在难点之处尽量增加实例。在书的开头给出了一个步进电动机控制系统的样例，使读者明确了学习的目标和方向；在一些功能部件与器件介绍方面，则强调了不需要深入了解内部结构而以会用为目的，如在存储器扩展一章，只介绍了常用存储器芯片的引脚和功能及扩展技术方法；而在 A/D、D/A 转换器接口一章，也只着重介绍了性能指标和典型器件的接口使用方法；在串行接口一章，用简要文字讲解了串行接口原理，从而取代了传统教材中讲解复杂内部结构图的做法；最后一章介绍了硬件、软件设计、调试的基本方法、步骤，并给出了两个应用实例，使读者掌握应用系统开发的方法，以达到即学会用的教学目的。本书的最后部分是附录可作为需要补充相关知识的读者的辅助材料。

本书注重对单片机应用现状的跟踪，对目前广泛使用的、与 MCS-51 单片机具有相同内核的 AT89 系列单片机进行了介绍，并给出了 AT89C2051 控制水塔供水的应用实例，使读者加深对单片机应用的了解。另外，对实用性技术如串行通信、键盘、显示器扩展以及 A/D、D/A 转换器应用都给予了举例说明。

本书的编者具有较为丰富的教学和实践经验。编写人员有：山东大学的霍孟友、王爱群、袁著燕和李建美，哈尔滨工业大学（威海）的孙玉德，山东科技大学的吴清收。本书由霍孟友教授任主编并负责统稿，济南大学的何芳教授和青岛科技大学的王安敏教授任主审。

在本书编写过程中，山东大学的刁凤超、郑滨完成了课件设计的大量工作。同时，参考了国内部分优秀教材的有关资料，在此深表谢意。

限于编者的水平，错误和不足之处在所难免，恳请读者批评指正。

编　者

第1版前言

单片机小巧，功耗低，控制功能强，可靠性高，应用灵活，价格低廉，非常适用于机、电、仪一体化产品，在工业控制、机电一体化产品、家用电器、智能仪表等诸多领域得到了广泛应用，充分显示了单片机广阔的应用前景。

本书是为高等学校非计算机专业学生和有关工程技术人员学习和掌握MCS-51单片机原理基础知识和应用技术而编写的，希望通过本书的学习，掌握微机原理知识和工程应用的基本方法。

本书主要是本着理解、会用的宗旨而编写的。针对非计算机专业学生及初学微机知识的工程技术人员的特点，编者结合自己多年的教学经验和应用开发方面的体会，在注重基本概念、原理讲解的同时，强调了应用技术方法的学习。在章节内容安排上，遵循了循序渐进的原则，强调了内容的整体性，而在难点之处尽量增加了实例。在教材的开头给出了一个步进电动机控制系统的例子，使读者明确了学习的目标和方向；在一些功能部件与器件介绍方面，强调了不需要深入了解内部结构而以会用为目的，如在存储器扩展一章，只介绍了常用存储器芯片的引脚和功能及扩展技术方法；而在A/D、D/A接口一章，也只着重介绍了性能指标和典型器件的接口使用方法；在串行接口一章，以简要文字讲解了串行接口原理从而取代了传统教材中讲解复杂内部结构图的做法；最后一章介绍了硬件、软件设计、调试的基本方法、步骤，并给出了两个应用实例，使读者掌握应用系统开发的方法，以达到会用的教学目的。本书的最后部分是附录，可作为需要补充相关知识的读者的辅助材料。

本书注重对单片机应用现状的跟踪，对于目前广泛使用的、与MCS-51单片机具有相同内核的AT89系列单片机进行了介绍，并给出了AT89C2051控制水塔供水的应用实例，使读者加深对单片机应用的了解。另外，对实用性技术如串行通信、键盘、显示器扩展以及A/D、D/A转换器应用都给予了举例说明。

参加本书编写的编者具有较为丰富的教学和实践经验。编写人员有：山东大学的霍孟友、王爱群和袭著燕，哈尔滨工业大学（威海）的孙玉德，山东科技大学的吴清收。本书由霍孟友任主编并负责统稿，青岛科技大学的王安敏教授任主审。

　　本书在编写过程中得到了山东大学机械工程学院路长厚教授的鼎力支持；山东省教育厅和机械工业出版社给予了热情的帮助和指导；山东大学的李建美、张光远、付振山做了大量的辅助工作；同时，我们参考了国内部分优秀教材的有关资料。在此谨向他们深表谢意。

　　限于编者水平，错误和不足之处在所难免，恳请读者批评指正。

编　者

2003 年 8 月

目 录

第1章

单片机基础

在对一般微型计算机的组成结构、工作原理、各组成部件的作用进行介绍的基础上，讲述单片机的概念、常见机型及其开发流程等基础知识。

1.1 微型计算机概述

1.1.1 微型计算机的由来

随着电子技术的飞速发展和大规模集成电路的出现，20世纪70年代初出现了一代新型的电子计算机——微型计算机（简称微机）。它是利用大规模集成电路技术把计算机的中央处理单元（CPU）即计算机的控制器和运算器集成在一个芯片上，与各种外设接口共同构成的。在20世纪70年代中期，先后生产了3大系列8位微处理器，即Intel公司的8080、8085，Motorola公司的M6800和Zilog公司的Z80；在20世纪70年代末和80年代初先后生产了8086、Z8000、M68000等16位微处理器；后来又推出了80386和68020等32位微处理器，芯片上的集成度已超过20万个晶体管。同时，利用大规模集成电路技术制造了容量相当大的内存储器芯片（用于存放程序或数据），如16KB×4位的静态存储器和64KB×1位、256KB×1位的动态存储器［随机存取存储器（RAM）］和32KB×8位的只读存储器（ROM）。另外，又把各种通用的、专用的或可编程序的接口电路［用于外围设备，简称（外设）接口］集成在一个芯片上。这样，把CPU配上一定容量的RAM、ROM以及接口电路（如并行接口电路、串行接口电路）和必要的外设（通常包括CRT终端、打印机，软/硬盘驱动器等）就构成了一台微机。

目前的微机是以大规模集成电路和超大规模集成电路为特征的，同最早期的由电子管组成的计算机相比大大缩小了计算机的体积，同时也大大降低了成本，但它所能完成的功能没有降低，相反却有所增强。

1.1.2 微型计算机的基本结构

计算机最初所完成的功能只是用于计算。那么，要完成计算功能，它应该由哪些部件构成呢？首先，要有进行运算的部件——运算器；其次，要有能代替纸张作用的器件——存储器，用于记忆原始题目、原始数据和中间结果，以及存放使机器能自动进行运算而编制的各种命令；再次，要有能代替人协调控制的机构——控制器，由它根据事先给定的命令发出各种控制信息，使整个计算过程一步步地进行。但是仅有这3部分还不够，原始的数据与命令需要输入，所以要有输入设备；而计算结果需要输出，就要有输出设备。有了这些部件，就构成了一个基本的计算机系统，其基本结构如图1-1所示。存储器与运算器、控制器一起组成了微机的主机。

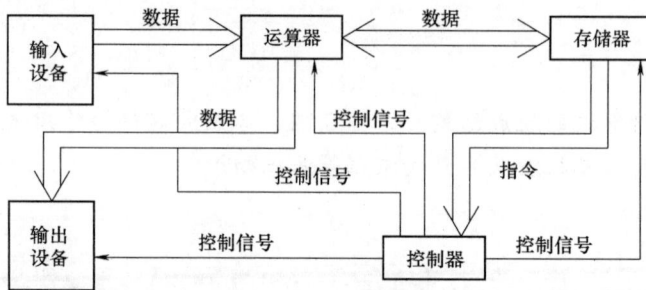

图 1-1 计算机结构图

微机使用的存储器可分为内存和外存两部分。内存容量相对较小，但存取速度快，一般由半导体器件制成；而外存存储容量较大，但存储速度较慢，常用的有硬磁盘、光盘等。微机常用的输入设备有键盘、鼠标等，而常用的输出设备有LCD、打印机等。当计算机用于控制时，还需要接口电路输入/输出各种现场信息和控制命令。各种输入/输出设备通称为计算机的外设。

计算机的运算器和控制器构成了微处理器，又称中央处理单元，即CPU。CPU、存储器（ROM、RAM）和输入/输出接口（I/O接口）电路是计算机的主要组成部件，它们之间通过总线进行连接，如图1-2所示。

总线（Bus）是计算机各种功能部件之间传送信息的公共通信线路。根据所传输信息种类的不同，总线可分为数据总线、地址总线和控制总线，分别用来传输数据、数据所在地址和控制信号。计算机

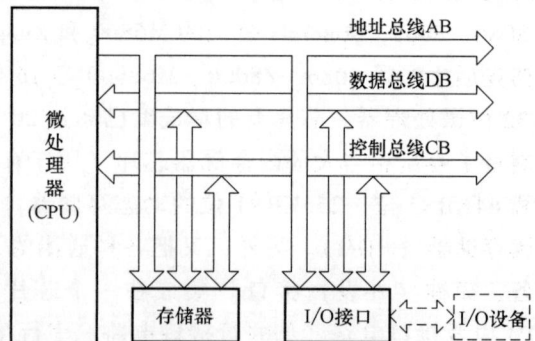

图 1-2 计算机总线结构图

的CPU、存储器和I/O接口等主要部件通过总线相连接，外部设备通过相应的接口电路再与总线相连接，从而形成了计算机硬件系统。

1.2 单片微型计算机

1.2.1 单片机的概念

将计算机的基本组成部分（CPU、存储器、I/O 接口）以及中断系统、定时器/计数器等主要微机部件集成在一块芯片上，就构成了单片微型计算机（Single Chip Micro Computer，SCMC），简称单片机，又称微控制器（Micro Controller Unit，MCU）。

由于单片机是为满足工控对象的嵌入式应用要求而产生的，故又称为嵌入式微控制器。根据单片机 CPU 同时处理数据的位数不同，单片机可分为 4 位机、8 位机、16 位机和 32 位机。目前，在某些涉及高速数据处理的高端应用场合，比如图像处理和通信领域，32 位机的应用已越来越普及。但在工业控制领域的一些中、低端应用场合，位数不是主要因素，8 位机的性能足以满足需求，所以 8 位单片机仍是单片机的主流应用机种。

由于单片机具有体积小、低功耗、控制功能强、价格低廉和灵活的嵌入特性，如今，单片机已经广泛地应用于各个领域，从日常生活中的电器产品到工业领域中仪器仪表的数字化、智能化、微型化过程中，进而在网络和通信领域中，单片机扮演着越来越重要的角色。

1.2.2 常见的单片机

1. 8051 内核单片机

8051 内核单片机应用比较广泛，常见的 8051 内核单片机有以下几种：

（1）MCS-51 系列单片机　MCS-51 系列单片机是美国 Intel 公司研发的，该系列有 8031、8032、8051、8052、8751、8752 等多种产品。其中，8051 是最早、最典型的产品，该系列其他单片机都是在 8051 的基础上进行功能的增、减改变而来的，所以人们习惯于用 8051 来称呼 MCS-51 系列单片机。

Intel 公司将 MCS-51 的核心技术授权给了很多其他公司，获得 8051 内核的厂商在该内核的基础上进行了功能扩展与性能改进。

（2）STC 系列单片机　STC 系列单片机是深圳宏晶科技有限公司生产的增强型 8051 内核单片机，指令代码完全兼容传统 8051 内核，但速度比其快 8 ~ 12 倍。STC 系列单片机在片内资源、性能及工作速度等方面都有很大的提升，是高速、低功耗、超强抗干扰的新一代 8051 单片机。它采用了基于 Flash 的在线系统编程（ISP）技术，就是用串行口下载程序，使得烧录程序更方便。STC 系列单片机有若干系列产品，按照工作速度可分为 12T/6T 和 1T 系列产品。12T/6T 系列产品是指一个机器周期可设置为 12 个时钟或 6 个时钟，包括 STC89 和 STC90 两个系列；1T 系列产品是指一个机器周期仅为 1 个时钟，包括 STC1/10 和 STC12/15 等系列。

（3）AT89 系列单片机 AT89 系列单片机是 Atmel 公司生产的 8 位 Flash 单片机，其内含 8031 内核，与 8051 系列单片机兼容；内部含有 4KB 或 8KB 可重复编程的 Flash 存储器，方便程序修改；具有节电和空闲两种节电工作方式，可大大降低系统的功耗。AT89系列单片机有低档型、标准型和高档型 3 种类型的产品。低档型有 AT89C1051 和 AT89C2051 两种产品，标准型有 AT89C51、AT89C52、AT89LV51、AT89LV52 这 4 种类型的产品，高档型有 AT89S52。

2. 其他系列单片机

除 8051 内核单片机以外，比较有代表性的单片机还有以下几种：

（1）PIC 系列单片机 PIC 系列单片机是由美国 Microchip 公司推出的 8 位单片机，具有高速度、低工作电压、低功耗、低成本、小体积及大输入/输出驱动能力的优势。PIC 系列单片机的指令较少，只有 51 系列的 1/3，但指令的使用灵活性较大。PIC 系列单片机按照其性能的高低分为低档型（PIC16C5×/12C5××）、中档型（PIC16C××）和高档型（PIC17C××）3 种类型的产品。

（2）MSP430 系列单片机 MSP430 系列单片机是由 TI 公司生产的具有超低功耗的微控制器系列。它的 CPU 为 16 位，采用"冯·诺依曼结构"，其 RAM、ROM 及全部外设模块都位于同一个地址空间内，最多达 1MB 的寻址空间。MSP430 系列单片机有几个子系列，如 MSP430×31×、MSP430×32×、MSP430×33×和 MSP430F1×等。

（3）AVR 系列单片机 AVR 系列单片机是由 Atmel 公司研发出的增强型内置 Flash 的精简指令集高速 8 位单片机。AVR 单片机分为低档 Tiny 系列（主要有 Tiny11/12/13/15/26/28 等）、中档 AT90S 系列（主要有 AT90S1200/2313/8515/8535 等）和高档 AT-mega 系列（主要有 ATmega8/16/32/64/128 等）。

在以上众多单片机产品中，STC 系列单片机作为新一代 8051 单片机，与 8051 兼容的同时，相比传统 8051 在性能与速度等方面具备了更大的优势。尤其是它采用了基于 Flash 的在线系统编程（ISP）技术，无须仿真器或专用编程器就可实现单片机应用系统的开发，使得对单片机的学习与应用开发都变得更为简便。基于此，本书以 STC15 系列中的 STC15F2K60S2 单片机为教学机型，全面学习 STC 系列单片机技术以及培养 STC 系列单片机的应用设计能力。

1.2.3 指令、程序和编程语言

一个完整的计算机是由硬件和软件两部分组成的，两者缺一不可。上面所述为计算机的硬件部分，是看得到、摸得着的实体部分，但计算机硬件只有在软件的指挥下，才能发挥其效能。计算机采取"存储程序"的工作方式，即事先把程序加载到计算机的存储器中，当启动运行后，计算机便自动按照程序进行工作。

指令是规定计算机完成某种特定任务的命令，计算机的中央处理器（CPU）就是根据指令指挥与控制计算机各部分协调地工作。一台计算机所能执行的各种不同指令的全体，叫作计算机的指令系统，每一台计算机均有自己特定的指令系统，其指令内容和格式有所不同。

程序是指令的集合，是解决某个具体任务的一组指令。通常用某种编程语言编写，根据完成任务所需要的计算方法和步骤，编制成由逐条指令组成的程序。通常，程序要经过编译和链接而成为计算机能理解的格式，并预先存放在计算机的程序存储器中。

编程语言分为机器语言、汇编语言和高级语言。

1) 机器语言是用二进制代码表示的、计算机能直接识别和执行的语言。机器语言具有灵活、直接执行和速度快的优点，但可读性、移植性以及重用性较差，编程难度较大。

2) 汇编语言是面向机器的程序设计语言。用英文助记符代替二进制码，把机器语言变成了汇编语言。

采用汇编语言编写程序，既保持了机器语言的一致性，又增强了程序的可读性，并且降低了编写难度。但是使用汇编语言编写的程序，机器不能直接识别，要通过汇编程序将汇编语言翻译成机器语言。汇编语言和机器语言一样，是依赖硬件的，不同型号计算机的汇编语言是不同的，所以以汇编语言必须懂得计算机原理和计算机结构。

3) 高级语言与计算机的硬件结构及指令系统无关，它有更强的表达能力，可方便地表示数据的运算和程序的控制结构，能更好地描述各种算法，而且容易学习和掌握。但高级语言必须通过编译或解释的方式，翻译成机器语言目标程序，才能被计算机执行。高级语言编译生成的代码一般比用汇编语言设计的程序代码要长，执行的速度也慢。高级语言包括很多编程语言，如目前流行的有 Java、C、C++、C#、Pascal、Python、Lisp、Prolog、Foxpro、VC 等，这些语言的语法、命令格式都不相同。

目前，在单片机、嵌入式系统应用编程中，主要采用 C 语言编程，具体应用中还增加了面向单片机、嵌入式系统硬件操作的语句，如 KeilC（或称为 C51）。单片机产品虽然众多，但基本工作原理都是一样的，主要区别在于所包含的资源不同、编程语言的格式不同。当用 C 语言编程时，编程语言的差别就更小了。因此，只要学好一种单片机，使用其他单片机时，只需仔细阅读相应的技术文档，即可进行项目或产品的开发。

1.3 STC 系列单片机

1.3.1 STC 系列单片机的发展历史

STC 系列单片机由宏晶科技（STC）研发。该公司成立于 1999 年，经过 20 年的发展，目前已成为全球最大的 8051 单片机生产公司。STC 公司根据用户的不同需求相继推出了不同系列的 8051 单片机，例如：

2004 年，STC 公司推出 STC89C52RC/STC89C58RD+系列 8051 单片机。

2006 年，STC 公司推出 STC12C5410AD 和 STC12C2052AD 系列 8051 单片机。

2007 年，STC 公司相继推出 STC89C52/STC89C58、STC90C52RC/STC90C58RD+、STC12C5608AD/STC12C5628AD、STC11F02E、STC10F08XE、STC11F60XE、STC12C5201AD、STC12C5A60S2 系列 8051 单片机。

2009—2011 年，STC 公司先后推出 STC90C58AD 系列、STC15F100W/STC15F104W 系列、STC15F2K60S2/IAP15F2K61S2 系列 8051 单片机。

2014 年以来，STC 公司又陆续推出 STC5W401AS/IAP15W413AS、STC15W1K16S/IAPl5WK29S、STC15W404S/IAP15W413S、STC15W100/IAP15W105、STC15W4K32S4/IAP15W4K58S4 系列 8051 单片机。

STC 系列单片机具有 ISP 或 IAP 等编程方式，无须编程器或仿真器即可实现程序的烧录。其中，ISP 方式是通过单片机专用的串行编程接口和 STC 提供专用串口下载器固化程序软件，对单片机内部的 Flash 存储器进行编程。而 IAP 技术是从结构上将 Flash 存储器映射为两个存储空间。当运行一个存储空间内的用户程序时，该程序可对另一个存储空间进行重新编程。然后，将控制权从一个存储空间转移到另一个存储空间。IAP 的实现更加灵活，可利用单片机的串行口接到计算机的 RS232 口，通过设计者自己专门设计的软件程序来编程 STC 单片机内部的存储器。支持 ISP 方式的单片机，不一定支持 IAP 方式。而支持 IAP 方式的单片机一定支持 ISP 方式。

在众多 STC 系列产品中，STC15F 系列单片机是用得较多的一种，是 1T（单机器周期）单片机，具有 2KB 的数据存储器（SRAM）、1～62KB 的 Flash 程序存储器、26～42 个通用 I/O 口、两个独立串口、2～6 个定时器、计数器、14 个中断源、4 个可编程时钟输出口等，具有高速、高可靠、超低功耗、超强抗静电、超强抗干扰的优势。

1.3.2 STC 系列单片机的命名规则

以 STC15 系列单片机为例说明其命名规则，如图 1-3 所示。

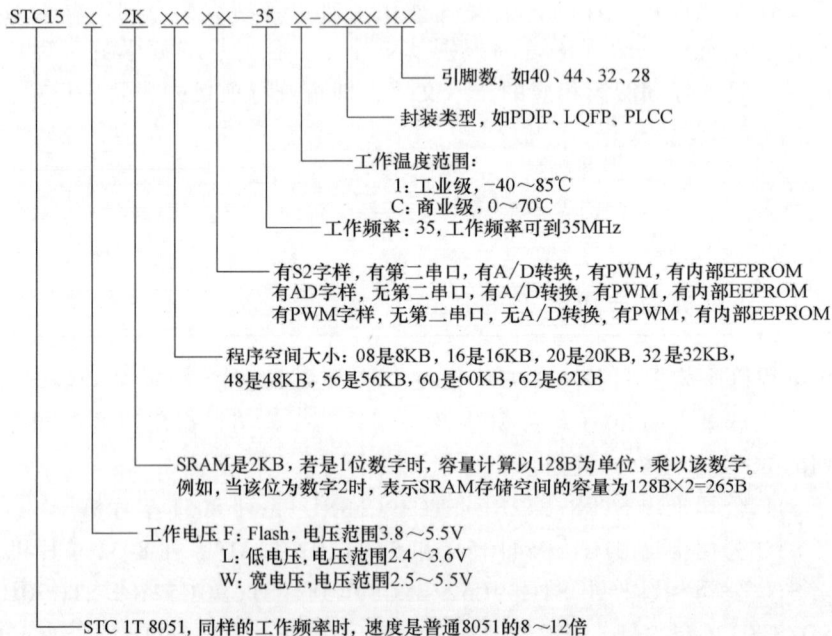

STC15 X 2K XX XX—35 X-XXXX XX

引脚数，如40、44、32、28

封装类型，如PDIP、LQFP、PLCC

工作温度范围：
1：工业级，−40～85℃
C：商业级，0～70℃

工作频率：35，工作频率可到35MHz

有S2字样，有第二串口，有A/D转换，有PWM，有内部EEPROM
有AD字样，无第二串口，有A/D转换，有PWM，有内部EEPROM
有PWM字样，无第二串口，无A/D转换，有PWM，有内部EEPROM

程序空间大小：08是8KB，16是16KB，20是20KB，32是32KB，48是48KB，56是56KB，60是60KB，62是62KB

SRAM是2KB，若是1位数字时，容量计算以128B为单位，乘以该数字。例如，当该位为数字2时，表示SRAM存储空间的容量为128B×2=265B

工作电压 F：Flash，电压范围3.8～5.5V
L：低电压，电压范围2.4～3.6V
W：宽电压，电压范围2.5～5.5V

STC 1T 8051，同样的工作频率时，速度是普通8051的8～12倍

图 1-3　STC15 系列单片机命名规则

比如，STC15F2K60S2 表示 STC15 系列单片机，工作电压在 3.8~5.5V 之间，片内具有 2KB 的 SRAM 存储器和 60KB 的 Flash 程序存储器，具有两个串行口。

1.3.3 单片机的开发流程

1. 硬件开发流程

硬件开发一般要经过以下几个步骤：

（1）明确具体的应用需求　这一步是整个设计的核心，需要明确所设计系统与其他系统接口的电气规范和机械规范；明确设计所需要的总成本，包括完成设计需要的人员分配、时间进度、资金计划等；设计系统总体结构图并划分系统的功能模块。

（2）器件选型与原理图设计　根据应用需求的技术指标，从 STC 系列单片机中选择一款单片机。选型的原则主要包括满足功能要求，符合性能要求、产品的工艺要求、加工工艺的要求、成本控制的要求等。

（3）电路原理图和 PCB 图的绘制　利用 Altium Designer 等软件，绘制电路原理图，表明使用的器件以及电气连接关系，并根据器件封装、电气连接，绘制 PCB 制版图。

（4）印制电路板的制造　将 PCB 图和详尽的电路板印制要求发往 PCB 印制板厂，委托其完成印制电路板的加工。

（5）焊接电子元器件

（6）硬件功能的调试　硬件电路调试包括两方面：一方面，通过测试文件对电路模块的基本功能进行测试，确保硬件没有设计缺陷和制作缺陷；另一方面，结合开发的软件系统对硬件系统进行总体性能测试，以满足应用要求。

2. 软件开发流程

软件程序的设计一般包含以下几个步骤：

（1）明确软件需要实现的功能，编制方案　根据用户提出的技术要求和硬件的性能，明确软件应该具备的主要功能。

（2）编制总流程图和各功能模块的流程图　根据要完成的程序功能写出总流程图。总流程图把整个程序划分成几个主要的功能模块，每个功能模块都要写出基本流程图。

（3）编写 C 语言程序或汇编语言程序　通过 Keil μ Vision 软件提供的 C 语言编辑器和汇编语言编辑器，进行程序代码的编写。编写完成后进行程序调试，以修正程序中的逻辑错误和语法错误。调试无误后，将 C 语言程序和汇编语言程序分别保存为扩展名为 .c 和 .asm 的文件。

（4）C 语言程序或汇编语言程序的编译　通过调用 Keil μ Vision 提供的编译器和汇编器分别对 C 语言代码和汇编语言代码进行编译，生成机器可执行的 .hex 机器码文件。

（5）程序下载与调试　通过 STC 提供的 USB 转串口 ISP 下载线，以及 STC-ISP 软件将 .hex 文件下载到 STC 单片机的程序存储器中。下载程序后运行调试程序，结合硬件的相应配置，继续查找硬件方面的错误，并修改调整程序算法，直至硬件和软件达到期望的设计要求。

1.4 本教材的特点

本教材是以 STC15F 系列单片机为例，介绍 MCS-51 系列单片机的基本原理、软件编程、硬件使用的基础知识，并介绍 STC15F 系列单片机的应用方法。通过对本教材的学习，可以了解单片机的基本工作原理，熟悉汇编语言程序设计的基本方法，能够设计单片机与 I/O 设备的基本接口电路，为进一步学习其他计算机知识和进行硬件开发奠定相关基础。

习题与思考题

1. 计算机的基本结构由哪几部分组成？其中各部分的作用是什么？
2. 单片机与微机的区别与相似之处有哪些？
3. 机器语言、汇编语言和高级语言各有什么特点？
4. 单片机又叫"嵌入式微控制器"，为什么？
5. STC 系列单片机的主要特点有哪些？

第 2 章

STC15F 系列单片机 CPU、存储器和引脚

STC 公司研制、生产了多个系列的 8051 内核增强型单片机。STC15F 系列单片机是目前应用较为广泛的一种。本章以较为典型的 STC15F2K60S2 为例介绍 STC15F 系列单片机的 CPU 结构、存储器以及引脚，并介绍有关应用。

2.1 STC15F 系列单片机的性能概述

基于 8051 内核，STC15F 系列单片机增加了功能模块，提高了运行速度，降低了系统功耗，而且具有超强的抗干扰能力。其主要性能表现为：

- 单时钟机器周期（1T）单片机，速度比传统 8051 内核单片机快 8~12 倍；
- 集成了 8~62KB 程序存储器（Flash）；
- 集成了 2KB 数据存储器（RAM）；
- 26~42 个通用 I/O 口（P0、P1、P2、P3、P4、P5），有 4 种工作模式；
- 集成 1KB 片内 EEPROM；
- 集成硬件看门狗；
- 集成有高精度 R/C 时钟和高可靠复位电路；
- 集成三通道比较/捕获单元；
- 集成 8 路、10 位精度 ADC；
- 有 3 个 16 位定时器/计数器；
- 有低功耗唤醒专用定时器；
- 有 4 个可编程时钟输出口；
- 有 14 个中断源；
- 有 1 组高速同步串行通信端口 SPI；
- 有 2 组高速异步串行通信端口 UART；
- 宽工作电压为 5.5~3.8V（5V 单片机）；

- 支持无须专用仿真器的 ISP（在系统可编程）/IAP（在应用可编程）编程方式；
- 指令代码完全兼容传统 8051；
- 产品封装、规格多样。

2.2　STC15F 系列单片机的 CPU

图 2-1 为 STC15F 系列单片机的内部结构框图。STC15F 系列单片机包含中央处理器（CPU）、程序存储器（Flash）、数据存储器（RAM）、定时器/计数器、UART 串口、I/O 接口、高速 A/D 转换器、SPI 接口、PCA 模块、看门狗、片内 R/C 振荡器、中断控制逻辑和外部晶体振荡电路等模块。

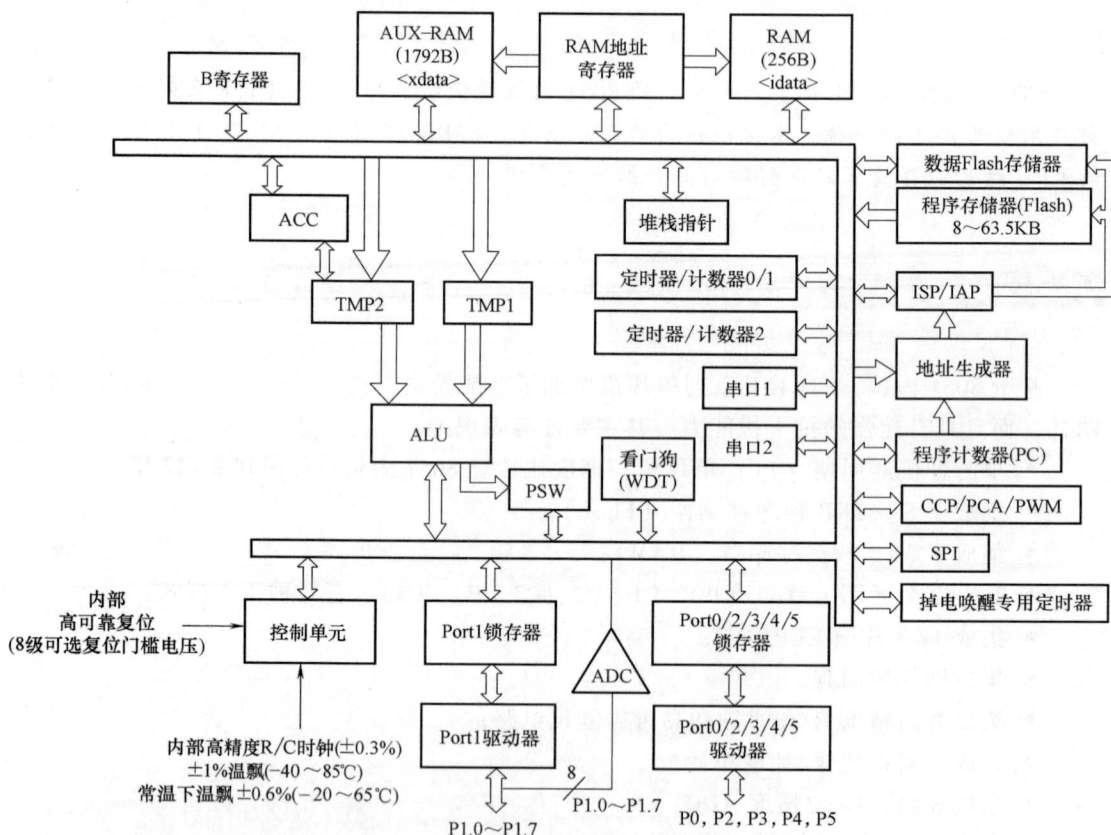

图 2-1　STC15F 系列单片机内部结构框图

单片机的 CPU 由运算器和控制器构成。

1. 运算器

运算器用于完成算术或逻辑运算、位处理以及数据传输，由算术逻辑单元（ALU）、累加器（ACC）、寄存器 B、暂存器（TMP1、TMP2）及程序状态寄存器（PSW）组成。

1）算术逻辑单元（ALU）：完成 8 位二进制数的加、减、乘、除算术运算，与、或、非、异或、移位等逻辑运算，还能完成位处理功能。

2）累加器（ACC，简称 A）：是一个非常重要的寄存器，可进行多种指令操作。一般情况下用累加器 A 给 ALU 提供操作数并存放运算结果，而与外设交换数据也必须借助累加器 A 完成。

3）寄存器 B：在一般情况下用作通用寄存器，还与累加器 A 搭配完成乘、除法运算。

4）程序状态寄存器（PSW）：用于存放 ALU 运算结果的特征和处理器的状态。PSW 位于内 RAM 特殊功能寄存器区的 D0H 字节单元，各功能位定义及复位值如下：

位号	D7	D6	D5	D4	D3	D2	D1	D0	复位值
位名	CY	AC	F0	RS1	RS0	OV	F1	P	00H

CY：进位标志位。执行加/减运算时，若操作结果最高位 D7 出现进位或借位，CY 为 1，否则 CY 为 0。另外，CY 为专用于位处理的累加器，也称为布尔处理器，简称 C。

AC：辅助进位标志位。执行加/减运算时，若低 4 位出现进位或借位，AC 为 1，否则 AC 为 0。另外，AC 可用于 BCD 码运算时的十进制调整处理。

F0、F1：用户自定义的标志位。由用户分别定义为 2 个状态的标志位。

RS1、RS0：当前工作寄存器组选择控制位。STC15F 系列单片机内 RAM 设置了存放 4 组工作寄存器的区域 00H~1FH，每组有 8 个工作寄存器 R0~R7，只能选择其中的一组用作当前工作寄存器组。表 2-1 为利用 RS1、RS0 选择当前工作寄存器组以及工作寄存器单元地址对应关系表。

表 2-1　RS1、RS0 选择当前工作寄存器组关系表

组　号	RS1	RS0	当前工作寄存器 R0~R7 组的单元地址
0	0	0	00H~07H
1	0	1	08H~0FH
2	1	0	10H~17H
3	1	1	18H~1FH

OV：溢出标志位。有符号运算结果溢出时 OV 为 1，否则 OV 为 0。

P：奇偶标志位。累加器 A 中的 8 位数据位内容为 1 的个数若为偶数时 P 为 0，否则 P 为 1。一般利用奇偶标志位校验通信数据的正确性。

2. 控制器

控制器负责取指令、分析指令并发出完成指令所需的控制信号，最后由运算器完成指令的功能。

控制器由指令寄存器（IR）、指令译码器（ID）、微操作信号发生器、时序逻辑部件、程序计数器（PC，也称程序指针）等部分组成。

其中，PC 是一个 16 位寄存器，存放下一条将要取指令的字节单元地址。每次取完一条指令 PC 的内容自动增加，这样可以顺序执行程序。当然，若当前执行的指令是转移指令，转移指令的操作会修改 PC 的值，进而实现程序跳转。单片机复位后，PC 的值为 0，

故从程序存储器的 0000H 字节单元开始存放程序，即第一条执行指令存放于 0000H 字节单元。

2.3 STC15F 系列单片机的存储器配置

STC15F 系列单片机的片内存储器配置为程序存储器和数据存储器，采用了程序存储器和数据存储器独立编址的哈佛结构，分为 4 个相互独立的存储器物理空间：程序存储器（程序 Flash）和由片内基本 RAM、片内扩展 RAM 及 EEPROM（数据 Flash）组成的数据存储器，片内存储器的地址空间分布如图 2-2 所示。

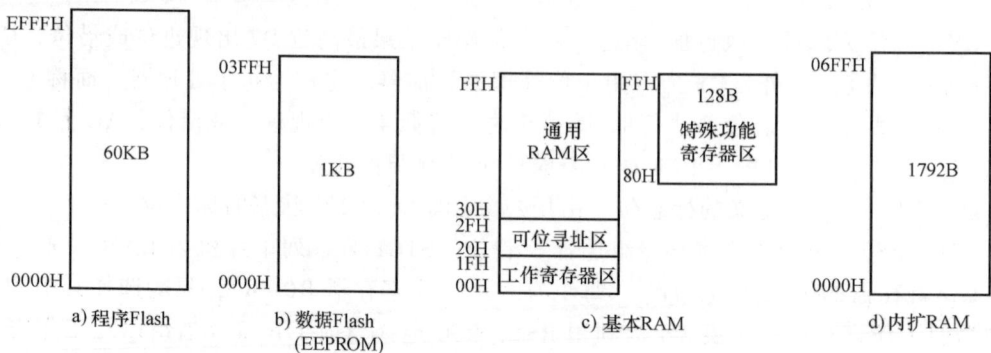

图 2-2　STC15 系列单片机的片内存储器配置

2.3.1 程序存储器

程序存储器用于存放用户程序、数据等，利用角度计算三角函数值的表格可以存放在程序存储器中，MOVC 指令用于访问数据表格。程序存储器具有芯片掉电以后数据不丢失的特点。

STC15F 系列单片机设置了 8~62KB 容量不等的程序存储器，地址为 0000H~EFFFH。STC15F 系列单片机 14 个中断源的服务程序和主程序都放置在程序存储器中。但是，存放地点做了特别规定，需特别注意一些单元地址。

1）0000H 单元：上电复位时 PC 值为 0000H，即从 0000H 地址开始存放主程序。如果其后存放中断服务程序，主程序的第一条指令一般为跳转指令，以跳过存放的中断服务程序。

2）0003H~0083H：14 个中断源的中断向量区，即中断程序入口地址区，具体如下：
- 0003H 为外部中断 0 的中断向量；
- 000BH 为定时器/计数器 0 的溢出中断向量；
- 0013H 为外部中断 1 的中断向量；
- 001BH 为定时器/计数器 1 的溢出中断向量；
- 0023H 为串行口 1 的中断向量；

- 002BH 为 A/D 转换的中断向量；
- 0033H 为 LVD 检测的中断向量；
- 003BH 为 PCA 的中断向量；
- 0043H 为串行口 2 的中断向量；
- 004BH 为 SPI 接口的中断向量；
- 0053H 为外部中断 2 的中断向量；
- 005BH 为外部中断 3 的中断向量；
- 0063H 为定时器/计数器 2 的溢出中断向量；
- 006BH 保留；
- 0073H 保留；
- 007BH 保留；
- 0083H 为外部中断 4 的中断向量。

两个相邻的中断向量地址之间的字节单元数有限，因此存放的中断服务程序字节数也有限，为此，稍长的中断服务程序同样利用跳转指令，把中断服务程序跳转到其他区域存放。

需要注意：STC15F 系列单片机与传统 8051 内核单片机不同，它没有设置外部访问使能信号 $\overline{EA}$ 引脚和外部程序存储器允许输出信号 $\overline{PSEN}$ 引脚，因此 STC15F 系列单片机不能做外部程序存储器扩展。

2.3.2 片内基本数据存储器（基本 RAM）

STC15F 系列单片机片内物理空间 00H~FFH 的存储器字节单元称为基本 RAM 区，又分为：00H~1FH 工作寄存器组区、20H~2FH 可位寻址区、30H~FFH 通用数据区和 80H~FFH 特殊功能寄存器区 4 部分。其中，特殊功能寄存器区地址空间 80H~FFH 和通用数据区 30H~FFH 的部分单元地址重名，但两者属于不同物理空间，并且设置了不同的寻址方式进行区别访问。

1. 00H~1FH 工作寄存器组区

00H~1FH 区域的 32 个字节单元划分为工作寄存器组 R0~R7 的 4 个组区，如图 2-3 所示，当前工作寄存器组由 PSW 中的组选择控制位 RS1 和 RS0 确定，也就是当前指令使用的工作寄存器符号 R0~R7 代表哪一个字节单元，表 2-2 说明了选择方法。

如果程序始终不改变当前工作寄存器的选择，则未被选择的工作存储器单元可作为通用 RAM 使用。

2. 20H~2FH 可位寻址区

片内基本 RAM 的 20H~2FH 共 16 个字节单元的 128 个数据位可以进行单独位寻址，每一个位都有唯一的位地址，位地址范围为 00H~7FH，如图 2-3 所示，可以作为事件、状态标志位。

位地址除了用直接地址 00H~7FH 表示以外，还可以用 20H.03 的形式替代，该位指的是 20H 字节单元的 B3 位。

	B7			位地址				B0	
FFH ⋮ 30H				通用RAM区					30H~FFH 通用 RAM
2FH	7FH	7EH	7DH	7CH	7BH	7AH	79H	78H	
2EH	77H	76H	75H	74H	73H	72H	71H	70H	
2DH	6FH	6EH	6DH	6CH	6BH	6AH	69H	68H	
2CH	67H	66H	65H	64H	63H	62H	61H	60H	
2BH	5FH	5EH	5DH	5CH	5BH	5AH	59H	58H	
2AH	57H	56H	55H	54H	53H	52H	51H	50H	
29H	4FH	4EH	4DH	4CH	4BH	4AH	49H	48H	
28H	47H	46H	45H	44H	43H	42H	41H	40H	20H~2FH 位寻址区
27H	3FH	3EH	3DH	3CH	3BH	3AH	39H	38H	
26H	37H	36H	35H	34H	33H	32H	31H	30H	
25H	2FH	2EH	2DH	2CH	2BH	2AH	29H	28H	
24H	27H	26H	25H	24H	23H	22H	21H	20H	
23H	1FH	1EH	1DH	1CH	1BH	1AH	19H	18H	
22H	17H	16H	15H	14H	13H	12H	11H	10H	
21H	0FH	0EH	0DH	0CH	0BH	0AH	09H	08H	
20H	07H	06H	05H	04H	03H	02H	01H	00H	
1FH ⋮ 18H				工作寄存器组3					
17H ⋮ 10H				工作寄存器组2					00H~1FH 工作寄存器 组区
0FH ⋮ 08H				工作寄存器组1					
07H ⋮ 00H				工作寄存器组0					

图 2-3　基本 RAM 区

如果位寻址区不使用，则可以用作字节寻址的通用数据区。

3. 30H~FFH 通用 RAM 区

处于 30H~FFH 的 192 个字节单元为通用数据存储区，即作为数据的普通存储区，堆栈一般设在这个区域。需要注意的是，对 00H~7FH 区间进行存、取数据时，既可以采用直接寻址方式也可以采用间接寻址方式，但是，对地址为 80H~FFH 区域进行存、取数据时只能采用间接寻址方式，这样，与重叠地址空间的特殊功能寄存器区 80H~FFH 以直接寻址方式操作进行区别。

4. 80H~FFH 特殊功能寄存器区

像累加器 A 一样的特殊功能寄存器存放于物理空间独立的 80H~FFH 基本 RAM 中。单片机利用特殊功能寄存器实现各功能模块的管理、控制或监视。虽然与上面讲的通用 RAM 区的部分地址重叠，但是特殊功能寄存器采用直接寻址方式寻址寄存器。表 2-2 是 STC15F 系列单片机使用的特殊功能寄存器名称、地址映像以及复位值。

其中，某个特殊功能寄存器的地址为行地址加上列偏移量的和。这里主要介绍两个指针寄存器，其他特殊功能寄存器将在以后讲解有关功能模块时陆续介绍。

表 2-2 STC15F 系列单片机的特殊功能寄存器名称、地址映像及复位值

	+0	+1	+2	+3	+4	+5	+6	+7
	可位寻址	不可位寻址						
80H	P0 11111111	SP 00000111	DPL 00000000	DPH 00000000				PCON 01100000
88H	TCON 00000000	TMOD 00000000	TL0 RL_TL0 00000000	TL1 RL_TL1 00000000	TH0 RL_TH0 00000000	TH1 RL_TH1 00000000	AUXR 00000000	INT_CLK0 AUXR2 00000000
90H	P1 11111111	P1M1 00000000	P1M0 00000000	P0M1 00000000	P0M0 00000000	P2M1 00000000	P2M0 00000000	CLK_DIV PCON2 00001000
98H	SCON 00000000	SBUF xxxxxxxx	S2CON 00000000	S2BUF xxxxxxxx		P1ASF xxxxxxxx		
A0H	P2 11111111	BUS_SPEED xxxxxx10	AUXR1 P_SW1 01000000					
A8H	IE 00000000	SADDR 00000000	WKTCL WKTCL_CNT 11111111	WKTCH WKTCH_CNT 11111111				IE2 x0000000
B0H	P3 11111111	P3M1 00000000	P3M0 00000000	P4M1 00000000	P4MM0 00000000	IP2 xxxxxx00		
B8H	IP x0x00000	SADEN 00000000	P_SW2 xxxxxxx0		ADC_CONTR 00000000	ADC_RES 00000000	ADC_RESL 00000000	
C0H	P4 11111111	WTD_CONTR 0x000000	IAP_DATA 11111111	IAP_ADRH 00000000	IAP_ADRL 00000000	IAP_CMD xxxxxx00	IAP_TRIG xxxxxxxx	IAP_CONTR 00000000
C8H	P5 xx11xxxx	P5M1 xxxx0000	P5M0 xxxx0000			SPSTAT 00xxxxxx	SPCTL 00000100	SPDAT 00000000
D0H	PSW 000000x0						TH2 RL_TH2 00000000	TL2 RL_TL2 00000000
D8H	CCON 00xx0000	CMOD 0xxx000	CCAPM0 x0000000	CCAPM1 x0000000	CCAPM2 x0000000			
E0H	ACC 00000000							
E8H		CL 00000000	CCAP0L 00000000	CCAP1L 00000000	CCAP2L 00000000			
F0H	B 00000000		PCA_PWM0 00xxxx00	PCA_PWM1 00xxxx00	PCA_PWM2 00xxxx00			
F8H		CH 00000000	CCAP0H 00000000	CCAP1H 00000000	CCAP2H 00000000			

注: 1. 带阴影的特殊功能寄存器是 STC15F 系列在传统 8051 内核单片机基础上新增的, 编程时需要事先声明这些
寄存器的地址。例如, 新增的特殊功能寄存器 P1M1, 其地址为 91H, 事先声明其地址的方法为:
汇编编程: P1M1 EQU 91H 或者 P1M1 DATA 91H
C51 编程: sfr P1M1 = 0x91
2. 凡是地址可以被 8 整除的特殊功能寄存器的每一位均可直接位寻址。

（1）堆栈指针 SP　堆栈是在 RAM 中开辟出的一个特别区域，用于执行中断程序、子程序调用与子程序返回时的数据暂时存/取。

堆栈遵循"先进后出"或"后进先出"的操作原则。操作堆栈有两种方式：数据压入（PUSH 指令）和数据弹出（POP 指令）。STC15F 系列单片机的堆栈向上生长，SP 始终指向栈顶，每压入一字节数据，SP 自动加 1；而出栈时，每弹出一个数据，SP 自动减 1。

（2）数据指针 DPTR　数据指针 DPTR 是一个 16 位的专用寄存器，由 DPH（高 8 位）和 DPL（低 8 位）组成，地址分别为 83H 和 82H。利用 DPTR 可以存取扩展 RAM 中 16 位地址单元的内容，而利用 DPH 或 DPL 则可以存取扩展 RAM 中 8 位地址单元的内容。

STC15F 系列单片机有两个数据指针 DPTR0 和 DPTR1，这两个数据指针共用一个地址空间 83H 和 82H，通过设置辅助功能寄存器 AUXR1 的位 DPS（即 AUXR1.0）来选择哪一个作当前数据指针使用：当 AUXR1.0 = 0 时，DPTR0 为当前数据指针；而 AUXR1.0 = 1 时，DPTR1 为当前数据指针。

2.3.3　片内扩展 RAM

基于 8051 内核，STC15F 系列单片机片内扩展了传统 8051 内核没有的 RAM，地址空间为 000H ~ 6FFH 区域，共 1792 个字节单元，用于一般数据的存放。

使用指令 MOVX 存/取扩展 RAM 区域中的数据，利用数据指针 DPTR 或工作寄存器 R0 或 R1 存放要存/取字节单元的地址，如指令"MOVX @ DPTR，A"为存数，而指令"MOVX A，@ Ri"为取数，i = 0 或 1。

如果 STC15F 系列单片机片外也扩展了数据 RAM，需要利用辅助功能寄存器 AUXR 中的位 EXTRAM 来指定当前要操作的是片内扩展 RAM 还是片外扩展 RAM：EXTRAM = 1 时存/取外部 RAM，而 EXTRAM = 0 时存/取片内 RAM。存/取片内 RAM 的数据指针超过 6FFFH 时自动转向片外 RAM 操作。

2.3.4　片内数据 Flash 存储器（EEPROM）

STC15F 系列单片机还在片内集成了传统 8051 内核单片机没有的大小为 1KB 的 EEPROM，地址值范围为 000H ~ 03FFH，用于保存芯片掉电以后也不能丢失的数据，如设备运行工作的参数等。

EEPROM 分为 2 个扇区，每个扇区的大小为 512B，利用 ISP/IAP 技术进行擦除/改写。数据的擦除是按扇区进行的，使用时建议同一次修改的数据放在同一个扇区，不是同一次修改的数据放在不同的扇区。

2.3.5　片外扩展存储器或外设

STC15F 系列单片机片内 RAM 不够用时，可以在外部最多扩展 64KB 的存储器或外设。部分外设是由寄存器控制的，对这些外设的访问等同于对外扩 RAM 的访问，故这些外设与外扩 RAM 统一编址。

为了与外设存取数据的速度匹配，STC15F 系列单片机增设了控制访问速度的特殊功能寄存器 BUS_SPEED，利用其中的速度控制位设定访问外设的速度。

2.4 STC15F 系列单片机的引脚

2.4.1 STC15F 系列单片机的封装与引脚分类

1. STC15F 系列单片机的封装

STC15F 系列单片机采用了多种封装形式。所谓封装是指安装半导体集成电路芯片的外壳，用导线把硅片上的电路引脚接引到外部接头处，以便与其他器件连接。STC15F 系列单片机主要采用了 LQFP44（低轮廓四边形扁平封装，44 个引脚）、PDIP40（塑料双列直插式封装，40 个引脚）、SOP28（小外型封装，28 个引脚）、TSSOP20（薄的缩小型 SOP，20 个引脚）等封装，图 2-4~图 2-7 为 STC15F 系列单片机的 4 种典型封装图及引脚定义。

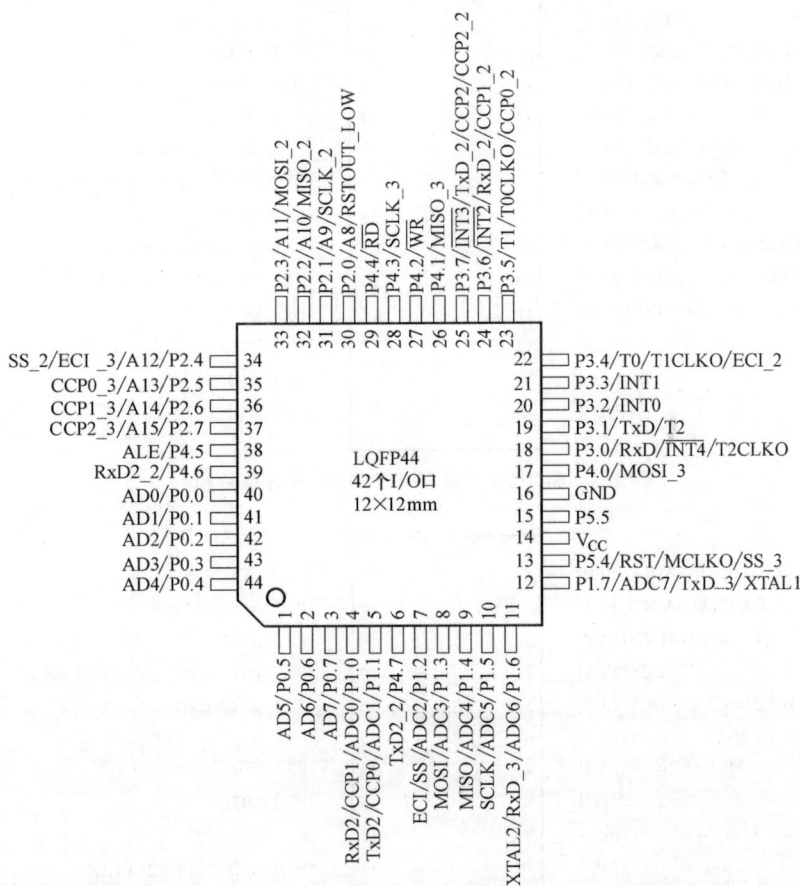

图 2-4　LQFP44 封装的 STC15F 系列单片机

```
              ┌───────∪───────┐
   AD0/P0.0 ──┤ 1          40 ├── P4.5/ALE
   AD1/P0.1 ──┤ 2          39 ├── P2.7/A15/CCP2_3
   AD2/P0.2 ──┤ 3          38 ├── P2.6/A14/CCP1_3
   AD3/P0.3 ──┤ 4          37 ├── P2.5/A13/CCP0_3
   AD4/P0.4 ──┤ 5          36 ├── P2.4/A12/ECI_3/SS_2
   AD5/P0.5 ──┤ 6          35 ├── P2.3/A11/MOSI_2
   AD6/P0.6 ──┤ 7          34 ├── P2.2/A10/MISO_2
   AD7/P0.7 ──┤ 8          33 ├── P2.1/A9/SCLK_2
RxD2/CCP1/ADC0/P1.0 ┤ 9    32 ├── P2.0/A8/RSTOUT_LOW
TxD2/CCP0/ADC1/P1.1 ┤ 10   31 ├── P4.4/RD
ECI/SS/ADC2/P1.2 ┤ 11      30 ├── P4.2/WR
   MOSI/ADC3/P1.3 ┤ 12     29 ├── P4.1/MISO_3
   MISO/ADC4/P1.4 ┤ 13     28 ├── P3.7/INT3/TxD_2/CCP2/CCP2_2
   SCLK/ADC5/P1.5 ┤ 14     27 ├── P3.6/INT2/RxD_2/CCP1_2
XTAL2/RxD_3/ADC6/P1.6 ┤ 15 26 ├── P3.5/T1/T0 CLKO/CCP0_2
XTAL1/TxD_3/ADC7/P1.7 ┤ 16 25 ├── P3.4/T0/T1CLKO/ECI_2
SS_3/MCLKO/RST/P5.4 ┤ 17   24 ├── P3.3/INT1
          Vcc ┤ 18         23 ├── P3.2/INT0
         P5.5 ┤ 19         22 ├── P3.1/TxD/T2
          GND ┤ 20         21 ├── P3.0/RxD/INT4/T2CLKO
              └───────────────┘
                 PDIP40 38个I/O口
```

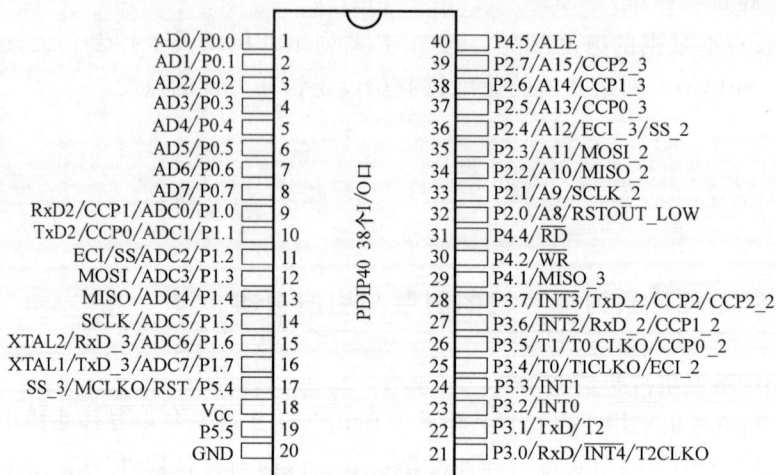

图 2-5　PDIP40 封装的 STC15F 系列单片机

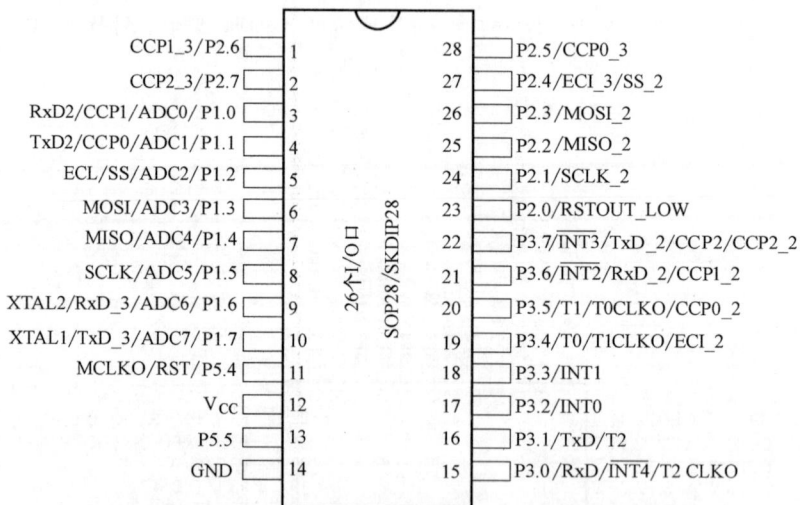

```
              ┌───────∪───────┐
   CCP1_3/P2.6 ┤ 1         28 ├── P2.5/CCP0_3
   CCP2_3/P2.7 ┤ 2         27 ├── P2.4/ECI_3/SS_2
RxD2/CCP1/ADC0/P1.0 ┤ 3    26 ├── P2.3/MOSI_2
TxD2/CCP0/ADC1/P1.1 ┤ 4    25 ├── P2.2/MISO_2
ECL/SS/ADC2/P1.2 ┤ 5       24 ├── P2.1/SCLK_2
   MOSI/ADC3/P1.3 ┤ 6      23 ├── P2.0/RSTOUT_LOW
   MISO/ADC4/P1.4 ┤ 7      22 ├── P3.7/INT3/TxD_2/CCP2/CCP2_2
   SCLK/ADC5/P1.5 ┤ 8      21 ├── P3.6/INT2/RxD_2/CCP1_2
XTAL2/RxD_3/ADC6/P1.6 ┤ 9  20 ├── P3.5/T1/T0CLKO/CCP0_2
XTAL1/TxD_3/ADC7/P1.7 ┤ 10 19 ├── P3.4/T0/T1CLKO/ECI_2
   MCLKO/RST/P5.4 ┤ 11     18 ├── P3.3/INT1
          Vcc ┤ 12         17 ├── P3.2/INT0
         P5.5 ┤ 13         16 ├── P3.1/TxD/T2
          GND ┤ 14         15 ├── P3.0/RxD/INT4/T2 CLKO
              └───────────────┘
            26个I/O口  SOP28/SKDIP28
```

图 2-6　SOP28 封装的 STC15F 系列单片机

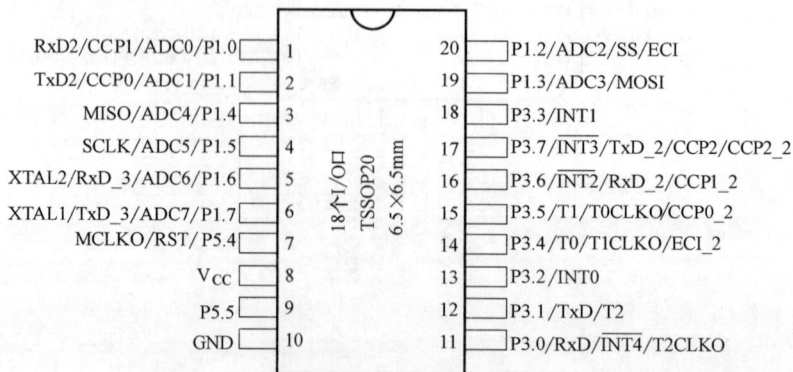

```
              ┌───────∪───────┐
RxD2/CCP1/ADC0/P1.0 ┤ 1    20 ├── P1.2/ADC2/SS/ECI
TxD2/CCP0/ADC1/P1.1 ┤ 2    19 ├── P1.3/ADC3/MOSI
   MISO/ADC4/P1.4 ┤ 3      18 ├── P3.3/INT1
   SCLK/ADC5/P1.5 ┤ 4      17 ├── P3.7/INT3/TxD_2/CCP2/CCP2_2
XTAL2/RxD_3/ADC6/P1.6 ┤ 5  16 ├── P3.6/INT2/RxD_2/CCP1_2
XTAL1/TxD_3/ADC7/P1.7 ┤ 6  15 ├── P3.5/T1/T0CLKO/CCP0_2
   MCLKO/RST/P5.4 ┤ 7      14 ├── P3.4/T0/T1CLKO/ECI_2
          Vcc ┤ 8          13 ├── P3.2/INT0
         P5.5 ┤ 9          12 ├── P3.1/TxD/T2
          GND ┤ 10         11 ├── P3.0/RxD/INT4/T2CLKO
              └───────────────┘
         18个I/O口  TSSOP20  6.5×6.5mm
```

图 2-7　TSSOP20 封装的 STC15F 系列单片机

引脚数量少的封装是对单片机的完整功能剪裁后为保留某些特定功能模块而专门设计的，用于满足用户的部分功能需求。

不同的封装形式和不同数量的引脚对用户完成不同的任务提供了多种选择，使用户以集约方式实现系统要求。

2. STC15F 系列单片机的引脚分类

STC15F 系列单片机的引脚大体可以分为：I/O 口、地址线引脚、数据线引脚、控制线引脚和功能辅助引脚等。由于单片机能够实现的功能较多而封装对引脚数量的限制，故大部分引脚采用了复用模式，须由相关特殊功能寄存器编程来选择引脚的具体功能。

（1）I/O 口 单片机的大部分引脚为 I/O 口，利用 I/O 口实现输入检测或输出控制。I/O 口作为输入引脚使用时，可以用来检测开关量信号，部分引脚也可以作为模拟信号输入端；I/O 口作为输出引脚使用时，可以输出电平信号或脉冲信号，调制的脉冲信号还可进一步变为模拟信号输出。

（2）地址线、数据线和控制线 尽管单片机做了极大程度的集成，但是也不能满足所有实际应用需求。为此，单片机系统设置了 3 大总线（地址线、数据线和控制线）用于功能扩展。有些外设需要通过 3 大总线才能访问。地址线（P0 口、P2 口）用于输送被访问单元的地址信息，控制线（$\overline{WR}$、$\overline{RD}$）用于控制数据传输的方向（读或写），而数据线（P0 口）即输送操作的数据。

（3）功能辅助引脚 用来维系芯片工作，完成系统要求的某种功能。

1）电源引脚。V_{CC}、GND 是芯片的供电引脚，需要为芯片提供电压稳定、电流足够的工作电源。电压异常将会造成工作失常或者芯片烧毁，小的波动还会影响信号测量的精度。

2）时钟引脚。时钟引脚为芯片提供工作所需要的外部时钟。

3）复位引脚。利用复位引脚可以使单片机系统回到初始状态。

2.4.2 STC15F 系列单片机的 I/O 口

STC15F 系列单片机并行 I/O 口共有 5 组，最多可有 42 个 I/O 端口引脚，分别是：P0.0~P0.7、P1.0~P1.7、P2.0~P2.7、P3.0~P3.7、P4.0~P4.7、P5.4 和 P5.5。

1. STC15F 系列单片机的 I/O 口工作模式

STC15F 系列单片机的所有 I/O 口均有 4 种工作模式：准双向口（Quasi-Bidirectional Ports）、推挽（Push-Pull）输出、仅为输入（高阻状态）和开漏（Open Drain）输出。每个 I/O 口的驱动能力可达 20mA，但是，整个芯片总驱动电流受限。例如，40 引脚及以上的芯片总工作电流不要超过 120mA，20 引脚以上、32 引脚以下的单片机芯片总工作电流不要超过 90mA。这些特性在接口应用时需要考虑。

I/O 口的工作模式由端口模式寄存器 PnM1 和 PnM0（n 取值为 0~5）中的控制位设定。表 2-3 是 I/O 口引脚工作模式设置表，其中 m 取值为 0~7，代表一个并行端口的 8 个引脚中的一个。

表 2-3 I/O 口引脚工作模式设置

PnM1. m	PnM0. m	I/O 口工作模式
0	0	准双向口：灌电流可达 20mA，拉电流为 150~250μA
0	1	推挽输出：强上拉电流可达 20mA，灌电流可达 20mA
1	0	仅为高阻输入
1	1	开漏输出：内部上拉电阻断开，灌电流可达 20mA，可用于 5V 器件与 3V 器件的切换

注：准双向口是不能随意双向传输的端口，需要先输出 "1" 禁止输出 MOS 管接地后才可以进行输入操作。

编程时应该根据端口的具体应用情况选择其工作模式。例如，P1.5 引脚作为输入模数转换信号使用时，需要把 P1 端口的工作模式寄存器 P1M1 和 P1M0 中 B5 位的内容设置为 "P1M1.5＝1，P1M0.5＝0"，即选择 P1.5 仅为高阻输入。

2. STC15F 系列单片机的 I/O 口功能

STC15F 系列单片机的每个并行口 P0、P1、P2、P3、P4 和 P5 都包含一个 8 位锁存器，对应锁存器的名称为 P0、P1、P2、P3、P4 和 P5，在输出模式时用于输出数据的锁存，直到重新锁存输出新数据，端口引脚数据保持不变。但是，在输入模式时随端口引脚输入数据而改变。

（1）P0 口　P0 口每一位可作为一般 I/O 口使用。LQFP48、LQFP44、PDIP40 这 3 种封装含有可以外扩 RAM 或外设的三总线，这种情况下 P0 口还可分时复用为地址/数据线：先作为低 8 位地址线（A0~A7）而后作为数据线（D0~D7）。

P0 口的口线引脚的功能标识为 ADn/P0. n（n 取值为 0~7），如 AD0/P0.0，其含义是 P0.0 引脚可用作一般 I/O 口，也可以作为分时复用的 Adress/Data0 地址/数据线使用。

系统复位后，（P0）＝FFH，（P0M1）＝00H，（P0M0）＝00H，P0 口默认为准双向口、输出高电平、弱上拉。

（2）P1 口　P1 口每一引脚可作为一般的 I/O 口使用，并且有多种功能复用。P1 口各位复用功能见表 2-4。

表 2-4　P1 口复用功能定义表

引　　脚		说　　明
P1. 0/ADC0/CCP1/RxD2	ADC0	ADC 输入通道-0
	CCP1	外部信号捕获、高速脉冲输出、PWM 输出通道-1
	RxD2	串口 2 数据接收端
P1. 1/ADC1/CCP0/TxD2	ADC1	ADC 输入通道-1
	CCP0	外部信号捕获、高速脉冲输出、PWM 输出通道-0
	TxD2	串口 2 数据接收端
P1. 2/ADC2/SS/ECI	ADC2	ADC 输入通道-2
	SS	SPI 同步串行接口的从机选择信号
	ECI	CCP/PCA 计数器的外部脉冲输入引脚

（续）

引　　脚		说　　明
P1. 3/ADC3/MOSI	ADC3	ADC 输入通道-3
	MOSI	SPI 接口的主出从入端
P1. 4/ADC4/MISO	ADC4	ADC 输入通道-4
	MISO	SPI 接口的主入从出端
P1. 5/ADC5/SCLK	ADC5	ADC 输入通道-5
	SCLK	SPI 同步串行接口的时钟信号
P1. 6/ADC6/RxD_3/XTAL2	ADC6	ADC 输入通道-6
	RxD_3	串口 1 数据接收端
	XTAL2	内部时钟电路反相放大器的输出端，接外部晶振的其中一端
P1. 7/ADC7/TxD_3/XTAL1	ADC7	ADC 输入通道-7
	TxD_3	串口 1 数据发送端
	XTAL1	内部时钟电路反相放大器的输入端，接外部晶振的其中一端

系统复位后，（P1）= FFH，（P1M1）= 00H、（P1M0）= 00H，P1 口默认为准双向口、输出高电平、弱上拉。

（3）P2 口　P2 口的每一引脚可作为一般的 I/O 使用，还有多种功能复用；另外，还可作为访问外部扩展 RAM 或外设的高 8 位地址（A8~A15）使用。P2 口各位的复用功能见表 2-5。

表 2-5　P2 口复用功能定义表

引　　脚		说　　明
P2. 0/A8/RSTOUT_ LOW	RSTOUT_ LOW	上电后输出低电平，复位期间也输出低电平。用户可通过软件输出高电平或低电平，如读外部状态，可将该口设置为高电平再读
P2. 1/A9/SCLK_2	SCLK_2	SPI 同步串行口的时钟信号
P2. 2/A10/MISO_2	MISO_2	SPI 同步串行口的主入从出
P2. 3/A11/MOSI_2	MOSI_2	SPI 同步串行口的主出从入
P2. 4/A12/ECI_3/SS_2	ECI_3	CCP/PCA 计数器的外部脉冲输入引脚
	SS_2	SPI 同步串行口的从机选择信号
P2. 5/A13/CCP0_3	CCP0_3	外部信号捕获、高速脉冲输出、PWM 输出通道-0
P2. 6/A14/CCP1_3	CCP1_3	外部信号捕获、高速脉冲输出、PWM 输出通道-1
P2. 7/A15/CCP2_3	CCP2_3	外部信号捕获、高速脉冲输出、PWM 输出通道-2

系统复位后，（P2）= FFH，（P2M1）= 00H、（P2M0）= 00H，P2 口默认为准双向口、输出高电平、弱上拉。

（4）P3 口　P3 口的每一引脚可作为一般的 I/O 使用，并且有多种功能复用。P3 口各位的复用功能见表 2-6。

表 2-6 P3 口复用功能定义表

引　　脚		说　　　明
P3.0/RxD/$\overline{INT4}$/T2CLKO	RxD	串口 1 数据接收端
	$\overline{INT4}$	外部中断 4，只能下降沿触发
	T2CLKO	定时器/计数器 2 的时钟输出
P3.1/TxD/T2	TxD	串口 1 数据发送端
	T2	定时器/计数器 2 的外部输入
P3.2/INT0	INT0	外部中断 0，可以上升沿触发也可下降沿触发
P3.3/INT1	INT1	外部中断 1，可以上升沿触发也可下降沿触发
P3.4/T0/T1CLKO/ECI_2	T0	定时器/计数器 0 的外部输入
	T1CLKO	定时器/计数器 1 的时钟输出
	ECI_2	CCP/PCA 计数器的外部脉冲输入引脚
P3.5/T1/T0CLKO/CCP0_2	T1	定时器/计数器 1 的外部输入
	T0CLKO	定时器/计数器 0 的时钟输出
	CCP0_2	外部信号捕获、高速脉冲输出、PWM 输出通道-0
P3.6/$\overline{INT2}$/RxD_2/CCP1_2	$\overline{INT2}$	外部中断 2，只能下降沿触发
	RxD_2	串行口 1 数据接收端
	CCP1_2	外部信号捕获、高速脉冲输出、PWM 输出通道-1
P3.7/$\overline{INT3}$/TxD_2/CCP2/CCP2_2	$\overline{INT3}$	外部中断 3，只能下降沿触发
	TxD_2	串行口 1 数据发送端
	CCP2/CCP2_2	外部信号捕获、高速脉冲输出、PWM 输出通道-2

系统复位后，（P3）= FFH，（P3M1）= 00H、（P3M0）= 00H，P3 口默认为准双向口、输出高电平、弱上拉。

（5）P4 口　P4 口每一引脚可作为一般的 I/O 口使用，并且有功能复用。P4 口各位的复用功能见表 2-7。

表 2-7 P4 口复用功能定义表

引　　脚		说　　　明
P4.0/MOSI_3	MOSI_3	SPI 接口的主出从入端
P4.1/MISO_3	MISO_3	SPI 接口的主入从出端
P4.2/$\overline{WR}$	$\overline{WR}$	外部数据存储器写脉冲
P4.3/SCLK_3	SCLK_3	SPI 同步串行口的时钟信号
P4.4/$\overline{RD}$	$\overline{RD}$	外部数据存储器读脉冲
P4.5/ALE	ALE	地址锁存允许
P4.6/RxD2_2	RxD2_2	串行口 2 数据接收端
P4.7/TxD2_2	TxD2_2	串行口 2 数据发送端

系统复位后，（P4）= FFH、（P4M1）= 00H、（P4M0）= 00H，P4 口默认为准双向口、输出高电平、弱上拉。

（6）P5 口　由于受封装引脚数量所限，STC15F2K60S2 单片机中 P5 口仅使用了 P5.4 和 P5.5 两个引脚，其中 P5.5 作为单一功能的 I/O 口使用，而 P5.4 具有复用功能，见表 2-8。

表 2-8　P5.4 引脚复用功能定义表

引　　脚		说　　明
P5.4/RST/MCLKO/SS_3	RST	复位脚（高电平复位）
	MCLKO	内部 RC 振荡输出，输出频率可为 MCLK 的 1、2 或 4 分频
	SS_3	SPI 同步串行口的从机选择信号

系统复位后，P5.4 和 P5.5 均默认为准双向口、输出高电平、弱上拉。

3. STC15F 系列单片机的 I/O 口结构

（1）准双向口模式的结构　图 2-8 为准双向口结构电路图。输出电平控制由低电平控制导通的 MOS 管 V1、V2、V3 和高电平控制导通的 MOS 管 V4 协作完成。其中，V1 导通内阻较小，可提供约 20mA 的强上拉输出电流；V2 导通内阻较大，可提供约 30μA 的极弱上拉输出电流；V3 可提供 150 ~ 250μA 的弱上拉电流；V4 导通时通地灌电流可达 20mA。

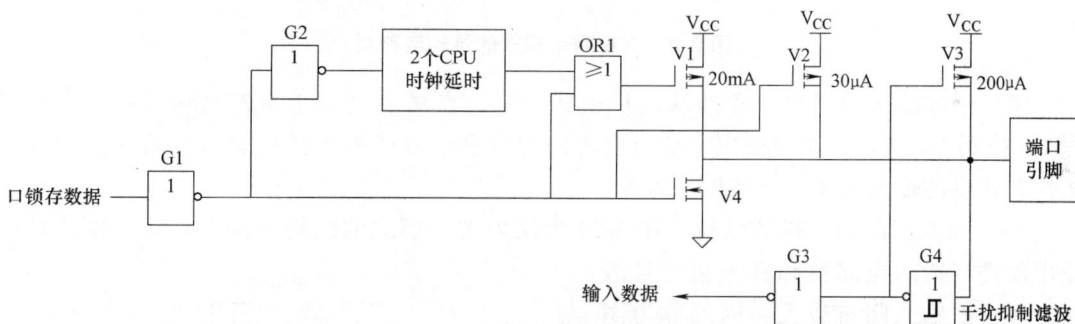

图 2-8　准双向 I/O 口模式结构电路

1）准双向 I/O 口输出分析：

① 端口引脚输出 0。口锁存寄存器中的"口锁存数据"为 0 时，V4 导通而 V1、V2 马上截止，端口引脚输出为 0，端口引脚通过 G4（干扰抑制滤波施密特触发器）控制 V3 截止，端口引脚保持输出 0，且 V4 通过 GND 的灌电流可达 20mA。

② 端口引脚由输出 0 变为输出 1。口锁存寄存器中的"口锁存数据"由 0 变为 1 时，V4 马上截止而 V1 和 V2 马上导通并强上拉，使端口引脚输出由 0 快速变 1，同时通过 G4 控制 V3 导通，2 个 CPU 时钟延时后 V1 变为截止，由 V2 和 V3 维持弱上拉，使端口引脚输出 1。

③ 端口引脚由输出 1 变为输出 0。口锁存寄存器中的"口锁存数据"由 1 变为 0 时，V4 马上导通而 V2 马上截止，但 V1 一直处于截止状态，使端口引脚输出 0，并通过 G4 控

制 V3 截止，此时 V4 导通可承受 20mA 的灌电流。

2）准双向 I/O 口输入分析：准双向口的端口引脚通过 G4 输入，再经过 G3 进入端口数据储存器。

在输入之前必须先向端口锁存寄存器写 1，控制 V4 截止、V2 导通，处于极弱上拉状态。

① 端口引脚输入 1。端口引脚连接的外设信号如果为高电平 1，引脚电平通过 G4 导通 V3，上拉有所增加并维持，引脚信号数据 1 通过 G3、G4 进入。

② 端口引脚输入 0。端口引脚连接的外设如果为低电平 0，引脚电平通过 G4 控制 V3 截止，只有 V2 维持极弱的上拉，端口引脚被允许拉成低电平，引脚信号数据 0 通过 G3、G4 进入。

（2）推挽输出模式结构　图 2-9 为推挽输出模式的结构电路图。输出 0 时灌电流为 20mA，输出 1 时拉电流为 20mA，因此，推挽输出为强驱动模式。

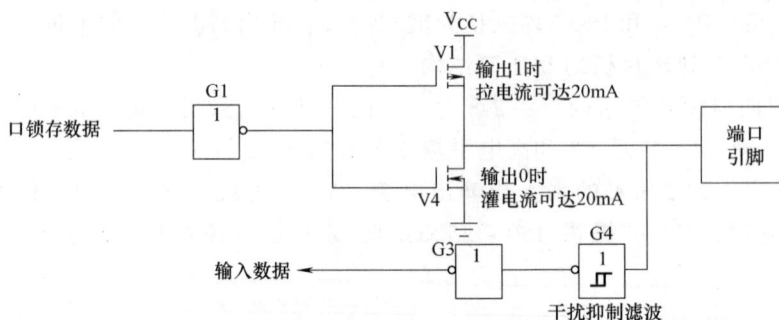

图 2-9　推挽输出模式的结构电路图

端口引脚输入数据时，和准双向口模式一样，在输入之前必须先向端口锁存寄存器写 1，控制 V4 截止。需要指出，端口引脚的低电平信号受强上拉的影响，输入信号有可能拉升外设的输入电平，造成输入误判。

（3）仅为高阻输入模式结构　图 2-10 为仅为输入模式的结构电路图。这种模式没有输出硬件与输入电路搅和在一起，且施密特触发器输入阻抗较大，因此称为高阻输入模式。高阻输入模式，除了作为一般 I 口，还可用于 ADC 模拟输入信号的输入端口。

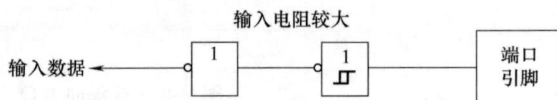

图 2-10　高阻输入模式的结构电路图

（4）开漏输出模式结构　图 2-11 为开漏输出模式的结构电路图。图中连接端口引脚的 MOS 管为下拉型，漏极端没有上拉电路连接电源正端，处于漏极开放状态，这种情况需要在外设端接上拉电阻到外设电源。

作为输入时，须先将口锁存数据赋值为 1，关闭下拉 MOS 管。

2.4.3　STC15F 系列单片机 I/O 口的应用

1. 端口引脚选择

根据外部检测、控制单元要实现的具体功能选择具有相应功能的端口引脚。比如，

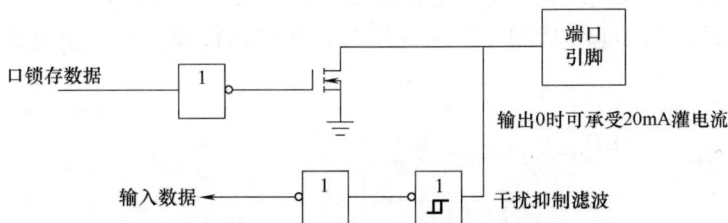

图 2-11　开漏输出模式的结构电路图

需要进行模拟数字转换的测量，STC15F 系列单片机只有 P1 口具有 ADC 输入功能，把模拟信号连接到 P1 口的口线，并选择该口线的工作模式为高阻输入，才能实现外部模拟信号的测量。

2．I/O 口的接口应用

（1）晶体管驱动　晶体管是单片机控制较为常用的器件之一，用于外设的驱动，如利用继电器控制强电器的通/断控制可以利用晶体管驱动继电器实现。图 2-12a 所示为 I/O 口设定为准双向口模式的应用，因驱动电流很小，外加了上拉驱动电阻 R1；图 b 所示为 I/O 口设定为推挽模式，可以直接驱动晶体管，进而驱动继电器。

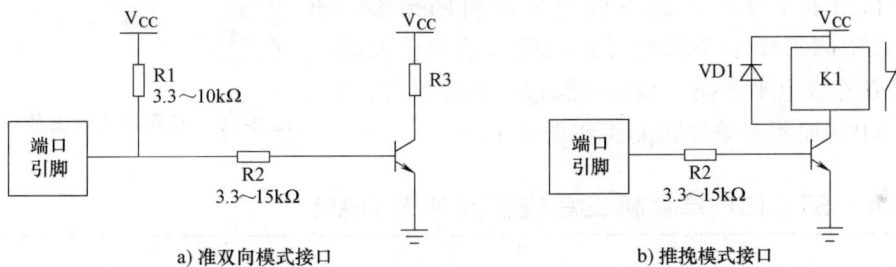

图 2-12　晶体管驱动接口

（2）发光二极管控制　发光二极管、蜂鸣器等器件可用作状态显示或声音提示，因工作电流有限（约 10mA），可以利用 I/O 口直接控制，如图 2-13 所示。图 2-13a 的端口引脚设定为准双向、推挽或者开漏模式，均可承受 20mA 的灌电流，输出低电平时控制发光二极管点亮，高电平时熄灭；图 2-13b 的端口引脚只能设定为推挽输出，可以提供 20mA 的上拉驱动电流，端口输出高电平时发光二极管点亮，输出低电平时发光二极管熄灭。

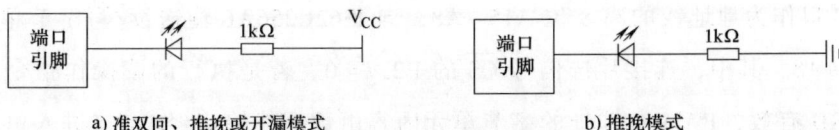

图 2-13　发光二极管控制接口

（3）开关量检测　按键或开关等器件是人工控制干预或者监控常用的器件。图 2-14

是利用 I/O 口检测开关信号的接口电路，图 2-14a 外加一个上拉电阻，适用于推挽、开漏、高阻输入模式；图 2-14b 适用于准双向模式，使用内部弱上拉提供电源电压。

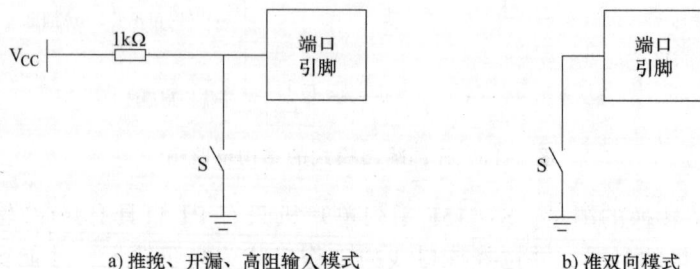

a) 推挽、开漏、高阻输入模式 b) 准双向模式

图 2-14 按键或开关的输入检测

（4）模拟信号检测 模拟信号利用内部 ADC 进行测量。STC15F 单片机的信号检测只能选定高阻输入模式的 P1 口，才能测量模拟量信号。

（5）输出信号电平变换 电平不一样而共地的两个电源系统利用电平变换实现不同电平逻辑的传输。图 2-15 是端口引脚工作于开漏模式并利用可承受较大耐压的 PNP 晶管完成电平变换，端口引脚输出高电平时，V_{out} 电平值为 VH，而不是单片机的工作电压 V_{CC}。

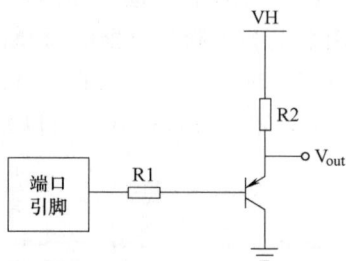

图 2-15 开漏模式输出的电平变换

2.4.4 STC15F 单片机三总线扩展外部 RAM

为了加深理解单片机三总线概念，以扩展外部 RAM 为例讲述 I/O 口三总线的应用。图 2-16 是利用 IS62C256AL 芯片扩展 32KB RAM 的电路图。

74HC573 为 3 态 8 路 D 型透明锁存器，包括输入 D7~D0、输出 Q7~Q0、使能 $\overline{EN}$ 和锁存控制 LE 等引脚。

IS62C256AL 为 32KB RAM 芯片，包括地址线 A14~A0、数据线 D7~D0、写允许控制线 $\overline{WE}$、输出允许控制线 $\overline{OE}$ 和片选信号 $\overline{CS}$ 等引脚。

P0 口分时复用为低 8 位地址线 A7~A0 和数据线 D7~D0。P0 口在指令的前期输出内容为读/写字节单元的低 8 位地址，并在地址锁存允许信号 P4.5/ALE 的配合下，低 8 位地址锁存在 74HC573 的输出端 Q7~Q0 上，向 IS62C256AL 输送低 8 位地址 A7~A0。指令操作期间 P2 口作为地址线的高 8 位 A15~A8，向 IS62C256AL 输送读/写字节单元的高 8 位地址 A14~A8，其中，连接片选信号 $\overline{CS}$ 的 P2.7 = 0。若是执行的读操作指令，则读控制线 P4.4/$\overline{RD}$ 有效，RAM 被选址的字节单元内容由数据线输出经 P0 口进入单片机的累加器 A；而若是写操作指令，则写控制线 P4.2/$\overline{WR}$ 有效，累加器 A 的数据在指令后期经 P0 口输出进入 RAM 选中的字节单元。

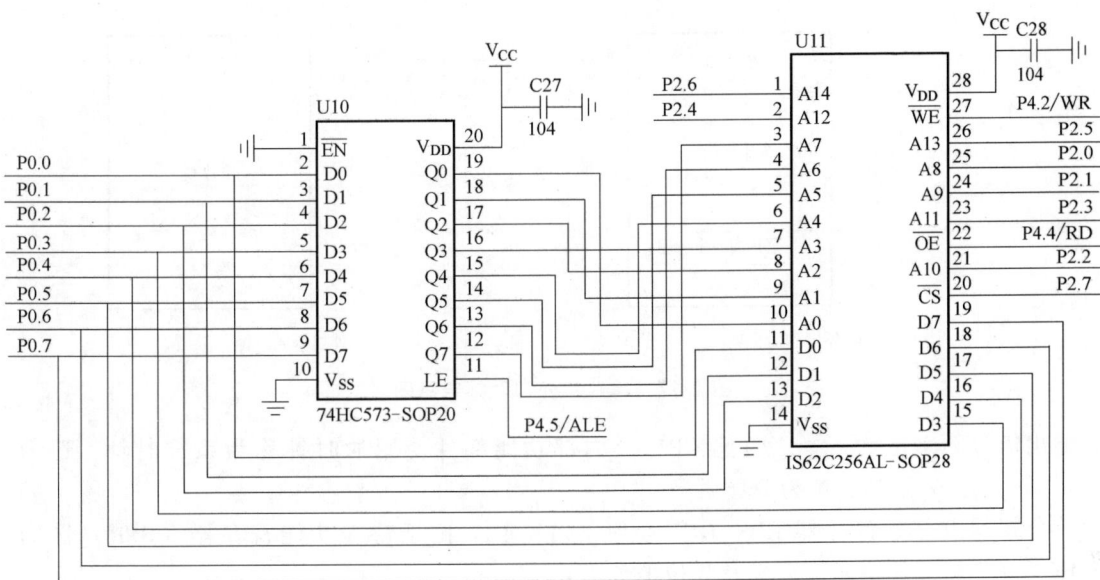

图 2-16 外扩 32KB RAM 电路图

2.5 STC15F 系列单片机的时钟、复位与省电模式

2.5.1 STC15F 系列单片机的时钟

时钟信号是单片机各功能部件同步工作以及与外部设备通信同步所依赖的节拍信号。

1. 时钟源的选择

STC15F 系列单片机有两种时钟源：内部 RC 振荡器时钟和外部时钟。

（1）内部 RC 振荡器 STC15F 系列单片机内部集成了频率范围为 5~35MHz 的内部 RC 振荡器，常温下温漂为 ±0.5%。

进行 ISP 编程时，可以选择内部 RC 振荡器作为工作时钟，同时还需选择 IRC 的频率。如果不选择内部 RC 振荡器，外部时钟则为单片机提供工作时钟。

（2）外部时钟 外部时钟有两种：外接晶振经内部振荡器产生时钟或直接输入外部时钟信号。

1）利用 XTAL1 和 XTAL2 引脚外接晶振，通过内部振荡器电路产生时钟信号。图 2-17a 是外接晶振的电路图。电容 C1 和 C2 用于稳频和快速起振，取值范围为 5~47pF，典型值为 30pF。晶振选用频率最高值为 35MHz。

2）外接时钟信号。时钟输入引脚 XTAL1 可以直接输入外部时钟信号，XTAL2 引脚悬空，如图 2-17b 所示。

2. 时钟分频及分频寄存器

时钟源输出信号经过一个可编程的时钟分频器再供给 CPU 及内部功能部件。把时钟

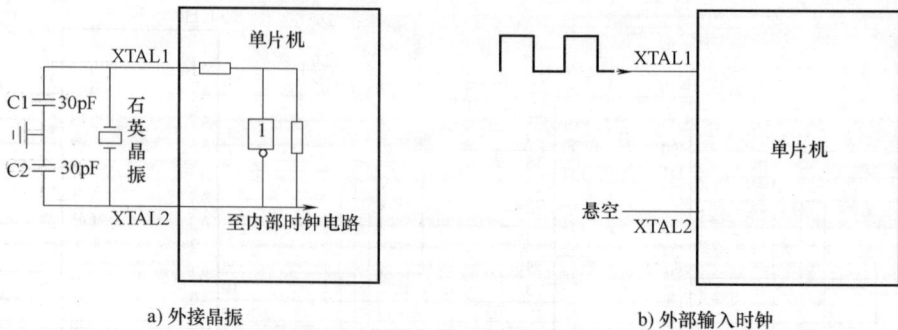

a) 外接晶振   b) 外部输入时钟

图 2-17　单片机外部时钟电路图

源输出信号频率记为 f_{OSC}，而把 CPU 及内部功能部件使用的时钟称为系统时钟，记为 f_{SYS}，则 $f_{SYS} = f_{OSC}/N$，N 为分频系数。

分频器由分频寄存器 CLK_DIV 管理，CLK_DIV 位于特殊功能寄存器（SFR）区的 97H 字节单元，各功能位定义及复位值如下：

位号	B7	B6	B5	B4	B3	B2	B1	B0	复位值
位名	MCKO_S1	MCKO_S0	ADRJ	Tx_Rx	—	CLKS2	CLKS1	CLK_S0	0000x000

其中位 CLKS2、CLKS1 和 CLK_S0 控制分频系数，控制关系见表 2-9。

表 2-9　分频系数控制关系

CLKS2	CLKS1	CLK_S0	主时钟的分频系数（N）
0	0	0	1
0	0	1	2
0	1	0	4
0	1	1	8
1	0	0	16
1	0	1	32
1	1	0	64
1	1	1	128

STC15F2K60S2 的 P5.4 引脚可专用于输出分频的时钟信号，MCKO_S1 和 MCKO_S0 决定分频系数。

2.5.2　STC15F 系列单片机的复位

复位后单片机回到初始状态，特殊功能寄存器、程序指针（PC）等恢复为指定值。复位后，单片机从初始状态开始执行程序。

STC15F 系列单片机的复位方法分为热启动复位和冷启动复位两种方式，见表 2-10。

电源控制寄存器 PCON 中的上电复位标志位 POF 根据复位方法自动标记 POF 位的内容，热启动时 POF 位为 0，冷启动则为 1。用户可以根据该位的内容判断复位发生的原因。

表 2-10 冷、热复位方法

复位方法	复位源	现象
热启动	内部看门狗复位	从用户程序 0000H 单元取指令执行
	RST 引脚复位	从用户程序 0000H 单元取指令执行
	通过读 IAP_CONTR 寄存器送入 20H 产生软复位	从用户程序 0000H 单元取指令执行
	通过读 IAP_CONTR 寄存器送入 60H 产生软复位	ISP 下载命令合法,从 ISP 监控程序区执行,否则从用户程序 0000H 单元取指令执行
冷启动	系统上电引起的硬复位	ISP 下载命令合法,从 ISP 监控程序区执行,否则从用户程序 0000H 单元取指令执行

1. RST 引脚复位

将 P5.4/RST 引脚设置为复位引脚,在该引脚上加一正脉冲,且高电平时间至少 24 个时钟周期再加 20μs,使单片机进入复位状态;RST 引脚电平变低后单片机结束复位状态,若 ISP 为合法下载,CPU 则从 ISP 监控程序区执行程序,否则从用户程序区的 0000H 字节单元取指令执行程序。图 2-18 是利用 RST 引脚实现复位的电路图。事先利用 ISP 编程时,必须先选择 P5.4 引脚为 RST 功能使用。

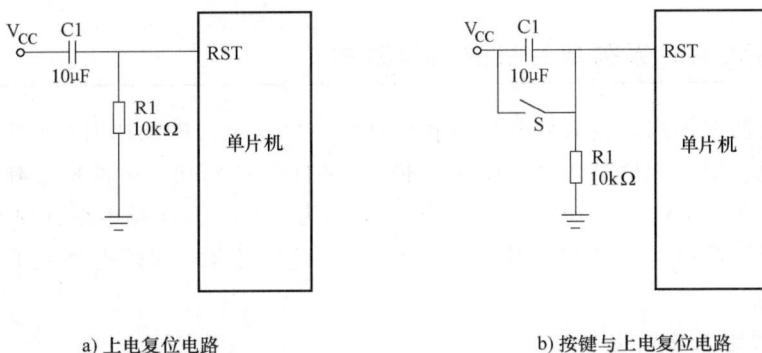

a) 上电复位电路

b) 按键与上电复位电路

图 2-18 RST 引脚的复位电路图

2. 掉电复位/上电复位与 MAX810 专用复位

当电源电压 V_{CC} 低于掉电复位/上电复位检测门槛电压时,单片机所有逻辑电路都会复位。当内部 V_{CC} 上升至上电复位检测门槛电压以上,再延迟 32768 个时钟,掉电复位/上电复位才结束,CPU 从 ISP 监控程序区执行程序。工作电压为 5V 的单片机,其掉电复位/上电复位检测门槛电压为 3.2V。

STC15F 系列单片机内部集成了 MAX810 专用复位芯片的逻辑电路,如果 STC-ISP 编程时选择允许 MAX810 逻辑复位电路的功能,即"上电复位选用较长延时",则掉电复位/上电复位结束以后,产生约 180ms 的复位延时,复位才告解除,并从 ISP 监控程序区执行程序。

3. 内部低电压检测复位

STC15F 系列单片机集成有一组可靠的内部低电压检测机构。在 STC-ISP 编程时，如果允许低电压检测复位，即将低电压检测门槛电压设置为复位门槛电压，并选择 8 级电压中的某一级作为门槛电压，那么当电源电压 V_{CC} 低于内部低电压检测门槛电压时，即产生复位。

在复位之前，V_{CC} 低于内部低电压检测门槛电压时还产生中断标志位，在中断允许的情况下执行中断服务程序，主要用于完成系统掉电之前的数据保护。

4. 软件复位

有时因某种需求，系统运行过程中需对单片机复位。STC15F2K60S2 单片机设置了控制寄存器 IAP_CONTR 中的两位 SWBS、SWRST，实现软件复位。

5. 看门狗复位

强干扰环境有可能造成单片机运行程序的跑飞，即程序指针 PC 值被篡改，从而改变了程序原有的运行路线，只有强制执行复位操作才能把程序拉回到正常轨道。单片机中的看门狗定时器即是为实现这种功能而设计的，其基本原理是：当程序正常执行时，始终可以在规定时间内喂狗（改变定时值）使其不能计满溢出；如果程序跑飞，则不能及时喂狗，看门狗定时器计满溢出会强迫 CPU 复位，重新从 0000H 字节单元开始执行程序。

2.5.3 STC15F 系列单片机的省电模式

以电池供电的便携式设备需要降低设备的功耗以延长电池的使用时间。STC15 系列单片机设置了低速、空闲或掉电 3 种省电工作模式。STC15F2K60S2 单片机工作在正常模式时工作电流为 2.7~7mA，空闲模式时工作电流大约为 1.8mA，而掉电模式时小于 0.1μA。

选用低频时钟即可让单片机工作于低速模式，而空闲模式和掉电模式有专用特殊功能寄存器管理实现。

1. 空闲模式进入与唤醒

通过设置电源控制寄存器 PCON 的相应控制位，可以进入空闲模式和掉电模式。PCON 位于特殊功能寄存器区的 87H 字节单元，功能位定义及复位初值如下：

位号	B7	B6	B5	B4	B3	B2	B1	B0	复位值
位名	SMOD	SMOD0	LVDF	POF	GF1	GF0	PD	IDL	30H

IDL 为空闲模式控制位，当 IDL = 1 时，单片机的 CPU 进入空闲工作模式，其他部件仍旧工作。

任何中断产生或引脚复位发生时，单片机的 CPU 从空闲模式被唤醒。所不同的是，中断唤醒后 CPU 接着执行进入空闲模式指令的下一条指令，而复位唤醒则是从程序 0000H 字节单元取指令执行。

2. 掉电模式进入与唤醒

PCON 寄存器的 PD 位为掉电模式控制位，当 PD = 1 时，单片机进入掉电模式，单片机的时钟停振，CPU、定时器、看门狗、ADC、串口等模块全部停止工作，只有外部中断继续工作。

外部中断可以唤醒进入掉电状态的单片机。可唤醒的资源有 INT0/P3.2、INT1/P3.3、$\overline{INT2}$/P3.6、$\overline{INT3}$/P3.7、$\overline{INT4}$/P3.0、CCP0/CCP1/CCP2、RxD/RxD2 及掉电唤醒专用定时器。

单片机从掉电模式被唤醒后，CPU 将继续执行进入掉电模式指令的下一条指令。

单片机掉电唤醒可以由处于隐形状态的专用定时器（WKTCL_CNT、WKTCH_CNT）及控制寄存器 WKTCL 和 WKTCH 管理实现，有关内容可参阅相关资料。

习题与思考题

1. 简述 STC15F 系列单片机的存储结构。说明程序存储器和数据存储器的特性。

2. 普通 RAM 区和特殊功能寄存器区有什么区别？各自如何寻址？

3. 如何选择当前工作寄存器？

4. 位寻址区位于哪些字节单元？位寻址区中位的地址有几种表示方法？

5. 位地址和字节单元地址重名，例如都为 20H，用不同的操作指令进行区别，用于位操作的累加器和字节操作累加器各是什么？

6. 哪些特殊功能寄存器可以直接位寻址？如何表示特殊功能寄存器的位地址？

7. 简述 STC15F 系列单片机引脚的分类。

8. 单片机的三大总线有哪些？在外部扩展 RAM 时各起什么作用？

9. I/O 口引脚有哪些工作模式？各有什么特点？如何选择工作模式？

10. 常见的 I/O 口应用电路有哪些？各实现什么功能？

11. 单片机的时钟源有哪些？画出外接晶振的连接电路。

12. 单片机复位的方法有哪些？复位后各自从哪里取指令执行程序？

13. 画出 RST 引脚用作复位引脚的电路，描述实现复位的过程。

14. 单片机节电运行有哪些方法？各有什么特点？如何进入？如何唤醒？

15. 何谓堆栈？操作的准则是什么？

第 3 章
指令系统和汇编程序设计

STC15 系列单片机采用的是 8051 CPU 内核，因此它与传统 8051 内核单片机的指令系统完全兼容。本章将介绍 STC15 系列单片机的指令系统，以及汇编语言程序设计的基础知识和方法，并通过典型实验例程，使读者能快速入门并上手开发汇编程序。

3.1 指令的形式、分类与格式

3.1.1 指令的形式

单片机的指令可用几种不同的语言表示。起初为 8051 内核配套使用的是机器语言指令和汇编语言指令，其后随着解释编译系统的发展，又开发了应用于 8051 内核的 C 语言指令系统。

1. 机器语言

机器语言指令，也称机器码，由 0 和 1 组合而成。在 8051 指令集中，机器语言指令的长度从最小的 8 位（1 个字节）到最大的 24 位（3 个字节）。在存储器中，多字节指令连续地存放在存储器中。例如，"累加器 A 加 1"指令用二进制数表示时，是 00000100，在程序存储器中占用 1 个字节单元；而"长调用"指令，由于包含子程序的入口地址，则需要占用连续的 3 个字节单元。

用二进制数表示机器语言指令显得很长，所以，一般用十六进制数进行描述。上面的"累加器 A 加 1"指令改用十六进制数表示，即为 04H。

2. 汇编语言

要将上百种指令的意义和对应十六进制数记住是非常困难的。所以，人们用容易记忆的缩写符号来表示机器语言指令，这就是汇编语言。例如，加法指令缩写成"ADD A，B"，就是一条汇编语言指令，其中 ADD 缩写符号称为助记符（Mnemonic）。汇编语言指令和机器语言指令是一一对应的，例如，汇编语言指令"ADD A，B"与机器语言指令

"25 F0"对应。汇编语言比机器语言易于编写和阅读，但它不能直接为计算机所识别和理解，必须将其转换成机器语言后才能执行，这个过程称为"编译"，可经过手工或相关软件（如 Keil C51）辅助完成。

再举两个汇编语言指令和机器语言指令对照的例子：

汇编语言指令	机器语言指令	
MOV A, #0AH	74 0AH	;数据传送
ADD A, #14H	24 14H	;加法运算

3. 高级语言——C 语言

汇编语言指令与硬件结构密切相关，故不同类型 CPU 的汇编语言指令也不同。这就使得汇编语言程序的移植、交流、维护有些不便；其次，要用汇编语言进行程序设计必须了解所使用的 CPU 硬件结构与指令集，对程序设计人员有较高的要求。为此，后来出现了对 8051 进行编程的高级语言，如 PL/M、C 等。专为 8051 内核单片机开发的 C51 指令与编程将在后续章节中进行介绍。

3.1.2　指令的分类

指令系统是计算机所能执行的全部指令的集合，是表征计算机性能的一个重要指标。通常指令系统包含的指令越丰富，计算机的功能越强大。8051 指令集包含 111 条指令，可以完成 30 多种功能。STC 15 系列单片机的指令系统与传统 8051 内核单片机指令系统完全兼容，但执行效率更高，平均速度提高了 8~12 倍。这些指令主要可按照如下 3 种方法分类：

1. 按指令所占存储器字节数分

单字节指令（49 条）、双字节指令（46 条）、三字节指令（16 条）。

2. 按指令执行完成所需的时钟周期分

单时钟周期指令（22 条）、2 时钟周期指令（37 条）、3 时钟周期指令（31 条）、4时钟周期指令（12 条）、5 时钟周期指令（8 条）、6 时钟周期指令（1 条）。

3. 按指令功能分

数据传送指令（29 条）、算术运算指令（24 条）、逻辑运算指令（24 条）、控制转移类指令（17 条）、位操作指令（17 条）。

3.1.3　汇编语言指令格式

汇编语言十分简洁，可以精确严格按既定时序控制流程，对于初学者深入理解单片机系统非常有益。汇编语言指令主要由助记符和操作数两部分组成，格式如下：

[标号：]　助记符[目的操作数]，[源操作数]；[注释]

例如：LOOP：　MOV　　　A，3AH　　；(A)←(3AH)

标号标记指令的位置，即指令在存储器单元的地址。一旦赋予某个语句标号，则其他语句的操作数就可以引用该标号，如程序控制转移等。标号与助记符之间用冒号"："

分开。

助记符与操作数是指令的核心部分，两者之间使用若干空格隔开。助记符规定了指令所实现的操作，由2~5个英文字母表示。如MOV、ADD、SUB等。

操作数包括目的操作数和源操作数（又称第1操作数和第2操作数），两者之间用逗号","隔开，指出了参与操作的数据来源和操作结果存放的目的单元。有些指令只有一个操作数或者没有操作数。

注释是对该指令的解释，可有可无，主要作用是便于阅读程序。汇编程序不对这部分内容进行编译。注释与指令之间用";"隔开"（）"表示括号中单元的内容。

3.2 寻址方式

指令中的操作数可以在程序中直接给出，也可以存储于程序存储器或内/外部数据存储器的某个单元中。指令执行时CPU如何找到它们，就是所谓的对于操作数的"寻址方式"。寻址方式反映计算机的操作过程，对于理解指令的功能是非常重要的。

STC单片机指令系统有7种寻址方式：寄存器寻址、直接寻址、寄存器间接寻址、立即数寻址、变址间接寻址、相对寻址和位寻址。具体见表3-1。

表3-1 STC单片机的7种寻址方式及其可访问的存储器空间

寻址方式	寻址范围
寄存器寻址	R0~R7、A、B、C（位）、DPTR（双字节）
直接寻址	片内RAM的00H~7FH低128字节单元片内RAM的特殊功能寄存器
寄存器间接寻址	内部数据存储器 [@R1，@R0，@SP（仅PUSH和POP） 内部数据存储器的低4位（@R1，@R0，仅XCHD） 外部数据存储器（@R1，@R0，@DPTR）
立即数寻址	程序存储器（操作码常数）
变址间接寻址	程序存储器（@A+DPTR，@A+PC）
相对寻址	程序存储器（修改了PC值）
位寻址	片内RAM的20H~2FH字节单元共128位 地址能被8整除的特殊功能器的每一位

1. 直接寻址

直接寻址是指令直接给出操作数所在单元地址的寻址方式。指令中操作数部分给出直接地址，用direct表示。例如："MOV A，3AH"的功能是将内部数据存储器3AH单元的内容传送到A中，对于第2个操作数的寻址方式即为直接寻址。

STC单片机使用直接寻址方式可以访问的地址空间有：内部数据存储器的低128B单元、所有特殊功能寄存器。

2. 寄存器寻址

寄存器寻址是以指令中指定寄存器的内容作为操作数的寻址方式。

例如，"MOV A，3AH"指令中，第 1 个操作数的寻址方式即为寄存器寻址。若累加器 A 的地址为 0E0H，那么"MOV A，3AH"与"MOV 0E0H，3AH"的区别在于：前者的机器码为"E5 3A"，后者的机器码为"85 E0 3A"；前者的执行时间为 2 个时钟周期，后者的为 3 个时钟周期。因此，在这个例子当中，虽然两条指令实现的功能相同，但采用寄存器寻址方式的指令节省了时间和空间。

再如指令"INC R2；（R2）←（R2）+1"，其功能是将寄存器 R2 中的内容加 1 后送回 R2。

寄存器寻址可以访问：工作寄存器 R0～R7、累加器 A、通用寄存器 B、地址寄存器 DPTR 和位累加器 C 等。

3. 寄存器间接寻址

指令操作数的地址事先存放在某个寄存器中，由该寄存器的内容指定操作数地址的寻址方式，称为寄存器间接寻址。例如：当 R0 中的内容是 65H，而片内 RAM 65H 单元的内容为 47H，则执行指令"MOV A，@R0"之后（@ 为间接寻址指示符），累加器 A 中的内容变为 47H。在这个例子中，寄存器 R0 的角色类似于 C 语言中的指针，指向被访问的数据单元。

STC 单片机所采用的 8051 指令系统规定只有 R0、R1、SP、DPTR 寄存器才具有间接寻址的能力。R0、R1 可寻址片内 RAM 256B 单元内容，但不能寻址特殊功能寄存器，而用 DPTR 可以寻址外部存储器 64KB 地址空间。

例 3-1 判断指令"MOV @R1，65H"各操作数的寻址方式。

解 第 1 操作数为寄存器间接寻址，第 2 操作数为直接寻址。

4. 立即数寻址

立即数寻址是由指令直接给出操作数的寻址方式。# 为立即数的标识符。例如："MOV A，#30H"，其功能是将立即数 30H 本身送入累加器 A 中；而"MOV A，30H"是把片内 RAM 30H 单元的内容送入累加器 A。注意区别这两者的不同。这类指令大都是双字节指令"仅有指令：MOV DPTR，#DATA16"是三字节指令，它提供两字节立即数，如"MOV DPTR，#1600H"的机器代码为"90 16 00"。

需要指出的是，汇编语言的编译程序对立即数的书写一般有要求：如果立即数的首位是字母（数值大于等于 10），则要在其前面加一个 0，以便将其与变量名区别开来。如指令"MOV A，#0A0H"，该指令的含义是把立即数 A0H 送到累加器 A。

例 3-2 判断指令"MOV A，#65H"各操作数的寻址方式。

解 第 1 操作数为寄存器寻址，第 2 操作数为立即数寻址。

5. 变址间接寻址（基址寄存器+变址寄存器间接寻址）

变址间接寻址是将指令中指定变址寄存器和基址寄存器的内容相加形成真正的操作数在程序存储器中的地址。STC 单片机中采用累加器 A 作为变址寄存器，程序计数器 PC 或寄存器 DPTR 作为基址寄存器，以 DPTR 或 PC 的内容与累加器 A 的内容相加作为操作数 16 位地址。存于累加器 A 的内容实际上是地址偏移量。变址间接寻址一般用于访问程序存储器中的表格，助记符为 MOVC。例如：

MOVC A，@A+DPTR；（（A）+（DPTR））→（A）

如果（DPTR）= 1600H，（A）= 53H，则该条指令的执行结果是：把程序存储器中1653H 单元的内容送到累加器 A 中。

例 3-3　判断指令"MOVC　A，@ A+DPTR"各操作数的寻址方式。

解　第 1 操作数为寄存器寻址，第 2 操作数为变址间接寻址。

6. 相对寻址

相对寻址只出现在相对转移指令中。相对转移指令执行时，是以当前的 PC 值加上指令中给出的相对偏移量 rel 而形成转移目的地地址。这里所说的 PC 的当前值是执行完相对转移指令后的 PC 值，实际上是紧接转移指令下面一条指令的地址。一般来说，相对转移指令助记符所在地址称为起始地址，转移后的地址称为目的地址。于是有：

目的地址 = PC 当前值 + rel = 起始地址 + 转移指令本身字节数 + rel　　　　　±

相对偏移量 rel 是有符号的 8 位二进制数，用补码表示。所以，相对转移指令的转移范围为：以 PC 的当前值为起始地址，相对偏移在 −128 ~ +127B 之间。例如：程序存储器 1068H 地址单元开始存放双字节指令"SJMP　30H"，执行后 PC 当前值为（PC）←（PC）+ 2 = 1068H + 2 = 106AH，则跳转目的地地址为 106AH + 30H = 109AH。

例 3-4　判断指令"DJNZ　　R2，LOOP"各操作数的寻址方式。

解　第 1 操作数为寄存器寻址，第 2 操作数为相对寻址。

7. 位寻址

位寻址适用于可以进行单独位操作的指令，指令中直接给出位地址寻找位操作数。这种寻址方式与直接寻址方式的形式和执行过程基本相同，但参与操作的数据是 1 位而不是 8 位。位地址用 bit 表示，以区别字节地址 direct。

STC 单片机片内 RAM 有两个区域可以进行位寻址：一个是 20H ~ 2FH 的 16 个单元中的 128 位，另一个是字节地址能被 8 整除的特殊功能寄存器中的每一位。位地址可以用多种方式表示，如直接使用位地址、别名或用特殊功能寄存器名加位数等。

例如：将特殊功能寄存器 PSW 的用户定义标志位 F0 中的内容送到 CY 位，则使用以下 4 条指令中的任意一条都是可以的：

```
MOV   C,F0          ;编译器能够识别 F0 是 PSW 中的用户自定义标志位
MOV   C,PSW.5       ;F0 是特殊功能寄存器 PSW 中的第 5 位
MOV   C,D0H.5       ;PSW 的地址为 0D0H
MOV   C,0D5H        ;F0 的位地址为 0D5H
```

例 3-5　判断指令"MOV　　C，20H"操作数的寻址方式。

解　位寻址。

3.3　指令系统

为了使指令系统易于讲解，在介绍指令系统之前先对一些符号注释如下：

Rn（n 取值为 0~7）：当前寄存器区的 8 个工作寄存器 R0~R7；

Ri（i 取值为 0，1）：当前寄存器区可作为地址寄存器的 2 个工作寄存器；

direct：　　　　　　　8 位内部数据存储器单元的地址及特殊功能寄存器的地址；

#data：　　　　　　　表示 8 位常数；

#data16：　　　　　　表示 16 位常数；

addr16：　　　　　　表示 16 位地址；

addr11：　　　　　　表示 11 位地址；

rel：　　　　　　　　8 位带符号的地址偏移量，取值范围为 −128 ~ +127；

bit：　　　　　　　　内部 RAM 和特殊功能寄存器中的可直接寻址位；

@：　　　　　　　　　表示间接寻址；

()：　　　　　　　　 表示括号中单元的内容；

(())：　　　　　　　 表示间接寻址单元内容；

←：　　　　　　　　　表示数据的传送方向；

⇔：　　　　　　　　　表示数据交换。

下面按功能分类分别介绍 STC15 系列单片机的指令系统。

3.3.1 数据传送指令

STC15 系列单片机指令系统中，数据传送指令共 29 条，分为内部数据传送指令、16 位数据传送指令、外部数据传送指令、堆栈指令和数据交换指令。

数据传送指令是指令集中数目最多、使用最频繁的。数据传送指令的助记符为 MOV，其汇编语言指令格式为

　　　　　　　　MOV　　[目的操作数]，[源操作数]

其功能是将源操作数中的内容传送到目的操作数中去，而源操作数中的内容不变。

1. 内部数据传送指令

内部数据传送是指数据在片内 RAM 单元之间传送。

首先是以累加器 A 为目的操作数的片内 RAM 单元间的数据传送指令，见表 3-2。

表 3-2　累加器 A 为目的操作数的片内 RAM 单元间的数据传送指令

汇编指令	功　能	机器指令		操作数	字节数	时钟	寻址方式
MOV　A,Rn	(A)←(Rn)	1110	1rrr		1	1	目的操作数都是累加器 A，源操作数分别采用寄存器寻址、直接寻址、寄存器间接寻址和立即数寻址
MOV　A,direct	(A)←(direct)	1110	0101	源地址	2	2	
MOV　A,@Ri	(A)←((Ri))	1110	011i		1	2	
MOV　A,#data	(A)←data	0111	0100	立即数	2	2	

指令中 Rn 表示工作寄存器 R0 ~ R7，用机器码指令中的低 3 位指代工作寄存器的地址，其中 rrr 取值为 000 ~ 111，对应工作寄存器 R0 ~ R7。如 "MOV A, R3" 的机器码是 11101011，它是单字节指令，而 "MOV A, 30H" 的机器码是 11100101、00110000，即 "E5 30H"，它是双字节指令。Ri 表示工作寄存器 R0 或 R1，其中 i 为 0 或 1。

其他片内 RAM 单元间的数据传送指令见表 3-3。

表3-3 其他片内 RAM 单元间的数据传送指令

汇编指令	功 能	机器指令	操作数	字节数	时钟	寻址方式
MOV Rn, A	(Rn)←(A)	1111 1rrr		1	1	目的操作数都是 Rn，源操作数分别采用寄存器寻址、直接寻址和立即数寻址
MOV Rn, direct	(Rn)←(direct)	1010 1rrr	源地址	2	3	
MOV Rn, #data	(Rn)←data	0111 1rrr	立即数	2	2	
MOV direct, A	(direct)←(A)	1111 0101	源地址	2	2	目的操作数都是 direct 寻址单元，源操作数前两个采用寄存器寻址、后面采用直接寻址、寄存器间接寻址和立即寻址
MOV direct, Rn	(direct)←(Rn)	1000 1rrr	寄存器	2	2	
MOV direct1, direct2	(direct1)←(direct2)	1000 0101	源地址	3	3	
MOV direct, @Ri	(direct)←((Ri))	1000 011i	sfr 间接	2	3	
MOV direct, #data	(direct)←data	0101 0101	源地址	3	3	
MOV @Ri, A	((Ri))←(A)	1111 011i		1	2	目的操作数 @Ri 都是间接寻址单元，源操作数寻址方式不再赘述
MOV @Ri, direct	((Ri))←(direct)	1010 011i	源地址	2	3	
MOV @Ri, #data	((Ri))←data	0111 011i	立即数	2	2	

例 3-6 设片内 RAM 30H 单元的内容为 50H，试分析执行下面程序后各有关单元的内容。

```
MOV   60H, #30H    ;立即数 30H 送 60H 单元，即(60H)=30H
MOV   R0, #60H     ;立即数 60H 送入 R0，即(R0)=60H
MOV   A, @R0       ;60H 单元内容送入 A，(A)=((R0))=(60H)=30H
MOV   R1, A        ;将 A 中的内容送入 R1，即(R1)=30H
MOV   40H, @R1     ;30H 内容送 40H，(40H)=((R1))=(30H)=50H
MOV   60H, 30H     ;30H 单元内容送入 60H，即(60H)=(30H)=50H
```

2. 16 位数据传送指令

STC15 系列单片机指令系统中仅一条传送 16 位数据的指令，功能是将 16 位数据送入寄存器 DPTR 中，其中数据的高 8 位送入 DPH 中，低 8 位送入 DPL 中，见表3-4。

表3-4 16 位数据传送指令

汇编指令	功 能	机器指令	操作数	字节数	时钟
MOV DPTR, #data16	(DPTR)←data16	1001 0000	data15~data8, data7~data0	3	3

3. 数据交换指令

数据交换指令是在片内 RAM 的某一个单元和累加器 A 之间进行的，并且累加器 A 总是作为目标操作数。数据交换指令分为两种：整字节交换和半字节交换。具体见表3-5。

例 3-7 已知 (30H)=88H，(40H)=11H，指出下列程序段执行的结果和功能。

```
MOV   A, 30H    ;(A)←(30H), (A)=88H
XCH   A, 40H    ;(A)⇔(40H), (A)=11H, (40H)=88H
MOV   30H, A    ;(30H)←(A), (30H)=11H
```

解 结果为(30H)=11H，(40H)=88H，功能是将 30H 和 40H 单元内容互换。

表 3-5　数据交换指令

汇编指令	功　能	机器指令	操作数	字节数	时钟	类　别
XCH　A，Rn	(A)⇔(Rn)	1001 1rrr		1	2	整字节交换指令
XCH　A，direct	(A)⇔(direct)	1100 0101	源地址	2	3	
XCH　A，@Ri	(A)⇔((Ri))	1100 011i	sfr 间接	1	3	
XCHD A，@Ri	(A)$_{3\sim0}$⇔((Ri))$_{3\sim0}$	1101 011i	sfr 间接	1	3	半字节交换指令
SWAP　A	(A)$_{3\sim0}$⇔(A)$_{7\sim4}$	1100 0100		1	1	

例 3-8　设内部数据存储器的 60H、61H 单元中连续存放着 4 位 BCD 码，试编写一段程序将这 4 位 BCD 码倒序排列。

解　根据题意设 4 位 BCD 码为 a3a2a1a0，在执行程序的前后，它们在数据存储器中的排列如下：

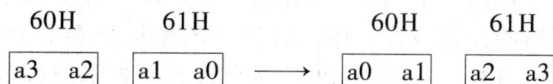

60H	61H		60H	61H
a3　a2	a1　a0	⟶	a0　a1	a2　a3

程序如下：

```
MOV   R0，#60H      ；(R0)=60H
MOV   R1，#61H      ；(R1)=61H
MOV   A，@R0        ；(A)=((R0))=(60H)=a3a2
SWAP  A            ；A 中的内容高、低 4 位互换 (A)=a2a3
XCH   A，@R1        ；(A)⇔((R1))，(A)=a1a0，(61H)=a2a3
SWAP  A            ；(A)=a0a1
MOV   @R0，A        ；((R0))=(A)，(60H)=a0a1
```

4. 外部数据传送指令

外部数据传送指令是指累加器 A 与外部 RAM 之间传送数据或者从外部 ROM 中查表的指令。外部数据传送指令均采用间接寻址方式。

（1）累加器 A 与外部 RAM 之间传送数据　共 4 条指令构成，见表 3-6。

表 3-6　累加器 A 与外部 RAM 之间传送数据指令

汇编指令	功　能	机器指令	字节数	时钟	寻址范围	类　别
MOVX　A，@Ri	(A)←((Ri))，且使 $\overline{RD}$=0	1110 001i	1	3	256B	累加器 A 与外部 RAM 间传送数据
MOVX　A，@DPTR	(A)←((DPTR))，且使 $\overline{RD}$=0	1110 0000	1	2	64KB	
MOVX　@Ri，A	((Ri))←(A)，且使 $\overline{WR}$=0	1111 001i	1	4	256B	
MOVX　@DPTR，A	((DPTR))←(A)，且使 $\overline{WR}$=0	1111 0000	1	3	64KB	

这 4 条指令都是单字节指令，当所访问的外部 RAM 单元物理上处于芯片内时，其执行时间在 2~4 个时钟周期之间；而当所访问的外部 RAM 单元物理上处于芯片外时，其执行时间在 7~42 个时钟周期之间。执行时间的具体计算方法请参考《STC15 系列单片机器件手册》中 5.2 节 "完整指令集对照表"，手册可从 www.stcmcu.com 主页下载。

例 3-9 将累加器 A 中的内容送入外部数据存储器的 0060H 单元。

解 根据题意编程如下:

```
MOV    P2, #00         ;输出地址高 8 位输出 00H
MOV    R0, #60H        ;地址送间址寄存器
MOVX   @R0, A          ;A 中的内容送外部数据存储器的 0060H 单元
```

例 3-10 将外部存储器 2000H 单元的内容送入 2100H 单元。

解
```
MOV    DPTR, #2000H    ;(DPTR)=2000H
MOVX   A, @DPTR        ;(A)=((DPTR))
MOV    DPTR, #2100H    ;(DPTR)=2100H
MOVX   @DPTR, A        ;((DPTR))=(A)
```

(2) 将外部 ROM 中数据读入累加器 A 中 见表 3-7,这两条指令常用于程序存储器查表操作,也称为查表指令,助记符为 MOVC。查表指令的源操作数都采用变址寻址方式,第一条指令的基址寄存器为 DPTR,因此其寻址范围为整个程序存储器的 64KB 空间,表格可以放在程序存储器的任何位置。第二条指令的基址寄存器为 PC,该指令中访问程序存储器的地址为 (A)+(PC),其中 (PC) 为程序计数器的当前值,即查表指令地址加1。因此,当基址寄存器为 PC 时,查表范围实际为查表指令后 256B 的地址空间。

表 3-7 累加器 A 与外部 ROM 之间传送数据指令

汇编指令	功　能	机器指令	字节数	时钟	寻址范围
MOVC A, @A+DPTR	(A)←((A)+(DPTR))	1001 0011	1	5	64KB ROM
MOVC A, @A+PC	(PC)←(PC)+1, (A)←((A)+(PC))	1000 0011	1	4	PC 后 256B

例 3-11 编写程序实现下列要求的数据传送:

(1) 内部 RAM 20H 单元的内容送内部 RAM 40H 单元。

(2) 外部 RAM 0020H 单元的内容送内部 RAM 40H 单元。

(3) 内部 RAM 0020H 单元的内容送外部 RAM 4000H 单元。

(4) 外部 RAM 2000H 单元的内容送外部 RAM 4000H 单元。

解

(1) MOV 40H, 20H

(2) MOV R0, #20H
　　 MOV P2, #00H
　　 MOVX A, @R0
　　 MOV 40H, A

(3) MOV A, 20H
　　 MOV DPTR, #4000H
　　 MOVX @DPTR, A

(4) MOV DPTR, #2000H
　　 MOVX A, @DPTR
　　 MOV DPTR, #4000H
　　 MOVX @DPTR, A

5. 栈操作指令

内部 RAM 中有一个先进后出的堆栈操作缓冲区域，主要用于保护和恢复 CPU 的工作现场，也可实现内部 RAM 单元之间的数据传送。

堆栈操作有入栈和出栈两类，见表 3-8。入栈指令是将指定直接寻址单元的内容压入堆栈。具体操作是：先将堆栈指针寄存器 SP 的内容加 1，指向堆栈顶的一个单元中，然后将指令指定的直接寻址单元内容传送到指针 SP 所指的内部 RAM 单元中。出栈指令是将当前 SP 所指示单元内容传送到该指令指定的直接寻址单元中去，然后 SP 内容减 1 指向新栈顶。由入栈和出栈指令的操作过程可以看出，堆栈中的数据压入和弹出应遵循"先进后出"的原则。

表 3-8　栈操作指令

汇编指令	功　能	机器指令	字节数	时钟	类别	寻址范围
PUSH　direct	(SP)←(SP)+1，((SP))←(direct)	1100 0000	2	3	入栈	内部 RAM
POP　direct	(direct)←((SP))，(SP)←(SP)−1	1101 0000	2	2	出栈	

例 3-12　已知 (SP)=30H，(40H)=88H，(50H)=11H，指出下列程序段的执行结果和功能。

```
PUSH    40H      ;(SP)←(SP)+1=31H，((SP))←(40H)，(31H)=88H
PUSH    50H      ;(SP)←(SP)+1=32H，((SP))←(50H)，(32H)=11H
POP     40H      ;(40H)←((SP))，(SP)←(SP)−1=31H，(40H)=11H
POP     50H      ;(50H)←((SP))，(SP)←(SP)−1=30H，(50H)=88H
```

执行结果：(40H) = 11H，(50H)= 88H，(SP)= 30H，即交换了 40H 和 50H 单元的内容。

3.3.2　算术运算指令

算术运算指令包括加、减、乘、除、加 1、减 1 等共 24 条指令，大都影响标志位。

1. 加法指令

加法指令包括带进位加法与不带进位加法指令、加 1 指令和十进制调整指令。

（1）不带进位加法指令　将工作寄存器、内部 RAM 单元内容或立即数和累加器 A 中的数相加，所得的"和"存放于累加器 A 中，见表 3-9。当和的第 3、7 位有进位时，分别将 AC、CY 标志位置 1，否则为 0。对于无符号数，进位标志位 CY = 1，表示溢出；CY = 0 表示无溢出。带符号数运算的溢出取决于和的第 6、7 位中有一位进位，而另一位不产生进位，溢出时标志位 OV 置 1，否则为 0。

例 3-13　设 (A)=0C3H，(R0)=0AAH，

执行指令"ADD　A，R0"所得和为 6DH。

标志位 CY=1，OV=1，AC=0。

$$
\begin{array}{r}
(A): 1100\ 0011 \\
+(R0): 1010\ 1010 \\
\hline
1\quad 0110\ 1101
\end{array}
$$

表 3-9　不带进位加法指令

汇编指令	功　能	机器指令	字节数	时钟	备　注
ADD　A, Rn	(A)←(A)+(Rn)	0010 1rrr	1	1	执行这组指令将影响标志位 AC、OV、CY、P。溢出标志 OV 在只有带符号数运算时才起作用
ADD　A, direct	(A)←(A)+(direct)	0010 0101	2	2	
ADD　A, @Ri	(A)←(A)+((Ri))	0010 011i	1	2	
ADD　A, #data	(A)←(A)+data	0010 0100	2	2	

（2）带进位加法指令　将源字节单元的内容与累加器 A 的内容相加，再加上进位标志位 CY 的内容，结果放入累加器 A 中，见表 3-10。指令执行将影响标志位 AC、OV、CY、P。其余功能和上面的 ADD 指令相同。带进位加法指令主要用于多字节加法的高字节求和，以考虑低字节求和向高字节的进位。

表 3-10　带进位加法指令

汇编指令	功　能	机器指令	字节数	时钟	备　注
ADDC　A, Rn	(A)←(A)+(Rn)+(CY)	0011　1rrr	1	1	执行这组指令将影响标志位 AC、OV、CY、P
ADDC　A, direct	(A)←(A)+(direct)+(CY)	0011　0101	2	2	
ADDC　A, @Ri	(A)←(A)+((Ri))+(CY)	0011　011i	1	2	
ADDC　A, #data	(A)←(A)+data+(CY)	0011　0100	2	2	

例 3-14　设（A）= 0C3H,（R0）= 0AAH,（CY）= 1

执行指令 "ADDC　A, R0", 得到的和 6EH 存入 A 中，且 CY = 1, OV = 1, AC = 0。

$$
\begin{array}{r}
(A):\quad 1100\quad 0011\\
(R0):\quad 1010\quad 1010\\
+(CY):\quad 0000\quad 0001\\
\hline
1\quad 0110\quad 1110
\end{array}
$$

例 3-15　试编写计算 6655H+11FFH 的程序。

解　加数和被加数是 16 位数，需两步完成运算：低 8 位数相加，若有进位保存在 CY 中；高 8 位采用带进位加法，结果放入 50H、51H 中。

```
MOV    A, #55H
ADD    A, #0FFH
MOV    50H, A
MOV    A, #66H
ADDC   A, #11H
MOV    51H, A
```

（3）十进制调整指令（BCD 码修正指令）　本指令用于对累加器 A 中 BCD 码加法运算结果进行调整，见表 3-11。两个压缩型 BCD 码按照二进制数相加之后，必须经本指令调整，才能得到压缩型 BCD 码和数。

BCD（Binary-Coded Decimal）码是用 4 位二进制数来表示 1 位十进制数中的 0~9 这

10 个数码。BCD 使二进制和十进制之间的转换得以快捷进行，尤其便于处理长数字串。BCD 码有多种编码方式，其中 8421 码是最基本和最常用的。8421 码和 4 位自然二进制码相似，各位的权值为 8、4、2、1；和 4 位自然二进制码不同的是，它只选用了 4 位二进制码中前 10 组代码，即用 0000～1001 分别代表它所对应的十进制数，余下的 6 组代码不用。

尽管声明运算的数为 BCD 码，但计算机在运算时仍按二进制进行，字节相加即为满十六进一，不能满足十进制数加法"满十进一"的要求，因此 BCD 码运算时，结果大于 9 时得到的结果是错误的，必须进行修正。根据累加器 A 原始数值和 PSW 状态，由硬件自动对累加器 A 进行加 06H、60H、66H 的操作。

表 3-11　BCD 码修正指令

汇编指令	功　能		机器指令	字节数	时钟	备　注
	若($A_{3\sim0}$)>9 或（AC)=1	若($A_{7\sim4}$)>9 或（CY)=1				
DA　A	($A_{3\sim0}$)+= 06H	($A_{7\sim4}$)+= 60H	1101 0100	1	3	不影响溢出标志位 OV，只能用于加法指令之后

例 3-16　设累加器 A 内容为压缩 BCD 码 56（即 01010110B），寄存器 R3 的内容为压缩 BCD 码 67（即 01100111B），CY 内容为 1。

执行下列的指令：

ADDC　A, R3

DA　A

第一条指令是执行带进位的二进制数加法，相加后累加器 A 的内容为 0BEH（10111110B），且 CY＝0，AC＝0；然后执行调整指令"DA　A"。但因为高 4 位值为 11，大于 9，低 4 位值为 14，亦大于 9，所以内部需进行加 66H 调整操作，BCD 码结果为 124 且 CY＝1，即

```
    （A）：    01010110        BCD：56
    （R3）：   01100111        BCD：67
  +（CY）：    00000001        BCD：01
  ─────────────────────
    和        10111110
    调整      01100110
    1         00100100        BCD：124
```

（4）加 1 指令　将指定单元内容加 1，结果仍存放于原单元中去。如原单元值为 0FFH，加 1 运算后将溢出变为 00H。此类指令共 5 条，见表 3-12。

2. 减法指令

STC 单片机减法指令包括带借位减法指令和减 1 指令。

（1）带借位减法指令　将累加器 A 内容减去源地址单元内容，再减去进位标志位 CY 的内容，结果放入累加器 A 中，见表 3-13。

表 3-12 加 1 指令

汇编指令	功 能	机器指令	字节数	时钟	备 注
INC A	(A)←(A)+1	0000 0100	1	1	
INC Rn	(Rn)←(Rn)+1	0000 1rrr	1	2	
INC direct	(direct)←(direct)+1	0000 0101	2	3	运算结果不影响标志位
INC @Ri	((Ri))←((Ri))+1	0000 011i	1	3	
INC DPTR	(DPTR)←(DPTR)+1	1010 0011	1	1	

表 3-13 带借位减法指令

汇编指令	功 能	机器指令		字节数	时钟	备 注
SUBB A,Rn	(A)←(A)-(Rn)-(CY)	1001	1rrr	1	1	
SUBB A,direct	(A)←(A)-(direct)-(CY)	1001	0101	2	2	执行这组指令将影响
SUBB A,@Ri	(A)←(A)-((Ri))-(CY)	1001	011i	1	2	标志位 AC、OV、CY、P
SUBB A,#data	(A)←(A)-data-(CY)	1001	0100	2	2	

这组指令主要用于多字节数的减法，这时 CY 中保存着低位字节向高位字节的借位。如果要进行单字节或多字节数低 8 位数的减法运算，应先清除进位标志位 CY。

此外，两个数相减时，若第 7 位有借位，则置 CY 为 1，否则 CY 清 0；若第 3 位有借位，则辅助进位 AC 为 1，否则 AC 清 0。若第 6、7 位不同时借位，则置 OV 为 1，否则 OV 清 0。若 A 的结果有奇数个 1，则置奇偶校验位 P 为 1，否则清 0。

例 3-17 设累加器 A 的内容为 0C9H，寄存器 R2 内容为 54H，进位标志 CY 为 1，执行指令"SUBB A，R2"，则运行结果如何。

$$
\begin{array}{ll}
(A): & 11001001 \\
-(CY): & 00000001 \\
\hline
 & 11001000 \\
-(R2): & 01010100 \\
\hline
 & 01110100
\end{array}
$$

结果：(A)=74H，(CY)=0，(AC)=0，(OV)=1。

(2) 减 1 指令 这组指令的功能是将操作数单元的内容减 1，结果仍存于原单元，见表 3-14。

表 3-14 减 1 指令

汇编指令	功 能	机器指令		字节数	时钟	备 注
DEC A	(A)←(A)-1	0001	0100	1	1	
DEC Rn	(Rn)←(Rn)-1	0001	1rrr	1	2	运算结果不影响
DEC direct	(direct)←(direct)-1	0001	0101	2	3	标志位
DEC @Ri	((Ri))←((Ri))-1	0001	011i	1	3	

3. 乘、除法指令

STC15 系列单片机指令系统中有乘法、除法指令各一条，见表 3-15。

表 3-15 乘、除法指令

汇编指令	功　能	机器指令	字节数	时钟	备　注
MUL　AB	(A)←积低 8 位 (B)←积高 8 位	1010　0100	1	2	如果积大于 0FFH，则溢出标志 OV 置 1，否则清 0。进位标志位 CY 总为 0
DIV　AB	(A)←商 (B)←余数	1000　0100	1	6	一般情况，标志位 CY 和 OV 清 0；当除数为 0 时 OV 置 1

例 3-18 设 (A)= 50H，(B)= 0AH，执行指令 "MUL　AB"，结果乘积为 3200H，则 (A)= 00H，(B)= 32H，OV=1，CY=0。

3.3.3 逻辑运算指令

STC15 系列单片机指令系统中逻辑运算指令共 24 条，按操作数个数的不同可分为两类：单操作数指令和双操作数指令。逻辑运算指令包括与、或、异或、循环、累加器 "清零" 与 "求反" 指令。这些指令的操作数都是 8 位。逻辑运算指令不影响标志位。

1. 单操作数逻辑运算指令

（1）移位指令　包括累加器 A 循环左移、累加器 A 循环右移等 4 条指令，见表 3-16。

表 3-16 移位指令

汇编指令	功　能	机器指令	字节数	时钟	备　注
RL　A	D7 — D0	0010　0011	1	1	累加器 A 循环左移
RLC　A	CY — D7 — D0	0011　0011			累加器 A 连同进位标志位循环左移
RR　A	D7 — D0	0000　0011			累加器 A 循环右移
RRC　A	CY — D7 — D0	0001　0011			累加器 A 连同进位标志位循环右移

例 3-19 若 (A)= 10111101B = BDH，CY = 0，执行 "RLC　A" 指令的结果为：(A)= 01111010B = 7AH，CY=1，即 A 的内容扩大 2 倍。

（2）累加器 A 的 "清零" 与 "取反" 指令　另一类单操作数指令，是对累加器进行清零或取反操作，见表 3-17。

2. 双操作数的逻辑运算指令

（1）逻辑 "与" 指令　前 4 条指令是将累加器 A 的内容和源操作数内容按位进行逻辑 "与"，结果存放在 A 中；后两条指令是将直接地址单元中的内容和源操作数内容按位进行逻辑 "与"，结果存入直接地址单元。具体说明见表 3-18。

表 3-17 累加器 A 逻辑操作指令

汇编指令	功 能	机器指令	字节数	时钟	备 注
CLR A	$(A) \leftarrow$ #00H	1110 0100	1	1	不影响标志位
CPL A	$(A) \leftarrow (\bar{A})$	1111 0100	1	1	

表 3-18 逻辑"与"指令

汇编指令	功 能	机器指令	字节数	时钟	备 注
ANL A, Rn	$(A) \leftarrow (A) \wedge (Ri)$	0101 1rrr	1	1	这4条指令影响PSW 奇偶校验位 P
ANL A, direct	$(A) \leftarrow (A) \wedge (direct)$	0101 0101	2	2	
ANL A, @Ri	$(A) \leftarrow (A) \wedge ((Ri))$	0101 011i	1	2	
ANL A, #data	$(A) \leftarrow (A) \wedge data$	0101 0100	2	2	
ANL direct, A	$(direct) \leftarrow (direct) \wedge (A)$	0101 0010	2	3	若 direct 是 I/O，则 r — m — w
ANL direct, #data	$(direct) \leftarrow (direct) \wedge data$	0101 0011	3	3	

例 3-20 将累加器 A 中压缩 BCD 码分为两个字节，形成非压缩 BCD 码，放入 30H 和 31H 单元中。

解 由题意，将累加器 A 中的低 4 位保留，高 4 位清 0 放入 30H；高 4 位保留，低 4 位清 0，半字节交换后存入 31H 单元中，得到非压缩 BCD 码。程序为：

```
MOV    40H, A        ; 保存A中的内容
ANL    A, #00001111B ; 清高4位, 保留低4位
MOV    30H, A
MOV    A, 40H        ; 取源数据
ANL    A, #11110000B ; 保留高4位, 清低4位
SWAP   A
MOV    31H, A
```

（2）逻辑"或"指令 当目的操作数为直接寻址单元时，只能用累加器 A 和立即数作源操作数，见表 3-19。本指令可置位任何 RAM 单元或寄存器的某些位，方法是将需置位的位与立即数"1"相"或"即可。对于目的操作数为累加器 A 的指令，影响 PSW 奇偶校验位 P。

表 3-19 逻辑"或"指令

汇编指令	功 能	机器指令	字节数	时钟	备 注
ORL A, Rn	$(A) \leftarrow (A) \vee (Rn)$	0100 1rrr	1	1	这4条指令影响 PSW的奇偶校验位 P
ORL A, direct	$(A) \leftarrow (A) \vee (direct)$	0100 0101	2	2	
ORL A, @Ri	$(A) \leftarrow (A) \vee ((Ri))$	0100 011i	1	2	
ORL A, #data	$(A) \leftarrow (A) \vee data$	0100 0100	2	2	
ORL direct, A	$(direct) \leftarrow (direct) \vee (A)$	0100 0010	2	3	若 direct 是 I/O，则 r — m — w
ORL direct, #data	$(direct) \leftarrow (direct) \vee data$	0100 0011	3	3	

例 3-21 将累加器 A 中的低 4 位由 P1 口的低 4 位输出，P1 口的高 4 位不变。

解 据题意程序如下：

```
ANL    A, #00001111B
MOV    30H, A              ;保留 A 中的低 4 位
MOV    A, P1
ANL    A, #11110000B       ;P1 的高 4 位不变
ORL    A, 30H
MOV    P1, A
```

（3）逻辑"异或"指令

8051 CPU 指令系统中的逻辑"异或"指令见表 3-20。

表 3-20 逻辑"异或"指令

汇编指令	功 能	机器指令	字节数	时钟	备 注
XRL A, Rn	(A)←(A) ∀ (Rn)	0110 1rrr	1	1	这 4 条指令影响 PSW 的奇偶校验位 P
XRL A, direct	(A)←(A) ∀ (direct)	0110 0101	2	2	
XRL A, @ Ri	(A)←(A) ∀ ((Ri))	0110 011i	1	2	
XRL A, #data	(A)←(A) ∀ data	0110 0100	2	2	
XRL direct, A	(direct)←(direct) ∀ (A)	0110 0010	2	3	若 direct 是 I/O，则 r—m—w
XRL direct, #data	(direct)←(direct) ∀ data	0110 0011	3	3	

注意：①利用本指令可对目的操作数的某些位取反，其方法是将需取反的位与 1 相"异或"。这种操作常用于目的操作数为直接寻址的场合，而源操作数常采用立即数或累加器 A。②利用本指令可判断两个数是否相等，若相等，则结果为全 0；否则不相等。

3.3.4 控制转移类指令

STC15 系列单片机指令系统中，控制转移类指令共有 17 条，包括无条件转移指令、条件转移指令、子程序调用与返回指令和空操作指令。这类指令通过修改 PC 的内容来控制程序的执行过程，可极大地提高程序的效率，实现复杂功能。

1. 无条件转移指令

无条件转移指令是指当程序执行到该指令时，程序无条件转移到指令所提供地址处执行。无条件转移指令共有 4 条，包括长转移指令、短转移指令、绝对转移指令和间接转移指令。

（1）长转移指令

LJMP addr16；

0000 0010
a15 ~ a8
a7 ~ a0

，(PC)←addr16

指令的第 2、3 字节提供 16 位目标转移地址，因此目的地址的选择范围为 64KB 地址空间任意单元，该指令不影响标志位。

（2）绝对转移指令

AJMP addr11 ；

a10a9a80 0001
a7a6a5a4a3a2a1a0

，（PC）←（PC）+2
（PC10）~（PC0）←addr0~addr10，（PC11）~（PC15）不变

功能：由原 PC11~15 地址信息和指令提供低 11 位地址组成 16 位转移目的地址，指令第 1 字节中为 a8~a10 和第 2 字节为 a7~a0，程序无条件转向同一 2KB 存储空间目的地址执行。本指令不影响标志位。转移操作如图 3-1 所示。

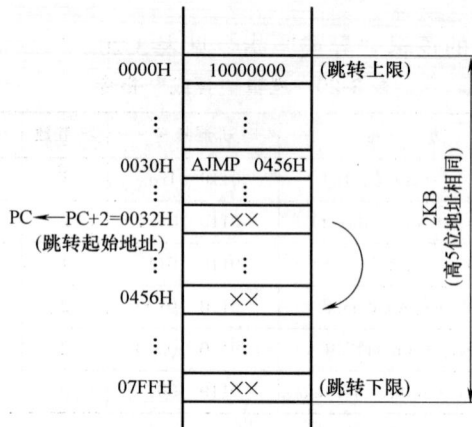

图 3-1　AJMP 转移范围示意图

（3）短转移指令

SJMP rel ；

1000 0000
rel

，（PC）←（PC）+2
（PC）←（PC）+rel

指令中 rel 是一个有符号数偏移量，其范围为 -128~+127B，以补码形式给出。正数表示程序向前跳，负数表示向后跳，如图 3-2 所示。

如在 0123H 单元存放着指令"SJMP 45H"，则目标地址为 0123H+2+45H=016AH。若指令为"SJMP F2H"，则目标地址为 0123H+2-0EH=0116H。

注意：①一条带有 0FEH 偏移量的 SJMP 指令，将实现无限循环，这是因为 0FEH 是 -2 的补码，目的地址=PC+2-2=PC，结果转向自己，无限循环。②目的地址>PC 当前值，rel 应在 00H~7FH 之间；目的地址<PC 当前值，目的地址-PC 当前值=0FF（高 8 位）rel（低 8 位）H，若高 8 位不是 0FFH，说明跳转范围超过 -128B，本指令不能用。

（4）间接转移指令

JMP @A+DPTR ；

0111 0011

，（PC）←（A）+（DPTR）

该指令执行时，把累加器 A 中的 8 位无符号数与 DPTR 中 16 位数相加，其和装入程序计数器 PC，控制程序转到目的地址执行程序。整个指令的执行过程中，不改变累加器

A 和 DPTR 的内容。

JMP 是一条多分支转移指令,由 DPTR 决定多分支转移指令的首地址,由累加器 A 来动态地选择转到某一分支。转移操作如图 3-3 所示。

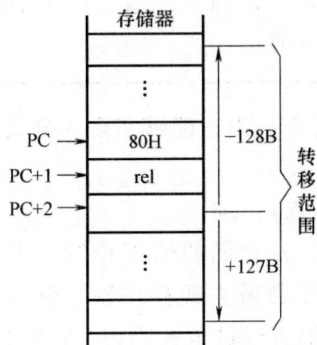

图 3-2 SJMP 指令的转移范围示意图

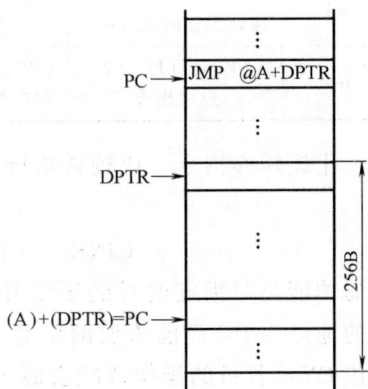

图 3-3 JMP 指令的转移范围示意图

例 3-22 某单片机应用系统有 16 个键,对应的键码值(00H~0FH)存放在 R7 中,16 个键处理程序的入口地址分别为 KYE0、KYE1、……、KYE15。要求按下某键,程序即转移到该键的相应处理程序执行。

解 预先在 ROM 中建立一张起始地址为 KYEG 的转移表:AJMP KYE0,…,AJMP KYE15。利用间接转移指令即可实现多路分支转移处理。

程序如下:

```
        MOV    A, R7
        RL     A              ;键值 2 倍,AJMP 指令为双字节指令
        MOV    DPTR, #KYEG    ;转移入口基地址送 DPTR
        JMP    @ A+DPTR
        …
KYEG:   AJMP   KYE0
        AJMP   KYE1
        …
        AJMP   KYE15
```

2. 条件转移指令

条件转移指令是当满足给定条件时,程序转移到目标地址去执行;条件不满足则顺序执行下一条指令。条件转移指令分为累加器 A 判零转移指令、比较转移指令和循环转移指令。

(1)累加器 A 判零转移指令 执行这两条指令时,首先对累加器 A 内容进行判断,满足条件则转移,否则程序顺序执行,见表 3-21。rel 为补码形式的相对地址,rel=(目的地址-PC 当前值)的补码。

表 3-21 累加器 A 判零转移指令

汇编指令	功 能		机器指令	字节数	时钟	备 注
	若(A)=0	若(A)≠0				
JZ rel	(PC)←(PC)+2+rel 跳转至当前位置+rel	(PC)←(PC)+2 顺序执行	0110 0000	2	4	不改变 PSW 的值
JNZ rel	(PC)←(PC)+2 顺序执行	(PC)←(PC)+2+rel 跳转至当前位置+rel	0111 0000			

（2）比较转移指令　比较转移指令是功能较强的指令，用它能够实现 3 分支转移，其格式为

CJNE　（目的字节），（源字节），rel

它的功能是对指定的目的字节和源字节进行比较，若它们的值不相等，则转移。转移的目的地址为 PC 当前值加偏移量（rel）。若目的操作数减去源操作数，够减，则清进位标志位 CY；若目的操作数减去源操作数，不够减，则置位进位标志位 CY 为 1；若两者相等，则顺序执行。本指令执行后不影响任何操作数，共 4 条指令，见表 3-22。

表 3-22　比较转移指令

汇编指令	功 能		机器指令	字节数	时钟
	若目的字节=源字节	若目的字节≠源字节			
CJNE A, direct, rel	顺序执行 (PC)←(PC)+3 CY←0	相对当前位置跳转 rel 即(PC)←(PC)+2+rel 同时， 当(目的)<(源), CY←1	1011 0100	3	5
CJNE A, #data, rel			1011 0101		4
CJNE Rn, #data, rel			1011 1rrr		4
CJNE @Ri, #data, rel			1011 011i		5

（3）循环指令　执行本指令时，将第 1 个操作数减 1 后判断结果是否为 0，若为 0，则终止循环程序段的执行，程序往下顺序执行；若不为 0，则转移到目标地址继续执行循环程序段。用两条指令可以构成循环程序，循环次数就是第 1 个操作数的值。rel 为相对偏移量。具体见表 3-23。

表 3-23　循环指令

汇编指令	功 能	机器指令	字节数	时钟
DJNZ Rn, rel	(PC)←(PC)+2, (Rn)←(Rn)-1 当(Rn)≠0时, (PC)←(PC)+rel 当(Rn)=0时, 程序顺序执行	1101 1rrr	2	4
DJNZ direct, rel	(PC)←(PC)+2, (direct)←(direct)-1 当(direct)≠0时, (PC)←(PC)+rel 当(direct)=0时, 程序顺序执行	1101 0101	3	5

3. 子程序调用

为简化程序设计，我们经常把功能完全相同或反复使用的程序段单独编写成子程序，供主程序调用。主程序需要时通过调用指令，无条件转移到子程序处执行，子程序结束

时执行返回指令，再返回到主程序继续执行。在一个应用系统中，同一个子程序可以被多次调用，如图 3-4 所示。一个子程序还可以调用另一个子程序，称为子程序嵌套，如图 3-5 所示。

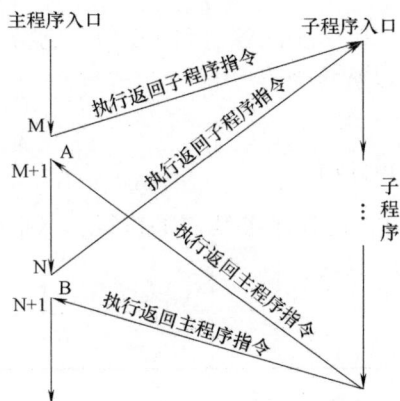

图 3-4 主程序两次调用子程序

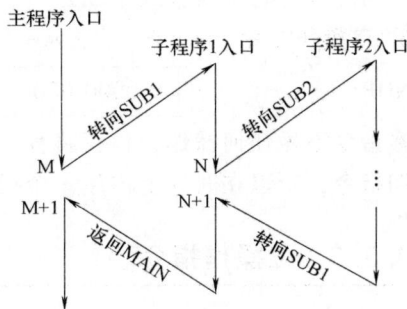

图 3-5 子程序的嵌套调用示意图

本指令完成两项操作：①把 PC 当前值压入堆栈；②把子程序入口地址送 PC。

（1）长调用指令

LCALL addr16 ;

0001 0010
addr15 ~ addr8
addr7 ~ addr0

$,(PC)\leftarrow(PC)+3;$
$(SP)\leftarrow(SP)+1, ((SP))\leftarrow(PC7)\sim(PC0);$
$(SP)\leftarrow(SP)+1, ((SP))\leftarrow(PC15)\sim(PC8);$
$(PC15)\sim(PC0)\leftarrow addr16$

该指令除了压栈操作外，其他与无条件长转移指令的执行过程相同。指令的执行不影响标志位。

（2）绝对调用指令

ACALL addr11 ;

a10a9a8 1 0001
a7a6a5a4a3a2a1a0

$,(PC)\leftarrow(PC)+2;$
$(SP)\leftarrow(SP)+1, ((SP))\leftarrow(PC7)\sim(PC0);$
$(SP)\leftarrow(SP)+1, ((SP))\leftarrow(PC15)\sim(PC8);$
$(PC10)\sim(PC0)\leftarrow addr11$

该指令目的地址的形成与 11 位地址的无条件转移指令类似，只是增加了断点压栈过程，指令的执行不影响标志位。

4. 返回指令

返回指令应能自动恢复断点，将原压入栈的 PC 值弹回到 PC 中，保证回到断点处继续执行主程序。返回指令必须用在子程序或中断服务程序的末尾。

（1）子程序返回指令

RET ;

0010 0010

$,(PC15)\sim(PC8)\leftarrow((SP)), (SP)\leftarrow(SP)-1;$
$(PC7)\sim(PC0)\leftarrow((SP)), (SP)\leftarrow(SP)-1;$

这条指令将堆栈顶的 2B 单元内容送到 PC 中，使程序返回到调用处。

（2）中断返回指令

RETI ； | 0011 0010 | ，（PC15）～（PC8）←（（SP）），（SP）←（SP）−1；

（PC7）～（PC0）←（（SP）），（SP）←（SP）−1；

该指令用于中断服务子程序的末尾，将堆栈顶的 2B 单元内容送到 PC 中，它与 RET 指令不同之处是它同时释放中断逻辑，使同级中断可以被接受。

5. 空操作指令

NOP ； | 0000 0000 | ，（PC）←（PC）+1

本指令不做任何操作，仅仅将程序计数器 PC 加 1，使程序继续向下执行。本指令为单周期指令，所以在时间上占用 1 个机器周期，常用于延时。

3.3.5 位操作指令

STC15 系列单片机中有一个功能很强、结构完全的位处理器，又称布尔处理器。布尔处理器在硬件上是一个完整的系统，有位运算器 ALU、位累加器（借用 PSW 的 CY 位）、可位寻址 RAM 及并行 I/O 口等。

布尔处理器的位操作功能为很多逻辑电路的"硬件软化"提供了有效而简便的方法，充分体现了单片机的位处理能力。

STC15 系列单片机位操作指令共 17 条，包括位传送指令、位逻辑运算指令和位控制转移指令 3 类。指令中的操作数都是 1 位的。此指令不影响其他寄存器或标志位。

1. 位数据传送指令

位数据传送指令（见表 3-24）的两个操作数：一个是指定的位单元，另一个必须是位累加器 CY（进位位标志位 CY）。

表 3-24　位数据传送指令

汇编指令	功　　能	机器指令	字节数	时钟	寻址范围
MOV　　C, bit	（CY）←（bit）	1010 0010	2	2	内部 RAM 的 20H～2FH 单元中的
MOV　　bit, C	（bit）←（CY）	1001 0010	2	3	128 个可寻址位和特殊功能寄存器中的可寻址位

例 3-23　试编程实现将 00H 位内容和 7FH 位内容相互交换。

解　程序为：

```
        MOV     C, 00H;
        MOV     01H, C
        MOV     C, 7FH
        MOV     00H, C
        MOV     C, 01H
        MOV     7FH, C
```

2. 位逻辑运算指令

位逻辑运算指令包括位置 1、位清零、位取反、位"与"，以及位"或"5 种共 10 条指令，见表3-25。

表 3-25 位逻辑运算指令

汇编指令	功　　能	字节数	时钟	机器指令	备　　注
SETB　C	(CY)←1	1	1	1101　0011	位置1
SETB　bit	(bit)←1	2	3	1101　0010	
CLR　C	(CY)←0	1	1	1100　0011	位清零
CLR　bit	(bit)←0	2	3	1100　0010	
CPL　C	(CY)←($\overline{CY}$)	1	1	1011　0011	位取反
CPL　bit	(bit)←($\overline{bit}$)	2	3	1011　0010	
ANL　C, bit	(CY)←(CY)∧(bit)	2	2	1000　0010	位"与"
ANL　C, /bit	(CY)←(CY)∧($\overline{bit}$)	2	2	1011　0000	
ORL　C, bit	(CY)←(CY)∨(bit)	2	2	0111　0010	位"或"
ORL　C, /bit	(CY)←(CY)∨($\overline{bit}$)	2	2	1010　0000	

其中，"/bit"表示对位单元内容取反后再进行逻辑操作。

3. 位控制转移指令

位控制转移指令按照不同的条件分为以 CY 内容为条件的转移指令和以位地址 bit 内容为条件的转移指令两类。

（1）以 CY 内容为条件的转移指令（见表3-26）

表 3-26 以 CY 内容为条件的转移指令

汇编指令	功　　能		机器指令	字节数	时钟	备　　注
	若 CY＝1	若 CY＝0				
JC　rel	(PC)←(PC)+2+rel 跳转至当前位置+rel	(PC)←(PC)+2 顺序执行	0100 0000	2	3	不改变进位 CY 的值
JNC　rel	(PC)←(PC)+2 顺序执行	(PC)←(PC)+2+rel 跳转至当前位置+rel	0101 0000			

（2）以位地址 bit 内容为条件的转移指令（见表3-27）

表 3-27 以位地址 bit 内容为条件的转移指令

汇编指令	功　　能		机器指令	字节数	时钟	备　　注
	若(bit)＝1	若(bit)＝0				
JB　bit, rel	(PC)←(PC)+2+rel 跳转至当前位置+rel	(PC)←(PC)+2 顺序执行	0010 0000	3	5	不改变 bit 的值不影响标志位
JNB bit, rel	(PC)←(PC)+2 顺序执行	(PC)←(PC)+2+rel 跳转至当前位置+rel	0011 0000	3	5	
JBC bit, rel	(PC)←(PC)+2+rel 并且(bit)←0	(PC)←(PC)+2 顺序执行	0001 0000	3	5	执行该指令后, bit 位值为 0

掌握单片机指令系统是熟悉单片机功能、开发与应用单片机的基础。掌握指令系统必须与单片机的 CPU 结构、存储器空间分布、I/O 端口分布结合起来，真正理解符号指令的操作含义，结合实际问题多做程序分析和程序设计，这样才能达到好的学习效果。

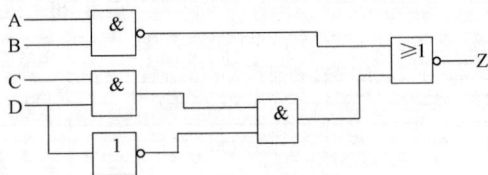

图 3-6 逻辑电路示意图

例 3-24 编写一程序完成图 3-6 的逻辑电路运算处理。

解 图 3-6 中 A、B、C、D 为逻辑输入，而 Z 是运算结果输出量。为了使逻辑问题用单片机来处理，先选择一些端口位作为逻辑输入变量和逻辑输出变量。

定义：P1.0=A，P1.1=B，P1.2=C，P1.3=D，P1.4=Z

编写程序如下：

```
MOV    C, P1.0        ;输入变量 A
ANL    C, P1.1
CPL    C
MOV    30H, C         ;保存中间运算结果
MOV    C, P1.2
ANL    C, P1.3
ANL    C, /P1.3
ORL    C, 30H
CPL    C
MOV    P1.4, C        ;输出运算结果
```

3.3.6 指令总结

为了便于记忆，给出 STC15 系列单片机操作码助记符对应表，见表 3-28。

表 3-28 STC 15 系列单片机操作码助记符对应表

序号	类　型	操作码助记符	含　义	说　明
1	数据传送	MOV	内部 RAM 区域数据传送	同属于数据传送
2		MOVC	外部 ROM 区域与内部 RAM 区域间数据传送	
3		MOVX	外部 RAM 区域与内部 RAM 区域间数据传送	
4	堆栈	PUSH	压入数据	
5		POP	弹出数据	
6	数据交换	XCH	字节交换	
7		XCHD	半字节交换	
8		SWAP	高半字节与低半字节交换	

（续）

序号	类　型	操作码助记符	含　义	说　明
9	加法运算	ADD	不带进位的加法	
10		ADDC	带进位的加法	
11		DA	BCD 码加法运算后的调整	
12		INC	加 1	
13	减法运算	SUBB	带进位的减法	同属于算术运算
14		DEC	减 1	
15	乘/除运算	MUL	乘法运算	
16		DIV	除法运算	
17	基本逻辑运算	ANL	逻辑与	
18		ORL	逻辑或	
19		XRL	逻辑异或	
20		CPL	逻辑非（取反）	
21		CLR	清零	同属于逻辑运算
22		SETB	置 1	
23	累加器 A 的循环移位	RL	不带进位的循环左移	
24		RLC	带进位的循环左移	
25		RR	不带进位的循环右移	
26		RRC	带进位的循环右移	
27	无条件转移	LJMP	无条件长转移	
28		AJMP	无条件绝对转移	
29		SJMP	无条件短转移	
30		JMP	无条件间接转移	
31	调用和返回	LCALL	长调用	
32		ACALL	短调用	
33		RET	子程序返回	
34		RETI	中断返回	
35	空操作	NOP	空操作	同属于控制转移
36	判断字节条件转移	JZ	判断累加器 A 的内容为零转移	
37		JNZ	判断累加器 A 的内容不为零转移	
38		CJNE	比较转移	
39		DJNZ	循环转移	
40	判断位条件转移	JC	判 CY 位为 1 转移	
41		JNC	判 CY 位不为 1 转移	
42		JB	判 bit 位为 1 转移	
43		JNB	判 bit 位不为 1 转移	
44		JBC	判 bit 位为 1 转移，同时将 bit 清零	

3.4 伪指令与汇编语言程序设计

3.4.1 伪指令

伪指令与指令完全不同，它不属于 8051 单片机指令系统，也不产生目标代码，却是汇编程序中不可或缺的。伪指令用于对汇编程序（把汇编语言源程序编译成机器码语言程序的专用软件）的编译过程进行控制，如定义数据、程序定位和符号赋值等。下面介绍一些常用的伪指令。

1. 定位伪指令 ORG

格式： ORG n

其中，n 为十进制或十六进制常数，代表地址。它规定后面指令在程序存储器中存放的单元地址。例如：

```
    ORG   0100H
    AJMP   PRG1        ;AJMP 为双字节指令，其首字节放在 0100H 单元，
                       ;第 2 字节放在 0101H 单元。
    …
    ORG   000BH        ;STC 单片机定时器 0 中断子程序入口
    MOV TH0, #00H      ;定时器 0 中断子程序执行的第一条指令
    …
    RETI               ;定时器 0 中断子程序返回指令
```

在一个汇编语言程序中，可以多次使用 ORG 指令，但应注意地址不允许有重叠，即不同的程序段之间不能有重叠。

2. 汇编结束伪指令 END

格式： END

当汇编程序编译源程序时，遇到该指令将结束汇编过程，其后的指令将不再进行编译处理。

3. 定义字节伪指令 DB

格式：DB X1，X2，…，Xn。

其中，Xn 为 8 位数据或 ASCII 码。例如：

```
    ORG 1000H
    DB   01H，02H
    DB   '01'
```

则（1000H）= 01H，（1001H）= 02H，（1002H）= 30H（0 的 ASCII 码），（1003H）= 31H（1 的 ASCII 码）。这个伪指令通常用于将一个数据表格或一些常量存入程序存储器。

4. 定义双字节伪指令 DW

格式：DW X1，X2，…，Xn

其中，Xn 为双字节数据。例如：

```
ORG      2000H
DW       2546H, 0178H
```

则（2000H）=25H，（2001H）=46H，（2002H）=01H，（2003H）=78H。这个伪指令通常用于将一个 16 位的数据表格或常量存入程序存储器。

5. 位地址赋值伪指令 BIT

格式：x BIT n

其中，x 为用户定义的符号，n 为位寻址空间的单元。例如：

```
SUB. REG  BIT   00H
```

则定义了 SUB. REG 符号，在程序中它就代表了 00H 位。

6. 数据赋值伪指令 EQU

格式：asd EQU n

表示将数值 n 赋给符号 asd。其中，n 为常数、地址或寄存器。例如：

```
LED      EQU   P1
MOV      LED,  #FFH
```

这里将 LED 的值设为汇编符号 P1，在其后的汇编程序中，LED 就可以代替 P1 使用。

3.4.2 汇编语言程序设计

汇编语言十分简洁，可以精确、严格地按既定时序控制流程，对于初学者深入理解单片机系统非常有益。在"3.3 指令系统"的基础上，本小节将介绍汇编程序的开发方法和注意事项。

1. 编程步骤

根据要实现的目标，如被控对象的功能和工作过程要求，首先设计硬件电路，然后再根据具体的硬件环境进行程序设计。程序设计通常按如下步骤进行：①分析问题；②确定算法；③画程序流程图；④编写程序；⑤调试源程序。

2. 编程方法与注意事项

（1）模块化程序设计方法 实际应用程序一般都由一个主程序（包括若干个功能模块）和多个子程序构成。每一程序模块都能完成一个明确的任务，实现某个具体功能，如发送数据、接收数据、延时、显示、打印等。

进行模块划分时，首先应弄清楚每个模块的功能，确定其数据结构以及与其他模块的关系；其次是对主要任务进一步细化，把一些专用的子任务交由下一级即第二级子模块完成。按这种方法一直细分成易于理解和实现的小模块。

（2）注意事项

1）尽量少用无条件转移指令，这样使程序条理更加清楚，从而减少错误。

2）注意保护现场，以便程序返回时能够继续正常执行。对于通用的子程序，除了用于存放子程序入口参数的寄存器和标志寄存器外，子程序中所有用到的其他寄存器的内容都应压入堆栈，返回前再弹出。

3）正确管理、使用堆栈。堆栈是保护现场、数据传递的重要工具，但若使用不当将会造成数据的混乱，甚至破坏程序的正常运行。因此，要特别注意出入栈的顺序，并留够足够空间避免溢出。

4）累加器是信息传递的枢纽，用累加器传递入口参数或返回参数比较方便。

5）编写程序应与硬件系统密切配合，准确使用单元地址。程序中使用的单元地址特别是扩展单元、扩展端口地址应该从硬件电路准确计算得到，单元地址的错误使用有可能损坏硬件系统。

3.5 汇编语言程序设计实例

一个复杂的程序往往是由一些简单的、较短的程序段组成，因此，应掌握各种常用基本程序的编制。汇编语言程序按其结构可以分为 3 类：顺序结构、分支结构、循环结构。本节将一一举例说明，以便大家进一步学习掌握编程的技巧和方法。

本节的例程分为两种：一种是程序片段，主要为了阐明算法，以实现某个抽象功能为目的；另一种是完整程序，能下载到 STC 公司的官方开发板上运行（板载 MCU 的型号为 STC15W4K58S2），可控制某个硬件以实际验证代码。

3.5.1　顺序结构程序设计

顺序结构程序是最简单的程序结构，也称直线程序。这种程序中既无分支、循环，也不调用子程序，程序按顺序一条一条地执行指令。下面是顺序程序的两个例子。

例 3-25　数据的拼装。设 20H 单元中有一个 8 位数据（20H）= X7X6X5X4X3X2X1X0，欲将 20H 单元的低 4 位送到 21H 并按相反的次序拼装，高 4 位置零，即要求（21H）= 0000X0X1X2X3。

源程序段为：

```
MOV   C, 00H          ;注意将 20H 单元的 D0 位的位地址是 00H
RLC   A               ;将 X0 移入 A 中
MOV   C, 01H          ;将 21H 单元的 D0 位的位地址是 01H
RLC   A               ;将 X1 移入 A 中
MOV   C, 02H
RLC   A               ;将 X2 移入 A 中
MOV   C, 03H
RLC   A               ;将 X3 移入 A 中
ANL   A, #00001111B   ;屏蔽高 4 位
MOV   21H, A
```

例 3-26　点亮开发板上的 LED。编程使 STC 开发板上的 LED8 点亮、LED7 熄灭。开发板局部电路如图 3-7 所示。

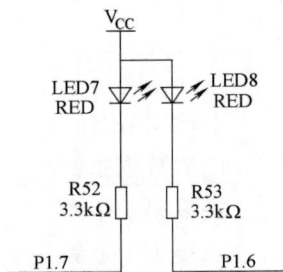

图 3-7 STC 单片机与 LED 接线图

解 图 3-7 中 R52 和 R53 两个 3.3KΩ 电阻用于限流。当 P1 口的第 6 或 7 引脚为低电平时，相应 LED 中有电流通过，即被点亮。由于 P1 口的复位状态为 0FFH，因此，复位后两个 LED 是熄灭的。

```
;===============变量定义===============
        LED8    BIT     96H     ;命名 P1.6 为 LED8，其中 96H 是 P1.6 的位地址
        LED7    BIT     97H     ;命名 P1.7 为 LED7，其中 97H 是 P1.7 的位地址
        P1M1    DATA    0x91    ;命名 P1 口的 SFR
        P1M0    DATA    0x92
;===============程序段===============
        ORG     0000H           ;复位入口
        LJMP    Main

        ORG     0100H           ;主程序
Main：
        CLR     A
        MOV     P1M1，A          ;设置 P1 口为准双向口
        MOV     P1M0，A
        CLR     LED8            ;点亮 LED8
        SETB    LED7            ;熄灭 LED8
        END
```

3.5.2 分支结构程序设计

分支结构程序是通过条件转移指令实现的，即根据条件对程序的执行进行判断，满足条件则进行程序转移，不满足条件就顺序执行程序。分支程序又分为单分支和多分支两种。对于多分支程序，首先需把分支程序按序号排列，然后按照序号值进行转移，下面是一个利用多分支进行程序设计的例子。

例 3-27 比较两个无符号数的大小。设两个 8 位无符号数分别存放在外部 RAM DATA1 和 DATA2 单元中，将其中较大的数存放在 DATA3 单元中（DATA1、DATA2、DATA3

为 3 个连续的存储单元)。

源程序如下：

```
            ORG     3000H
            CLR     C               ;CY←0
            MOV     DPTR，#DATA1     ;置数据指针
            MOVX    A，@ DAPTR       ;取第 1 个数
            MOV     R3，A            ;第 1 个数暂存于 R3
            INC     DPTR            ;修改指针
            MOVX    A，@ DPTR        ;取第 2 个数
            SUBB    A，R3            ;两个数比较
            JNC     BIG2            ;第 2 个数大
            XCH     A，R3            ;第 1 个数大
            SJMP    BIG1
BIG2：      MOVX    A，@ DPTR
BIG1：      INC     DPTR            ;修改指针
            MOVX    @ DPTR，A        ;存较大数
            END
```

例 3-28　用按键控制 LED 的亮灭。利用 STC 开发板上的按键 SW17（如图 3-8 所示），控制 LED8（如图 3-7 所示）的亮灭。要求当 SW17 被按下时，LED8 点亮，抬起时熄灭。

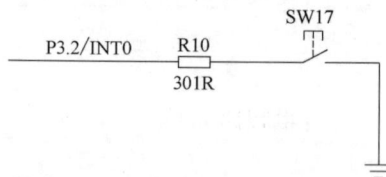

图 3-8　STC 单片机与按键接线图

源程序如下：

```
;* * * * * * * * * * * * *变量定义* * * * * * * * * * * * *
            LED8    BIT     96H     ;命名 P1.6 为 LED8，其中 96H 是 P1.6 的位地址
            SW17    BIT     0B2H    ;命名 P3.2 为开关 SW17，其中 0B2H 是其位地址
            P1M1    DATA    0x91    ;命名 P1 口的 SFR
            P1M0    DATA    0x92
            P3M1    DATA    0xb1    ;命名 P3 口的 SFR
            P3M0    DATA    0xb2
;* * * * * * * * * * * *程序段* * * * * * * * * * * * *
            ORG     0000H           ;复位入口
            LJMP    Main


            ORG     0100H           ;主程序
```

```
Main:
        CLR     A
        MOV     P1M1, A         ;设置 P1 为准双向口
        MOV     P1M0, A
        MOV     P3M1, A         ;设置 P3 为准双向口
        MOV     P3M0, A
        MOV     P3, #0FFH       ;使 P3 口弱上拉, 参见第 2.4.2 小节中有
                                ;关准双向 I/O 口分析的内容
        NOP                     ;延时 2 个时钟周期, 等待 I/O 口状态稳定
        NOP
Tst:    MOV     C, SW17         ;读取开关状态
        JC      Lig
Ext:    SETB    LED8            ;抬起时, 熄灭 LED
        AJMP    Tst
Lig:    CLR     LED8            ;按下时, 点亮 LED
        AJMP    Tst
        END
```

3.5.3 循环结构程序设计

在程序运行时, 有时需要连续重复执行某段程序, 这时可以使用循环程序。这种设计方法可大大地简化程序。循环程序实现一般包括下面几个部分:

(1) 置循环初值 在循环开始时对使用的工作单元置初值, 如对工作寄存器设置计数初值、将累加器 A 清零, 以及设置地址指针、长度等。

(2) 循环体编制 它分为循环工作部分和循环控制部分。循环工作部分的任务是循环某项处理, 另外它还要修改循环控制变量。常见的循环是计数循环, 每循环一次, 计数器值减 1 即修改循环控制变量。循环控制部分的工作是每执行循环一次, 检查结束条件, 当满足条件时, 就停止循环执行其他程序, 否则继续执行循环程序, 具体实现如图 3-9 所示。

例 3-29 LED8 闪烁程序。编程使 STC 开发板上的 LED8 (如图 3-7 所示) 按大约 2s 的频率闪烁, 即点亮 1s 熄灭 1s,

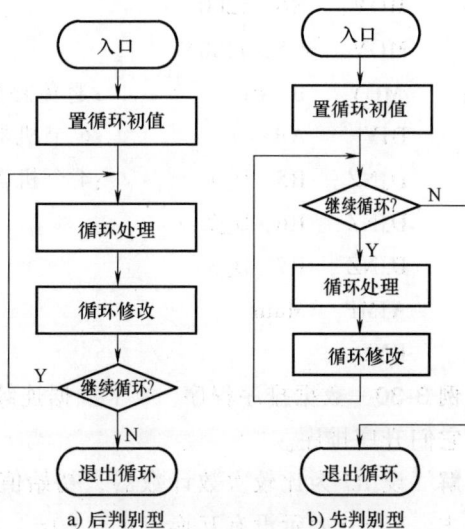

图 3-9 循环结构程序的流程图

周而复始。(假设用户选择的内部晶振频率为12MHz。)

解 汇编程序如下所示。在最内层 D_1 循环中，单次执行需用 12 个机器周期，如果单片机的内部晶振频率设为 12MHz，则正好需要 1μs 的时间。由于最内层的循环将被执行 200×200×25＝1M 次，因此整个 Delay 循环大约需要 1s。

```
;* * * * * * * * * * * *变量定义* * * * * * * * * * * *
        LED8    BIT     96H         ;命名 P1.6 为 LED8
        P1M1    DATA    0x91        ;命名 P1 口的 SFR
        P1M0    DATA    0x92
;* * * * * * * * * * *程序段* * * * * * * * * * * *
        ORG     0000H               ;复位入口
        LJMP    Main

        ORG     0100H               ;主程序
Main：
        CLR     A
        MOV     P1M1, A             ;设置 P1 口为准双向口
        MOV     P1M0, A
        CPL     LED8                ;使 LED8 明灭交替

Delay：                             ;延时程序
        MOV     R7, #25
D_3：   MOV     R6, #200
D_2：   MOV     R5, #200V
D_1：   MOV     B, #1               ;避免除数为 0，2 个机器周期
        DIV     AB                  ;6 个机器周期
        DJNZ    R5, D_1             ;4 个机器周期
        DJNZ    R6, D_2
        DJNZ    R7, D_3
        AJMP    Main
        END
```

例 3-30 数据排序程序。8 个数据连续存放在 20H 为首的内部 RAM 单元中，编程实现对它们升序排序。

解 设 R7 为比较次数计数器，初始值为 07H。F0 为排序过程中是否有数据交换的状态标志，F0＝0 表示没有互换发生，F0＝1 表明有互换发生。程序流程图 3-10 所示。

源程序如下：

```
SORT：  MOV   R0, #20H      ;数据存储区首单元地址
        MOV   R7, #07H      ;各次比较次数
```

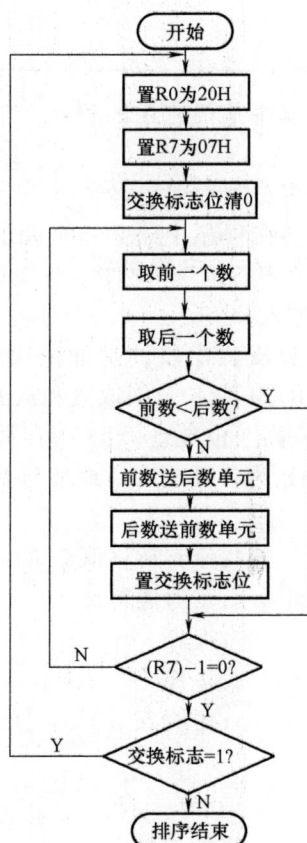

图 3-10　数据排序程序流程图

```
        CLR    F0             ;互换标志位清 0
LOOP：  MOV    A，@R0          ;取前数
        MOV    2BH，A          ;存前数
        INC    R0
        MOV    2AH，@R0        ;取后数
        CLR    C
        SUBB   A，@R0          ;前数减后数
        JC     NEXT           ;前数小于后数，不互换
        MOV    @R0，2BH；
        DEC    R0
        MOV    @R0，2AH        ;两个数交换位置
        VINC   R0             ;准备下一次比较
        SETB   F0             ;置互换标志位
NEXT：  DJNZ   R7，LOOP        ;返回，进行下一次比较
        JB     F0，SORT        ;返回，进行下一轮排序
HERE：  SJMP   HERE           ;排序结束
```

3.5.4 查表程序设计

在计算机控制应用中，查表程序是很有用的程序，常用于实现非线性修正、非线性函数转换以及代码转换等。

例 3-31 使用查表方法实现多分支程序转移。

解 查表方法的大致内容是：在程序中建立一个差值表，并将各分支入口地址与该表首址的差值按序排列其中；差值表首址送 DPTR，分支序号值送 A 中，查表后就可通过转移指令 "JMP @ A ＋ DPTR" 进入分支。

假定有 4 个分支程序段，各分支程序段的功能依次为：从内部 RAM 取数，从内部 RAM 低 256B 范围取数，从外部 RAM 4KB 范围取数和从外部 RAM 64KB 范围取数。假定 R0 中存放低 8 位地址，R1 中存放高 8 位地址，R3 中存放分支序号值，BRTAB 为差值表首地址，BR0-BRTAB ~ BR3-BRTAB 为各分支入口地址与差值表首地址之间的差值。

程序如下：

```
          MOV    A, R3              ;分支转移值送 A
          MOV    DPTR, #BRTAB       ;差值表首址
          MOVC   A, @ A+DPTR        ;查表
          JMP    @ A+DPTR           ;转移
BRTAB: DB       BR0-BRTAB          ;差值表
          DB       BR1-BRTAB
          DB       BR2-BRTAB
          DB       BR3-BRTAB
BR0:      MOV    A, @ R0            ;从内部 RAM 取数
          SJMP   BRE
BR1:      MOV    8EH, #00H          ;EXTRAM 位设为 0，访问内部 RAM
          MOVX   A, @ R0            ;从内部 RAM 的低 256B 取数
          SJMP   BRE
BR2:      MOV    8EH, #02H          ;EXTRAM 位置 1，访问外部 RAM
          MOV    A, R1              ;从外部 RAM 的低 4KB 取数
          ANL    A, #0FH            ;高位地址取低 4 位
          ANL    P2, #0F0H          ;清 P2 口低 4 位
          ORL    P2, A              ;P2 口输出高位地址
          MOVX   A, @ R0
BR3:      MOV    8EH, #02H          ;EXTRAM 位置 1，访问外部 RAM
          MOV    DPL, R0            ;从外部 RAM 的 64KB 空间取数
          MOV    DPH, R1
          MOVX   A, @ DPTR
BRE:      SJMP   BRE
```

STC 单片机指令系统中常用的查表指令除了上例中的 "MOVC A, @ A+DPTR"，还有 "MOVC A, @ A+PC"。两者在具体使用上有所区别：

"MOVC A, @A+DPTR" 指令适用于在 64KB ROM 范围内查表。编写查表程序时，首先把表的首地址送入 DPTR，再将要查找的数据序号（或下标值）送入 A，然后就可以使用该指令进行查表操作，并把结果送累加器 A。

"MOVC A, @A+PC" 指令用于在"本地"范围内查表。编写查表程序时，首先把查表数据的序号送入 A，再与 PC 当前值相加形成表单元地址，然后执行查表操作，把结果送累加器 A 中。该指令要求表格应在该指令后面 255B 单元范围内。

如果遇到同时查询多个表格等情况，就会用到"MOVC A, @A+PC"了。下面说明其用法。将上例中的第 3 行代码"MOVC A, @A+DPTR"，改为采用"MOVC A, @A+PC"，则程序应修改如下：

```
MOV     A, R3           ;分支转移值送 A
MOV     DPTR, #BRTAB    ;差值表首址
INC     A               ;JMP 是单字节指令，因此要用"INC A"。这样运行
                        ;完下一条指令后，A+PC 就指向了分支表中相应的
                        ;子程序入口
MOVC    A, @A+PC        ;查表
JMP     @A+DPTR         ;转移
...
```

3.5.5 子程序设计

把经常使用完全相同的一段程序编写成独立的子程序，任何需要它的地方即可调用这段程序，运行完毕后再从这段程序返回，继续运行原来程序。调用子程序的程序称为主程序。子程序的引入大大简化了主程序的结构，增加了程序的可读性，避免了重复性工作，缩短了整个程序。子程序还增加了程序的可移植性，一些常用的运算程序写成子程序形式，可以被随时引用、参考，为广大单片机用户提供了方便。调用子程序由调用指令完成，STC 单片机有两条调用指令"ACALL addr11"和"LCALL addr6"。指令中的地址为子程序的入口地址，在汇编语言中通常用标号来代表。在执行这两条指令时，单片机将 PC 当前值压入堆栈。子程序的最后指令是返回指令 RET，这条指令将堆栈内容传入 PC 中，保证程序返回调用的地方继续运行。

在子程序运行时，可能要改变一些寄存器或数据存储器的内容，有时这些内容是主程序正确运行所必不可少的，因此，在子程序调用时，先将这些内容保存起来，子程序返回前再恢复原来的内容，这一过程称为保护现场。保护现场通常由堆栈来完成。需要保护现场时，在子程序开始时安排压栈指令，将需要保护的内容压入堆栈，在子程序返回指令 RET 之前则设置出栈指令，将保存内容弹出堆栈，送回原来的单元。

在子程序调用时，还有一个需要注意的问题，即参数传递问题。在子程序调用时，主程序应先把有关参数放到某些约定的位置，子程序运行时，可以从约定位置得到这些参数。同样，子程序结束前也应把运算结果送到约定位置，返回主程序后，主程序从约定位置上获得这些结果。参数传递可以采用工作寄存器或累加器 A、存储器和堆栈等来完成。

在子程序执行过程中还可以调用其他子程序，这种现象称为子程序嵌套。STC 单片机允许多重嵌套。

子程序结构与一般程序结构一样，可以有简单结构、分支结构和循环结构。

例 3-32 多字节加法。假定有两个 4B 的十六进制数 2F5BA7C3H 和 14DF35B8H，分别存放在以 40H 和 50H 为起始地址的单元中（先存低位），求这两个数的和，并将和存放到起始地址为 40H 的单元中去。

解 设计程序时，分别用 R0 和 R1 作数据指针，R0 指向第一个加数，并兼作"和"的指针，R1 指向另一个加数。字节数存放到 R2 中。程序如下：

主程序：
```
JIA:    MOV   R0,#40H      ;指向加数最低字节
        MOV   R1,#50H      ;指向另一个加数最低字节
        MOV   R2,#04H      ;字节数作计数值
        ACALL JIA1         ;调用加法
HERE:   AJMP  HERE
```

加法子程序：
```
JIAFA:
        PUSH  A            ;保护现场
        PUSH  R0
        PUSH  R1
        PUSH  R2


JIA1:   CLR   C
JIA2:   MOV   A,@R1        ;取出加数的一个字节
        ADDC  A,@R0        ;加上另一个数的一个字节
        MOV   @R0,A        ;保存和数
        INC   R0           ;指向加数高字节
        INC   R1           ;指向另一个加数的高字节
        DJNZ  R2,JIA2      ;全部加完了吗？

        POP   R2           ;恢复现场
        POP   R1
        POP   R0
        POP   A

        RET
        END
```

执行结果，和数为 443ADD7BH，依次存放在 43H~40H 单元之中。这个程序适合于 n 字节加法。只要在主程序中改变 R2 的初值即可。

3.5.6 数码管显示和键盘扫描程序设计

数码管和行列式键盘是由单片机所构成的硬件系统中最常见的人机交互工具，前者用于输出，后者用于输入。本小节将首先介绍 STC 公司官方开发板上的数码管和行列式键盘电路，简介其工作原理，然后给出基本的测试程序，以便读者参考。

例 3-33 数码管显示程序。编程实现在 STC 开发板的 8 位数码管上显示"12345678"。板载的数码管驱动电路如图 3-11 所示，8 位 LED 数码管电路如图 3-12 所示。

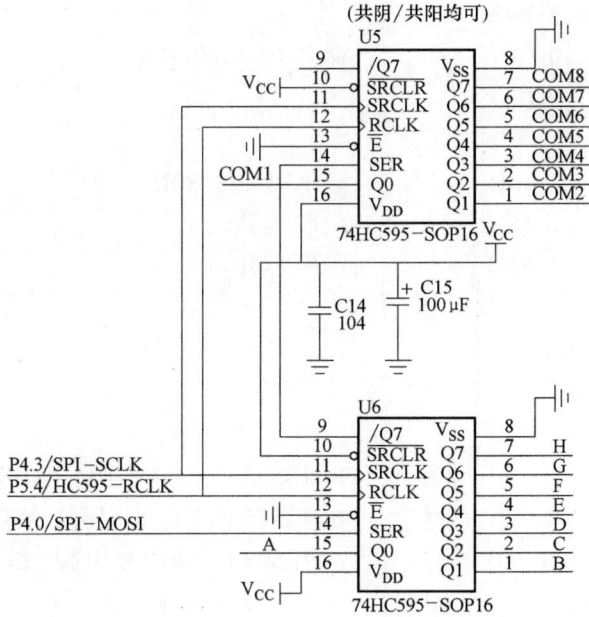

图 3-11 基于 74HC595 的数码管驱动电路

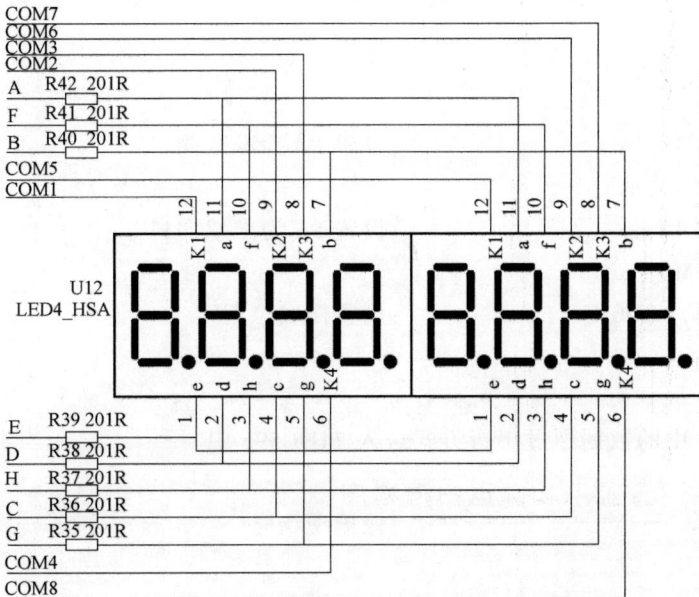

图 3-12 8 位 LED 数码管电路图

　　解　电路中主要涉及两个器件：74HC595 和 8 位 LED 数码管。它们的具体工作原理请参阅附录 H。

```
; * * * * * * * * * * * *变量定义* * * * * * * * * * * *
P4M1     DATA     0xB3          ;命名 P4 口的 SFR
P4M0     DATA     0xB4
P5M1     DATA     0xC9          ;命名 P5 口的 SFR
P5M0     DATA     0xCA

BUF_LED  DATA     30H           ;显示缓冲区 30H~37H
INDEX1   DATA     38H           ;位码索引
INDEX2   DATA     39H           ;段码索引

P4       DATA     0C0H
P5       DATA     0C8H

HC595_SER      BIT     P4.0     ;74HC595 的 SER 引脚，串行数据输入
HC595_RCLK     BIT     P5.4     ;74HC595 的 RCLK 引脚，锁存时钟
HC595_SRCLK    BIT     P4.3     ;74HC595 的 SRCLK 引脚，数据输入时钟
; * * * * * * * * * * * *程序段* * * * * * * * * * * *
ORG 0000H
LJMP MAIN
; * * * * * * * * * * * *初始化程序* * * * * * * * * * * *
ORG 0100H
INI：
     CLR A
     MOV P4M1, A              ;设置 P4 为准双向口
     MOV P4M0, A
     MOV P5M1, A              ;设置 P5 为准双向口
     MOV P5M0, A
     MOV SP, #0D0H            ;设置栈底位置
     RET
; * * * * * * * * * * * * * * * * * * * * * * * * * * * *
;将累加器 A 中的数据通过串行方式送入 74HC595 中
SEND_595：
     PUSH 07H                 ;保护现场
     PUSH ACC

     CLR     HC595_SRCLK      ;通知 74HC595，准备接收数据
```

```
    CLR     HC595_RCLK

    MOV     R7, #8
SEND_595_Loop:                          ;将累加器 A 中的 8 个 bit 依次送入 74HC595
    RLC     A
    MOV     HC595_SER, C
    SETB    HC595_SRCLK
    CLR     HC595_SRCLK
    DJNZ    R7, SEND_595_Loop

    POP     ACC                         ;恢复现场
    POP     07H
    RET
```

;* *
;数字 0~9 的段码表
;以数字 3 为例,需要点亮 8 段数码管(包括".")上的 5 段
; 分别是 a、b、c、d、g,因此,段码为 01001111B,即 4FH

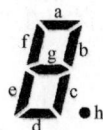

```
T_Display:
;       0       1       2       3       4       5       6       7       8       9
DB  03FH, 006H, 05BH, 04FH, 066H, 06DH, 07DH, 007H, 07FH, 06FH
```
;* * * * * * * * * * * 主程序 * * * * * * * * * * * * *
;轮流点亮 8 个数码管,无限循环。这样每个数码管 12.5% 的时间亮,87.5% 时间灭
;由于闪烁频率很高,在人眼看来,好像 8 个数码管都始终点亮。
```
MAIN:
    LCALL   INI
MAIN_LOOP2:
    MOV     INDEX1, #1                  ;位码索引设为 1,即从第 1 个数码管开始轮流点亮
    MOV     INDEX2, #1                  ;段码索引设为 1,即从第 1 个字符"1"依次显示
    MOV     R7, #8
MAIN_LOOP1:
    MOV     A, INDEX1
    CPL     A
    LCALL   SEND_595                    ;发送位码
    CPL     A
    RL      A                           ;改变位码,指向下一个数码管
    MOV     INDEX1, A

    MOV     DPTR, #T_Display
```

```
MOV      A, INDEX2
MOVC     A, @ A+DPTR
INC      INDEX2              ;改变段码,指向下一个字符
LCALL    SEND_595            ;发送段码


;至此,一个 74HC595 准备好点亮某数码管,另一个 74HC595 准备好显示某字符
SETB     HC595_RCLK          ;通知 74HC595,开始显示
CLR      HC595_RCLK
DJNZ     R7, MAIN_LOOP1      ;依次点亮 8 个数码管


LJMP     MAIN_LOOP2          ;从头开始,无限循环
END
```

例 3-34　4×4 矩阵键盘扫描程序。STC 开发板上带有一个 4×4 矩阵键盘,接在 P0 口上,具体电路如图 3-13 所示。编写键盘扫描程序,确定哪一个键被按下,并将该键的键值保存在 30H 单元中。

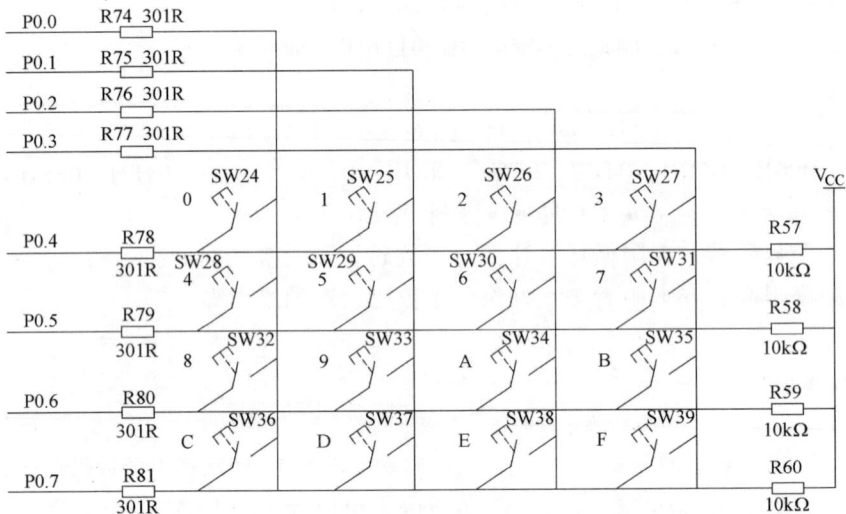

图 3-13　STC 单片机与矩阵式键盘接线图

解　采用扫描法来判断键值。首先,给 P0 赋值 0xF0,这时 P0.4、P0.5、P0.6、P0.7（行线）为高电平,P0.0、P0.1、P0.2、P0.3（列线）为低电平。如果这时候没有按键按下,那么 P0.4、P0.5、P0.6、P0.7 就都是高电平。而当有一个键被按下,所在那一条的行线就会变成低电平,因此 P0 的值就不等于 0xF0,这样就可以判断被按下的键处于哪一行。比如按下 6 号键时,读 P0 口的值应为 0xD0,可知第二行有键被按下。

同样的,再给 P0 赋值 0x0F,也就是列线为高电平,行线为低电平。这时如果有按键按下,那么列线 P0.0、P0.1、P0.2、P0.3 中的一条就会出现低电平,读 P0 口的值就不是 0x0F。比如按下 6 号键时,读 P0 口的值应为 0x0B,可知第 3 列有键被按下。

当按键的行和列被确定之后，键值就很容易被计算出来了。

程序代码如下：

```
;* * * * * * * * * * *宏定义* * * * * * * * * * * *
KEY_VALUE        DATA   30H         ;键值保存在内部 RAM 的 30H 单元
IO_KeyState      DATA   31H         ;矩阵键盘的状态


P0M1    DATA    0x93                ;命名 P0 口的 SFR
P0M0    DATA    0x94
;* * * * * * * * * * *复位入口* * * * * * * * * * * *
ORG 0000H
    LJMP MAIN
;* * * * * * * * * * *初始化程序* * * * * * * * * * *
ORG 0100H
INI:
CLR     A
MOV     P0M1, A                     ;设置 P0 为准双向口
MOV     P0M0, A
MOV     SP, #0D0H                   ;设置栈底位置
RET
;* * * * * * * * * * *键盘扫描子程序* * * * * * * * * * *
IO_KeyScan：
    PUSH ACC
    PUSH P0
;* * * * * * * * * * *获取按键的行列数* * * * * * * * * * *
    MOV     P0, #0F0H           ;将列线置为低电平
    LCALL   IO_KeyDelay         ;延时，等待线上状态稳定
    MOV     A, P0               ;读 P0 口，获取按键的行线
    ANL     A, #0F0H
    MOV     IO_KeyState, A      ;IO_KeyState＝P0 & 0xF0

    MOV     P0, #0FH            ;列线置为低电平，读行线
    LCALL   IO_KeyDelay         ;延时，等待线上状态稳定
    MOV     A, P0               ;读 P0 口，获取按键的列线
    ANL     A, #0FH
    ORL     A, IO_KeyState      ;合并行线和列线信息于一个字节中
    MOV     IO_KeyState, A
    XRL     IO_KeyState, #0FFH  ;至此，若按下 6 号键，IO_KeyState 应为 0010 0100B
```

```
;＊＊＊＊＊＊＊＊＊＊＊＊＊＊计算键值＊＊＊＊＊＊＊＊＊＊＊＊
;如开发板电路图所示，键值=行数×4+列数-5
MUL4_HANGSHU：
     MOV A，IO_KeyState
     ANL A，#0F0H
     RR    A
     RR    A
     MOV KEY_VALUE，A          ;行数×4并保存
ADD_LIESHU：
     MOV A，IO_KeyState
AL：RR    A
     INC   KEY_VALUE
     JNC   AL                 ;行数×4+列数并保存
     MOV A，KEY_VALUE
     SUBB A，#5
     MOV KEY_VALUE，A          ;得出键值=行数×4+列数-5
     POP P0
     POP ACC
     RET
;＊＊＊＊＊＊＊＊＊＊＊＊延时程序＊＊＊＊＊＊＊＊＊＊＊＊＊
;延时约250个时钟周期
IO_KeyDelay：
     PUSH   03H               ;R3入栈，保护现场
     MOV    R3，#60
     DJNZ   R3，$             ;原地等待60×4=240个时钟周期
     POP    03H               ;R3出栈，恢复现场
RET
;＊＊＊＊＊＊＊＊＊＊＊＊主程序＊＊＊＊＊＊＊＊＊＊＊＊
MAIN：
     LCALL  INI               ;初始化
```

习题与思考题

1. 什么是寻址方式？STC 单片机有哪几种寻址方式？对内部 RAM 的 128~255B 地址的空间寻址要注意什么？

2. STC 单片机无条件转移指令有几种？如何选用？

3. STC 单片机绝对调用和长调用指令有何本质上的区别？如何选用？

4. STC 单片机条件转移指令有何特点？如何求 rel？

5. STC 单片机比较转移指令有何独特之处？可以在哪些量之间比较？

6. 若要完成以下数据传送，如何应用 STC 单片机指令予以实现？

（1）将 R1 的内容传送到 R0。

（2）将外部 RAM 20H 单元的内容送入 R0。

（3）将外部 RAM 20H 单元的内容送内部 RAM 20H 单元。

（4）将外部 RAM 1000H 单元内容送内部 RAM 20H 单元。

（5）将外部 ROM 2000H 单元内容送 R0。

（6）将外部 ROM 2000H 单元内容送内部 RAM 20H 单元。

（7）将外部 ROM 2000H 单元内容送外部 RAM 20H 单元。

7. 设内部 RAM30H 单元内容为 40H，即（30H）= 40H，还知（40H）= 10H，（10H）= 00H，端口 P1 内容为 0CAH。问执行以下指令后，各有关存储单元、寄存器及端口（即 R0、R1、A、B、P1、40H、30H 及 10H 单元）的内容。

```
MOV   R0, #30H
MOV   A, @R0
DMOV  R1, A
MOV   B, @R1
MOV   @R1, P1
MOV   P2, P1
MOV   10H, #20H
MOV   30H, 10H
```

8. 已知（SP）= 25H，（PC）= 2345H，标号 LABEL 所在的地址为 3456H，问执行长调用指令"LCALL LABEL"后，堆栈指针和堆栈的内容发生什么变化？PC 值等于什么？

9. 上题中的 LCALL 指令能否直接换成 ACALL 指令？为什么？如果使用 ACALL 指令，则可调用的地址范围是什么？

10. 有一个 16 位二进制数，高 8 位存于 21H 单元，低 8 位存于 20H 单元。执行如下程序段，试问：

（1）程序段的功能是什么？

（2）能否用 MOV 指令代替程序中的 XCH 指令而不改变程序的逻辑功能？请写出相应程序。

（3）两个程序段的结果是否相同？差别在哪里？

```
CLR   C
XCH   A, 21H
RRC   A
XCH   A, 21H
XCH   A, 20H
RRC   A
XCH   A, 20H
```

11. 分析以下程序段的运行结果。若将"DA A"指令取消，则结果会有什么不同？

```
CLR     C
MOV     20H, #99H
MOV     A, 20H
ADD     A, #01H
DA      A
MOV     20H, A
```

12. "由于 SJMP 指令转移范围是 256B，而 AJMP 指令转移范围是 2KB，所以在程序中 SJMP 指令都可以用 AJMP 指令来代替。"请问这种说法是否正确？为什么？

13. 使用位操作指令实现下列逻辑操作，要求不更改单元其他位的内容。

(1) 使 Acc.0 置 1。

(2) 清除累加器高 4 位。

(3) 清除 Acc.3、Acc.4、Acc.5、Acc.6。

14. 将内部 RAM 0FH 单元的内容传送到寄存器 B，对 0FH 单元的寻址可有 3 种方法：R 寻址、R 间址和 Direct 寻址。请分别编出相应的程序，比较其字节数、机器周期和优缺点。

15. 怎样把位 40H 的内容移植到 30H 位？

16. 编写一段程序，模拟如图 3-14 所示的逻辑电路的逻辑功能。要求将 4 个输入与非门的功能模拟先写成一个子程序，然后多次调用得到整个电路的功能模拟。设 X、Y、Z 和 W 都已定义为位地址，若程序中还需要其他位地址，也可另行定义。

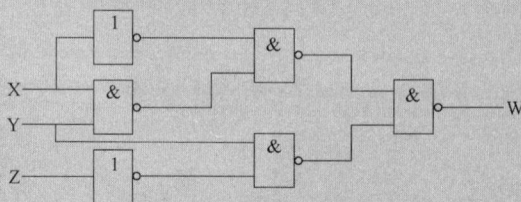

图 3-14 逻辑电路示意图

17. 两个 4 位 BCD 码数相加求和。设被加数存于内部 RAM 的 40H、41H 单元，加数存于 45H、46H 单元，要求和数存于 50H、51H 单元（均前者为低 2 位，后者为高 2 位）。若最高位产生溢出，要求考虑相应处理。请编制加法程序段。若进行 BCD 码减法运算，应如何考虑？

18. 试编写程序，查找在内部 RAM 20H~50H 单元中出现 00H 的次数，并将查找的结果存入 51H 单元。

19. 设晶振频率为 12MHz，请用循环转移指令编制延时为 20ms 的延时子程序。

20. 已知两个 8 位无符号数 a、b 存放在 BUF 和 BUF+1 单元，编写程序计算 5a+b。结果可能大于 8 位，仍放回 BUF 和 BUF+1 单元。

21. 外部数据 RAM 2000H~2100H 有一个数据块，现要将它们传送到 3000H~3100H 的区域。试编写有关程序。

22. 求 16 位带符号二进制补码数的绝对值。假定补码放在内部 RAM 的 num 和 num+1 单元，求得的绝对值仍放在原单元中。

23. 下列程序段经汇编后，从 1000H 开始的各有关存储单元的内容是什么？

```
        ORG   1000H
TAB1：  EQU   1234H
TAB2：  EQU   3000H
        DB   'START'
        DW   TAB1, TAB2, 70H
```

24. 编程将 20H 单元中的两个 BCD 数拆开，并变成相应的 ASCII 码存入 21H 和 22H 单元。

25. 存放在内部 RAM DAT 单元中的自变量 x 中是一个无符号数，试编写程序求下面函数的函数值并存放到内部 RAM 的 FUNC 单元中。

$$y = \begin{cases} x & (x \geqslant 50) \\ 5x & (50 > x \geqslant 20) \\ 2x & (x < 20) \end{cases}$$

26. 如果不采用子程序技术，而是编写顺序结构程序或 3 段循环结构程序实现将内部 RAM 30H~38H、40H~4EH、50H~63H 这 3 个区域所有单元清零，分别会使用多少条指令？如果从程序执行时间长短来比较这 3 种方法，有何区别？

27. 已知内部 RAM 以 ADDR 为起始地址的区域中存放着 24 个无符号数，试编写程序找出最小值，并存入 MIN 单元。

28. 分别用数据传送、位操作指令编写程序，将内部 RAM 位寻址区的 128 位均清零。

单片机的编程语言常用的有两种：一种是汇编语言，另一种是 C 语言。使用汇编语言可以对单片机进行最直接的控制。每执行一条汇编语句，单片机就会执行一条指令。利用汇编语言对单片机编程，所编写的代码效率很高。但用汇编语言写程序尤其是较大型的程序十分费时，程序的移植也存在问题。而用 C 语言编写的程序，虽然其机器代码效率稍低，但其可读性和可移植性却远远超过汇编语言。同时，C 语言中嵌入汇编语言也可以解决高实时性的代码编写要求。所以，现在多用 C 语言对单片机进行编程，再在必要的地方用汇编语言实现。

4.1 单片机 C 语言设计方法与特点

4.1.1 单片机 C 语言与汇编语言对比

用汇编语言编程一般认为编写代码最复杂、最难被优化。主要原因是使用汇编语言必须要完全理解处理器（单片机）的工作原理，并掌握指令集。下面是一段简单的 MCS-51 单片机汇编语言代码，其实现的功能是对外部存储器的读/写操作。

```
        ORG     0000H
        MOV     DPTR, #1234H
        MOV     A, #ABH
        MOVX    @ DPTR, A        ;写外部存储器
        MOVX    A, @ DPTR        ;读外部存储器
LOOP：  AJMP    LOOP
```

上面这段代码如果用高级语言（C51）来编写，就更容易阅读，也更直观，稍加改动即可应用到不同的系统中。

```
#include" reg51. h"
```

```
#include" absacc. h"
#define PORT XBYTE[0x1234]
void main (void)
{
    PORT = 0xAB;
    ACC = PORT;
}
```

4.1.2 单片机 C 语言特点

单片机 C 语言，通常称为 C51 语言，是由 C 语言继承而来的。和 C 语言不同的是，C51 语言运行于单片机平台，而 C 语言则运行于普通的桌面平台。C51 语言具有 C 语言结构清晰的优点，便于学习，同时具有汇编语言的硬件操作能力。对于具有 C 语言编程基础的读者，能够轻松地掌握单片机 C51 语言的程序设计。

与汇编语言相比，C 语言具有如下优点：

- 对单片机的指令系统不要求了解，仅需要对单片机的存储器结构有所了解；
- 寄存器的分配、不同存储空间的寻址及数据类型等细节可由 C51 编译器管理；
- 程序有规范的结构，可分为不同的函数，这种方式可使程序结构化；
- C 语言提供了丰富的数据类型，极大地提高了程序处理的能力和灵活性；
- 有严格的句法检查，编程及调试时间显著缩短，提高了编程效率；
- 中断服务程序的现场保护及恢复、中断向量表的填写等直接与单片机有关的都由 C51 编译器代为处理；
- C 语言提供了丰富的标准函数库，极大地提高了编程效率；
- 已编好的程序可很容易地植入到新程序中，简化了编程过程。

4.1.3 单片机 C 语言开发环境

使用 C 语言肯定要使用到 C 语言编译器，以便把写好的 C 语言程序编译为机器码，这样单片机才能执行编写好的程序。Keil μVision4 是众多单片机应用开发软件中优秀的软件之一，其软件界面如图 4-1 所示。

下面我们用 Keil μVision4 建立一个小程序项目。

单击 Project 菜单，在弹出的下拉式菜单中选择 "New μVision4 Project" 命令。接着弹出一个标准 Windows 对话框 "Create New Project"，如图 4-2 所示。在 "文件名" 文本框中输入第 1 个 C 程序项目名称，这里我们用 "Test"。单击 "保存" 按钮后的文件扩展名为 ". uvproj"，这是 Keil μVision 项目文件扩展名，以后我们可以直接单击此文件以打开先前做的项目。

首先我们要在项目中创建新的程序文件或加入旧程序文件。如果你没有现成的程序，那么就要新建一个程序文件。下面我们来介绍如何新建一个 C 程序并将其加到项目中。

单击 "新建文件" 工具按钮，出现一个新的文字编辑窗口，这个操作也可以通过单

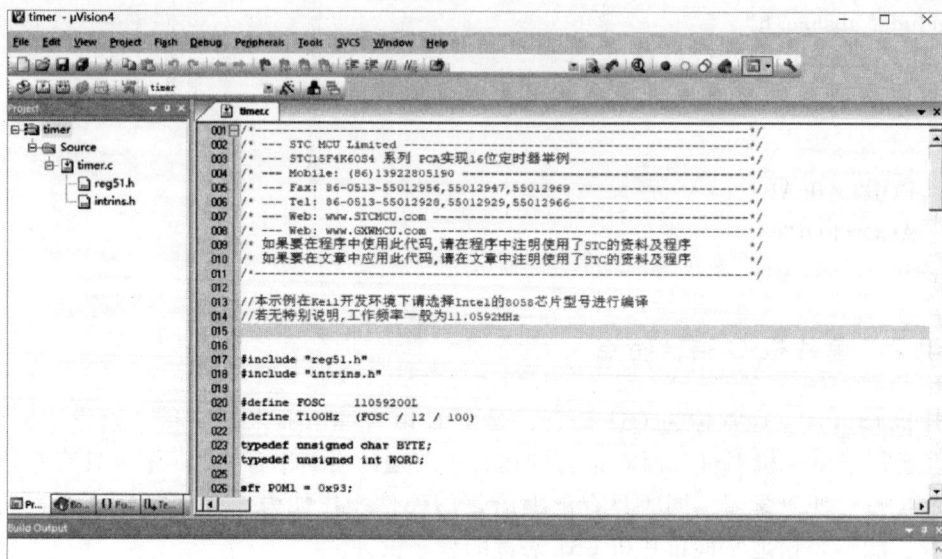

图 4-1　Keil μVision4 软件界面

图 4-2　新建 Keil μVision 工程

击菜单"File"→"New"命令或按快捷键<Ctrl+N>来实现。现在可以编写程序了，光标已出现在文本编辑窗口中，等待我们的输入。下面是一段程序：

```
#include <reg51. h>
#include <stdio. h>
void main( void)
{   SCON = 0x50;                    //串口方式1，允许接收
    TMOD = 0x20;                    //定时器1定时方式2
    TCON = 0x40;                    //设定时器1开始计数
    TH1 = 0xE8;                     //22.1184MHz晶振，2400bit/s
    TL1 = 0xE8;
```

```
    TI = 1;
    TR1 = 1;                              //启动定时器
    while(1)
    {
        printf("Hello World! \n");       //显示 Hello World
    }
}
```

需要注意的是，Keil 的文本编辑器对中文的支持欠佳，所以在编写程序时，可以考虑用英文对程序代码进行注释。

单击软件界面中的"保存"按钮，保存新建的程序，也可以通过单击菜单"File"→"Save"命令或按快捷键<Ctrl+S>进行保存操作。因是新文件，所以保存时会弹出文件操作对话框，把第 1 个程序命名为"test1.c"，保存在项目所在的目录中，这时会发现程序中单词有了不同的颜色，说明 Keil 的 C 语法检查生效了。右击软件界面左边的"Source Group 1"文件夹图标，弹出快捷菜单，在这里可以进行在项目中增加/减少文件等操作。我们单击"Add File to Group'Source Group 1'"命令，弹出文件窗口，选择刚刚保存的文件"test1.c"，单击"ADD"按钮，关闭文件窗口，程序文件则被添加到项目中了。这时在"Source Group 1"文件夹图标左边出现了一个小"+"号，说明文件组中有了文件，单击它可以展开查看。

C 程序文件已被加到了项目中，下面就可以编译运行了。这个项目只是用做学习新建程序项目和编译运行仿真的基本方法，所以使用软件默认的编译设置，它不会生成用于芯片烧写的 .hex 文件。要想使项目编译后生成用于芯片烧写需要的 .hex 文件，需要在项目选项对话框的 Output 选项中选中"Create HEX File"复选框，如图 4-3 所示。

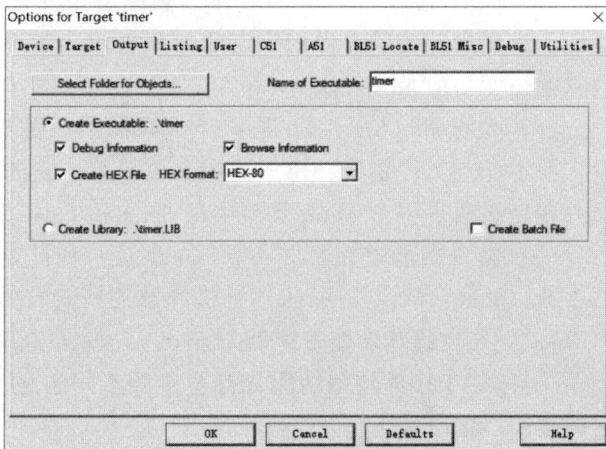

图 4-3　工程选项对话框

4.2　C51数据类型与表达式

4.2.1　C51 数据类型

C51 使用的数据类型除了 ANSI C 的标准数据类型外，还有 C51 的特殊数据类型。C51 常用的数据类型如下：

（1）字符型（char）　长度是 1B，通常用于定义处理字符数据的变量或常量。分为无符号字符类型（unsigned char）和有符号字符类型（signed char），默认为 signed char。unsigned char 类型用字节中所有的位来表示数值，取值范围是 0~255。signed char 类型用字节中最高位字节表示数据的符号，0 表示正数，1 表示负数，负数用补码表示（正数的补码与原码相同，负数的补码等于它的绝对值按位取反后加 1），取值范围是 -128~+127。unsigned char 常用于处理 ASCII 字符或用于处理小于或等于 255 的整型数。在 51 单片机程序中，unsigned char 是最常用的数据类型。

（2）整型（int）　长度为 2B，用于存放一个双字节数据。分为有符号整型数（signed int）和无符号整型数（unsigned int），默认为 signed int。signed int 的取值范围是 -32768~+32767，字节中最高位表示数据的符号，0 表示正数，1 表示负数。unsigned int 的取值范围是 0~65535。

（3）长整型（long）　长度为 4B，用于存放一个 4B 数据。分为有符号长整型（signed long）和无符号长整型（unsigned long），默认为 signed long。signed long 的取值范围是 -2147483648~+2147483647，字节中最高位表示数据的符号，0 表示正数，1 表示负数。unsigned long 的取值范围是 0~4294967295。

（4）浮点型（float）　float 在十进制中具有 7 位有效数字，是符合 IEEE-754 标准的单精度浮点型数据，长度为 4B。

（5）指针型（*）　指针型本身就是一个变量，在这个变量中存放指向另一个数据的地址。这个指针变量要占用一定的内存单元，对不同的处理器其长度也不尽相同，在 C51 中它的长度一般为 1~3B。

（6）位标量（bit）　bit 是 C51 编译器中一种扩充数据类型，利用它可定义一个位标量，但不能定义位指针，也不能定义位数组。它的值是一个二进制位，不是 0 就是 1，类似一些高级语言中 Boolean 类型中的 True 和 False。

（7）特殊功能寄存器（sfr）　sfr 也是一种扩充数据类型，占用 1B 内存单元，值域为 0~255。利用它可以访问 51 单片机内部的所有特殊功能寄存器。

（8）16 位特殊功能寄存器（sfr16）　sfr16 占用 2B 内存单元，值域为 0~65535。sfr16 和 sfr 一样用于操作特殊功能寄存器，所不同的是，它用于操作占两个字节的寄存器，如定时器 T0 和 T1。

（9）可寻址位（sbit）　sbit 同样是 C51 中的一种扩充数据类型，利用它可以访问芯片内部 RAM 中的可位寻址区域或特殊功能寄存器中的可位寻址位。与 bit 位标量的区别在于：bit 用于定义一个变量；而 sbit 经常用在寄存器中，方便对寄存器的某位进行操作。

4.2.2　C51 常量与变量

常量是在程序运行过程中值不能被改变的量。

变量的定义可以使用所有 C51 编译器支持的数据类型，而常量的数据类型只有整型、浮点型、字符型、字符串型和位标量。

对常量的数据类型说明如下：

1）整型常量可以表示为十进制，如 123、0、-89 等。十六进制则以 0x 开头如 0x34、

-0x3B 等。长整型就在数字后面加字母 L，如 104L、034L、0xF340 等。

2）浮点型常量可分为十进制和指数表示形式。十进制由数字和小数点组成，如 0.888、3345.345、0.0 等，整数或小数部分为 0，可以省略但必须有小数点。指数表示形式为 [±] 数字 [. 数字] $e^{[\pm]数字}$，[ ] 中的内容为可选项，其中内容根据具体情况可有可无，但其余部分必须有，如 $125e^3$、$7e^9$、$-3.0e^{-3}$。

3）字符型常量是单引号内的字符，如 'a'、'd' 等；不能显示的控制字符，可以在该字符前面加一个反斜杠 "\" 组成专用转义字符。

4）字符串型常量由双引号内的字符组成，如 "test"、"OK" 等。当双引号内没有字符时，为空字符串。在使用特殊字符时同样要使用转义字符，如双引号。在 C 语言中字符串常量是作为字符类型数组来处理的，在存储字符串时系统会在字符串尾部加上 \0 转义字符以作为该字符串的结束符。字符串常量 "A" 和字符常量 'A' 是不同的，前者在存储时多占用 1B 的空间。

在 51 单片机中，常量与变量都保存在 C51 指定存储器中，常量与变量在声明时就需要知道其保存的位置和存储空间的大小。因而在声明常量和变量的过程中，首先要指明数据的类型。C51 中常用的数据类型见表 4-1。

表 4-1　C51 中常用数据类型

数据类型	关键字	所占位数	表示数范围
字符型	char	8	-128 ~ 127
无符号字符型	unsigned char	8	0 ~ 255
整型	int	16	-32768 ~ 32767
无符号整型	unsigned int	16	0 ~ 65535
长整型	long	32	$-2^{31} ~ 2^{31}-1$
无符号长整型	unsigned long	32	$0 ~ 2^{32}-1$
单精度型	float	32	3.4e-38 ~ 3.4e38
双精度型	double	64	1.7e-308 ~ 1.7e308
位类型	bit	1	0 ~ 1
无	void	0	无

4.2.3　C51 的存储类型和存储模式

STC51 系列单片机采用了哈佛结构，其程序存储器和数据存储器是分离的。51 单片机存储区可分为内部数据存储器、外部数据存储器和程序存储器。这 3 种类型的存储区域从地址 0 开始编址，通过采用不同的指令和寻址方式来解决不同类型存储器地址重叠的问题。

C51 编译器完全支持 STC51 系列单片机的存储器结构，其设置了 6 种存储器类型，可完全访问 51 单片机硬件系统的所有部分。C51 存储器类型及 51 单片机存储器结构的关系见表 4-2。

表 4-2　C51 存储器类型及 51 单片机存储器结构的关系

存储器类型	说　明
data	直接寻址的内部数据存储器，访问速度最快
bdata	可位寻址的内部数据存储器，允许位和字节混合访问
idata	间接访问的内部数据存储器
pdata	分页访问的外部数据存储器，最大 256B，00H~FFH
xdata	外部数据存储器，最大 64KB，访问速度较慢
code	程序存储器，最大 64KB

声明变量时可以通过设置存储类型修饰符来指定该变量的存储空间位置。例如：

char data vchar;

char code msg[ ] = "Enter Message";

float idata x, y, z;

char bdata flag;

如果在变量定义时略去了存储类型修饰符，编译器会自动选择默认的存储类型。默认的存储类型是由存储模式限制的。

C51 提供了小模式（Small）精简模式（Compact）和大模式（Large）3 种存储模式，见表 4-3。

表 4-3　C51 变量的存储模式

存储模式	描　述
Small	参数及局部变量放入可直接寻址的内部存储器，最大 128B，默认存储类型为 data
Compact	参数及局部变量分页放入外部存储器，最大 256B，默认存储类型为 pdata
Large	参数及局部变量直接放入外部数据存储器，最大 64KB，默认存储类型为 xdata

1. Small 模式

所有变量默认位于内部数据存储器，这和使用 data 存储器类型标识符明确声明是相同的。该模式变量访问非常有效且速度非常快，但所有数据对象和堆栈必须放在内部 RAM 中，堆栈空间面临溢出的危险。使用堆栈空间决定于不同函数嵌套的深度，因而对堆栈的尺寸要求严格。

2. Compact 模式

此模式下所有变量默认在外部数据存储器的一页（256B）内，具体的页数由 P2 口指定。地址高字节由 P2 设置，编译器无法设置这个端口，故必须在启动代码中手动设置，编译器是不会设置该部分内容的，这与使用 pdata 存储器类型标识符明确声明是相同的。该模式能容纳最多 256B 的变量，这个限制是用 R0、R1 间接寻址造成的。该模式的效率不如 Small 模式的效率高，变量的访问速度也不如 Small 模式的访问速度快，但是比 Large 模式的访问速度快。

3. Large 模式

在此模式下，所有变量默认位于外部数据存储器，这和使用 xdata 存储器类型标识符明确声明是相同的。寻址使用数据指针（DPTR）寻址，但是通过 DPTR 进行存储器的变量访问效率低，特别是对多字节变量操作尤为明显。该模式的数据访问比 Small 模式和 Compact 模式生成的代码多，但存储效率比这两种模式都低。

因此，Small 模式的使用较为优先，它可生成最快、最紧凑和最有效的代码。通常可以明确指定变量的存储位置。仅当该模式不适合应用或操作时才会选择 Compact 模式和 Large 模式。

C51 的存储模式确定了用于函数自变量、自动变量和无明确存储类型变量的默认存储器类型。可用编辑器控制指令 Small、Compact 和 Large 指定编译时的存储器模式。用存储器类型标识符明确声明一个变量，优先于默认存储器类型。

例如：

```
#pragma    small
/ * 指定变量的存储模式为 SMALL * /
char    k1;
int    xdata    m1;
#pragma    compact
/ * 指定变量的存储模式为 compact * /
char    k2;
int    xdata    m2;
```

以上代码在编译时，k1 变量的存储器类型为 data，k2 变量的存储器类型为 pdata，而 m1 和 m2 由于定义时带了存储器类型 xdata，因而它们为 xdata 型。

4.2.4　单片机内部资源的 C51 定义

1. 特殊功能寄存器（sfr）

在 MCS-51 单片机中，除了程序计数器 PC 和 4 组工作寄存器外，其他所有的寄存器均为特殊功能寄存器（sfr）。

为了能直接访问这些 sfr，C51 提供了一种自助形式的定义方法，这种定义方法与标准 C 语言不兼容，只适用于 C51 对单片机进行 C 语言编程，特殊功能寄存器的 C51 定义方法如下：

sfrsfr_ name = int constant;

例如 "sfr P1 = 0x90；" 这一语句定义了 P1 口在片内的寄存器，在后面的语句中就可以用 "P1 = 0x55；" 或 "A = P1；" 这类的语句来操作所定义的这个特殊功能寄存器。

2. 特殊功能寄存器（sfr16）

sfr16 数据类型占用 2B 空间，它和 sfr 一样，用于定义特殊功能寄存器。所不同的是，它用于定义占用 2B 空间的特殊功能寄存器。

例如 "sfr16 DPTR = 0x82；" 这一语句定义了片内 16 位的数据指针 DPTR，其开始地址是 82H。在后面的操作中，就可以用 DPTR 来对这个 16 位的数据指针进行操作。

3. 特殊功能位（sbit）

sbit 是指 MCS-51 单片机片内特殊功能寄存器的可位寻址位。

例如：

sfr PSW = 0xd0;　//定义程序状态字这一特殊功能寄存器为 PSW

sbit OV = PSW^2;　//定义 OV 为程序状态字的第 2 位

其中，符号"^"前面是特殊功能寄存器的名字，后面的数字定义了该特殊功能位在可位寻址的特殊功能寄存器中的位置，取值为 0~7。

4.2.5　运算符与表达式及其规则

1. C51 算术运算符

（1）C51 最基本的 5 种算术运算符

+　加法运算符，或正值符号；

－　减法运算符，或负值符号；

*　乘法运算符；

/　除法运算符；

%　模（求余）运算符。如 7%3，结果是 7 除以 3 所得的余数 1。

（2）算术表达式、优先级与结合性

1）算术表达式：用算术运算符和括号将运算对象连接起来的式子称为算术表达式。其中的运算对象包括常量、变量、函数、数组和结构等。例如：

a+b;

a+b * c/d;

a * (b+c)-(d-e)/f;

a+b/c-2.5+'b';

C 语言规定了算术运算符的优先级和结合性。

2）优先级：指当运算对象两侧都有运算符时，执行运算的先后次序。按运算符优先级别高低顺序执行运算。

算术运算符的优先级规定为：先乘除模，后加减，括号最优先。即在算术运算符中，乘、除、模运算符的优先级别相同，并高于加减运算符。在表达式中若出现括号，则括号中的内容优先级最高。例如：

a+b/c　在这个表达式中，除号的优先级别高于加号，故先运算 b/c，所得结果再与 a 相加。

（a+b）*（c-d）-e　在该表达式中，括号优先级最高，符号" * "次之，减号优先级最低，故先算（a+b）和（c-d），然后再将两者结果相乘，最后再与 e 相减。

3）结合性：指当一个运算对象两侧的运算符的优先级别相同时的运算顺序。

算术运算符的结合性规定为自左至右方向，又称为"左结合性"，即当一个运算对象两侧的算术运算符优先级别相同时。运算对象先于左面的运算符结合。例如：a+b-c，式中 b 两边是"+""-"运算符，优先级别相同，则按左结合性，先执行 a+b，再与 c 相减。

（3）数据类型转换　如果一个运算符两侧的数据类型不同，则必须通过数据类型转换，将数据转换成同种类型。

转换的方式有两种：

1）自动默认类型转换，即在程序编译时由 C 编译器自动进行数据类型转换。图 4-4 所示为自动数据类型转换规则，图中横向向左箭头表示必定的转换。如 char 和 int 变量同时存在时，则必将 char 转换成 int 类型。当 float 与 double 类型共存时，在运算时一律先转换成 double 类型，以提高运算精度。图中纵向箭头表示当运算对象为不同类型时的转换方向。如 int 与 long 型数据进行运算时，先将较低类型 int 转换成较高类型 long，然后再进行运算，结果为 long 类型。一般来说，当运算对象的数据类型不同时，先将较低的数据类型转换成较高的数据类型，运算结果为较高的数据类型。

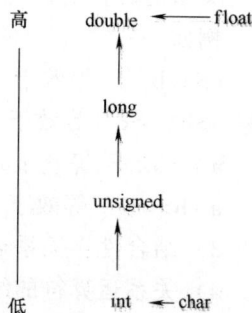

图 4-4 自动数据类型转换规则

2）另一种数据类型的转换方式为强制类型转换，需要使用强制类型转换符，其形式为

（类型名）（表达式）；

例如：

（double）a	将 a 强制转换成 double 类型；
（int）（x+y）	将 x+y 的值强制转换成 int 类型；
（float）（5%3）	将模运算 5%3 的值强制转换成 float 类型。

使用强制类型转换符后，运算结果被强制转换成规定的类型。例如：

unsigned char x，y；

unsigned int a；

z＝x+（unsigned int）y；

z＝（unsigned int）x * y；

这样的加法和乘法才能保证结果超过 1B 时正确。

2. C51 关系运算符

（1）C51 提供 6 种关系运算符

＜	大于	
＞	小于	
＜＝	小于或等于	优先级相同（高）
＞＝	大于或等于	
＝＝	测试等于	优先级相同（低）
！＝	测试不等于	

（2）关系运算符的表达式和优先级

1）关系表达式：用关系运算符将两个表达式（可以是算术表达式、关系表达式、逻辑表达式及字符表达式等）连接起来的式子，称为关系表达式。

2）优先级：＜、＞、＜＝、＞＝这 4 种关系运算符优先级相同，＝＝与！＝优先级相同；

前 4 种优先级高于后两种。

关系运算符的优先级低于算术运算符高于赋值运算符，如图 4-5 所示。

例如：

c>a+b	等效于	c>(a+b)
a>b! =c	等效于	(a>b)! =c
a= =b<c	等效于	a= =(b<c)
a=b>c	等效于	a=(b>c)

3）结合性：关系运算符的结合性为左结合。

4）关系运算符的结果：由于关系运算符是二目运算符，故它作用在运算对象上产生的结果为一个逻辑值，即真假值。C 语言以 1 代表真，0 代表假。

例如：若 a=5，b=2，c=3，d=1，则

a>b 的值为真，表达式的值为 1；

b+c<a 的值为假，表达式的值为 0；

(a>b)= =d 的值为真，表达式的值为 1（因为 a>b 的值为 1）；

e=a>b 的值为 1；

f=a>b>c 的值为 0，由于关系运算符的结合性为左结合性，a>b 的值为 1，而 1>c 的值为 0，故得出 f 的值为 0。

3. C51 逻辑运算符

（1）C51 提供 3 中逻辑运算符

&&　逻辑"与"（AND）；

‖　逻辑"或"（OR）；

!　逻辑"非"（NOT）。

&& 和 ‖ 是双目运算符，即运算对象要求有两个；! 是单目运算符，只要求有一个运算对象。

（2）逻辑运算符的优先级和表达式

1）C51 逻辑运算符与算术运算符、关系运算符和赋值运算符之间优先级的次序如图 4-6 所示。其中，! 运算符优先级最高，算术运算符次之，关系运算符再次之，&& 和 ‖ 再再次之，赋值运算符最低。

2）逻辑表达式的结合性为自左向右。

3）逻辑表达式：用逻辑运算符将关系表达式或逻辑量连接起来的式子称为逻辑表达式。

逻辑表达式的值应该是一个逻辑量，即真或假，以 0 代表假，1 代表真。

例如：若 a=4，b=5，则

! a　　　为假（0）。因为 a=4 为真，所以! a 为假（0）。

a ‖ b　　为真（1）。因为 a 和 b 都为真，所以两者相"或"

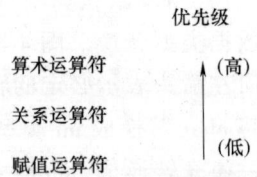

图 4-5　运算符的优先级

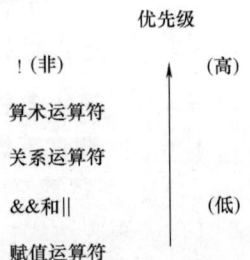

优先级

算术运算符　　（高）

关系运算符

赋值运算符　　（低）

图 4-6　优先级次序

优先级

! （非）　　　（高）

算术运算符

关系运算符

&&和‖

赋值运算符　（低）

也为真。

a&&b 为真（1）。

! a&&b 为假（0）。因为! 优先级高于 &&，故先执行! a，其值为假（0）；而 0&&b 为 0，故结果为假（0）。

通过上面的例子可以看出，系统给出的逻辑运算结果不是 0 就是 1，不可能是其他值。这与后面讲的位逻辑运算是截然不同的，应该注意区别逻辑运算与位逻辑运算这两个不同的概念。

在有多个逻辑运算符构成的逻辑表达式中，并不是所有逻辑运算都被执行，只是在必须执行下一个逻辑运算符后才能求出表达式的值时，才执行该运算符。由于逻辑运算符的结合性为自左向右，所以对于运算符 && 来说，只有左边的值不为假（0）才继续执行右边的运算。对于运算符 ‖ 来说，只有左边的值为假（0）才继续执行右边的运算。

例如 a=1，b=2，c=3，d=4，m、n 原值为 1。

表达式（m=a>b）&&（n=c>d），因为 a>b 为假（0），即 m=0，故无须再执行右边的 &&（n=c>d）运算，表达式的值为假（0）。

表达式（m=a>b）‖（n=c>d），因为 a>b 为假（0），即 m=0，故须继续向右执行；又因为 c>d 为假（0），即 n=0，两者相"或"（‖），结果为 0，故表达式值为 0。

4. C51 操作位及其表达式

C51 提供如下位操作运算符：

& 按位与；

| 按位或；

^ 按位异或；

~ 按位取反；

<< 位左移；

>> 位右移。

除了按位取反运算符"~"以外，以上位操作运算符都是双目运算符，即要求运算符两侧都有一个运算对象。

位运算符只能是整型或字符型数据，不能为实型数据。

（1）"按位与"运算符"&" 运算规则：参加运算的两个运算对象，若两者相应的位都为 1，则该位值为 1，否者为 0，即

$$0\&0 = 0 \qquad 1\&0 = 0$$
$$0\&1 = 0 \qquad 1\&1 = 1$$

例 4-1 若 a = 54H = 01010100B，b = 3BH = 00111011B，则表达式 c = a&b 的值为 10H，即

```
        01010100    (54H)
    &   00111011    (3BH)
        ─────────
        00010000    (10H)
```

（2）"按位或"运算符"｜" 运算规则：参加运算的两个运算对象，若两者相应的位有一个为1，则该位值为1，即

$$0 ｜ 0 = 0 \qquad 0 ｜ 1 = 1$$
$$1 ｜ 0 = 0 \qquad 1 ｜ 1 = 1$$

例 4-2 若 a = 30H = 00110000B，b = 0FH = 00001111B，则表达式 c = a ｜ b 的值为 3FH，即

```
      00110000    （30H）
 ｜   00001111    （0FH）
    ─────────────
      00111111    （3FH）
```

（3）"异或"运算符"^" 运算规则：参加运算的两个运算对象，若两者相应的位值相同，则结果为0；若两者相应的位值相异，则结果为1，即

$$0\text{^}0 = 0 \qquad 1\text{^}0 = 1$$
$$0\text{^}1 = 1 \qquad 1\text{^}1 = 0$$

例 4-3 若 a = A5H = 10100101B，b = 37H = 00110111B，则表达式 c = a^b 的值为 92H，即

```
      10100101    （A5H）
 ^    00110111    （37H）
    ─────────────
      10010010    （92H）
```

（4）"位取反"运算符"~" "~"是一个单目运算符，用来对一个二进制数按位进行取反，即 0 变 1、1 变 0。

例 4-4 若 a = F0H = 11110000B，则表达式 a = ~a 的值为 0FH，即

```
      11110000    （F0H）
 ~
    ─────────────
      00001111    （0FH）
```

"~"运算符的优先级级别比其他运算符都高。例如：~a&b 的运算顺序为先做 ~a 运算，再做 & 运算。

（5）左位移和右位移运算符"<<"和">>" 是将一个数的所有二进制位全部左移或全部右移若干位，移位后，空白位补0，而溢出的位舍弃。

例 4-5 若 a = EAH = 11101010B，则表达式 a = a<<2，将 a 值左移两位，其结果为 A8H，即

```
                11101010   (EAH)
      11      101010 00
      ↑         ↑
  ≪2  舍弃      补0
    ─────────────────────
              10101000    (A8H)
```

表达式 a = a >> 2，将 a 右移两位，其结果为 3AH，即

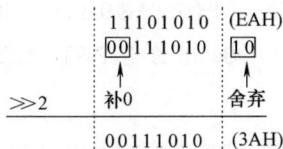

```
                11101010   (EAH)
                00 111010   10
                 ↑         ↑
        >>2     补0        舍弃
                00111010   (3AH)
```

例 4-6 若 a = 11000011B = E3H，将 a 值右循环移两位。

A 右循环 n 位，即将 a 中原来左面（8-n）位右移 n 位，而将原来右端的 n 位移到最左面 n 位。

上述问题可以由下列步骤来实现，即

① 将 a 的右端 n 位先放到 b 中的高 n 位中：b = a << (8-n)。

② 将 a 右移 n 位，其左面高 n 位被补 0：c = a >> n。

③ 将 b，c 进行"或"运算：a = c | b。

对 a 进行循环右移两位的程序可以这样编写：

```
main( )
{
    unsigned char a = 0xC3, b, c;
    int n = 2;
    b = a << (8-n);
    c = a >> n;
    a = c | b;
}
```

执行结果：循环右移前 a = 11000011B；循环右移后 a = 11110000B。

移位与数学运算：对于二进制数来说，左移一位相当于该数乘以 2，右移一位相当于该数除以 2，利用这一性质可以用移位来做快速乘除法。例如，若要对某数乘以 10，则用这种方法将比直接做乘法更有效率，即将该数左移两位再与该数本身相加，然后再左移一位。

移位运算并不能改变原变量本身，除非将移位的结果赋给另一个变量，如 x = a << 3。

在控制系统中，位操作方式比算术方式使用得更频繁。以 8051 片外 I/O 口为例，这种 I/O 的字长为 1B（8 位）。在实际控制应用中，用户常常想要改变 I/O 口中某一位的值而不影响其他位。当这个口的其他位正在点亮报警灯，或命令 A/D 转换器开始转换时，用这一位可以起动或关闭一台电动机。正像前面已经提过的那样，有些 I/O 口是可位寻址的（如 8051 片内 I/O 口），但大多数片外附加 I/O 口只能对整个字节做出响应。因此，想要在这些地方实现单独位控制（或线控制）就要采用位操作。例如：

```
#define PORTA XBYTE[0xffc0]
viod main ( )
{  …
PORTA = (PORTA &0xbf) | 0x04;
…
}
```

在此程序段中，第1行定义了一个片外 I/O 口变量 PORTA。其地址在片外数据存储区 0xffc0 上。在 main 函数中 PORTA = (PORTA&0xbf)｜0x04，其作用是先用 & 运算符将 PORTA.6 位置成低电平，然后用｜0x04 运算将 POTRA.2 位置成高电平。

4.3 C51流程控制

4.3.1 C语言程序的基本结构

C 语言是一种结构化编程语言。这种结构化语言有一套不允许交叉程序流程存在的严格结构。结构化语言的基本元素是模块，作为程序的一部分，它只有一个出口和一个入口，不允许有偶然的中途插入或以模块的其他路径退出。

结构化程序是由若干模块组成，每个模块中包含着若干个基本结构，而每个基本结构中可以有若干条语句。

C 语言有 3 种基本结构：顺序结构、选择结构和循环结构。任何复杂的程序，其实都可以看作是这三种基本结构的结合运用。

4.3.2 顺序结构

在编程结构中，最基本、最简单的便是顺序结构。执行该结构程序时，程序由低地址向高地址顺序执行指令代码。如图 4-7 所示，程序先执行 A 操作，再进行 B 操作，两者是顺序执行的关系。

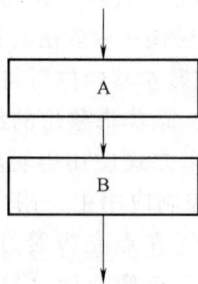

图 4-7 顺序结构流程图

4.3.3 选择结构

如果程序只能按照上述顺序结构执行，很显然是无法满足很多功能需求的。我们称计算机功能强大，其实就在于它具有决策能力，或者说具有选择能力。例如：

- 依靠条件选择开关，打开或关闭水泵；

- 如果相同的操作被反复执行指定次数后，那么就执行后面的另一个操作；
- 连续监测某一个信号。根据这个信号指示控制芯片做出相应的动作。

以上这些都是人们通常要求计算机做出选择（决策）的例子。通过选择（决策）判断，程序可以进行循环（自己返回）或分支操作（在几个可能的方向上选择一个方向进入）。

在选择结构中，程序首先对一个条件语句进行判断。当条件为真（True 或者 Yes）时，执行一个方向上的程序流程；当条件为假（False 或者 No）时，则执行另一个方向上的程序流程。如图 4-8 所示，P 代表一个条件，当 P 成立（为真）时，执行 A 操作，否则执行 B 操作，但只能二选一。两个方向上的程序流程最终将汇集到一起，从一个出口退出。

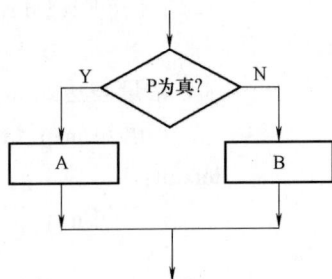

图 4-8　选择结构流程图

选择结构主要包含两种语句：if 语句和 switch 语句。

1. if 语句

if 语句用来判定所给定的条件是否满足，并根据判定结果决定执行所给出的两种操作之一。C51 语言提供了 3 种形式的 if 语句。

形式 1：

```
if(表达式)
    ｛ 语句；｝
```

在括号中的表达式成立时，执行大括号中的语句，否则跳过大括号中的语句，直接执行下面的语句。

形式 2：

```
if(表达式)
    ｛ 语句 1；｝
else ｛ 语句 2；｝
```

形式 3：

```
if(表达式 1)
    ｛ 语句 1；｝
else if(表达式 2)
    ｛ 语句 2；｝
…
else if(表达式 n)
    ｛ 语句 n；｝
else ｛ 语句 n+1；｝
```

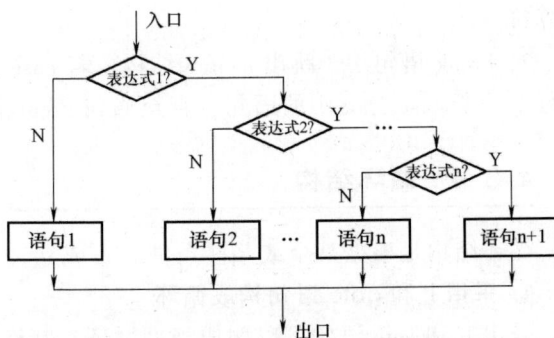

图 4-9　串行分支结构流程图

形式 3 其实是一种串行多分支结构，其结构如图 4-9 所示。

2. switch 语句

switch 语句是一种并行多分支选择语句，其结构如图 4-10 所示。switch 语句的一般形式如下：

```
switch(表达式)
    {
        case 常量表达式 1：
            {语句 1；} break；
        case 常量表达式 2：
            {语句 2；} break；
        …
        case 常量表达式 m：
            {语句 m；} break；
        default：
            {语句 n；}
    }
```

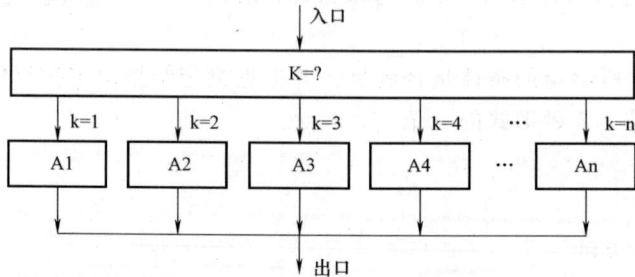

图 4-10　并行多分支结构流程图

使用 switch 语句时需要注意：

1）case 分支中的常量表达式的值必须是整型、字符型或者枚举类型，不能使用条件运算符。

2）break 语句用于跳出 switch 结构。若 case 分支中未使用 break 语句，则程序将继续执行下一个 case 分支中的语句，直至遇到 break 语句或者整个 switch 语句结束。

4.3.4　循环结构

循环结构是根据某个或某些条件是否成立，来决定是否重复执行一段相同的程序。

1. 采用 if 和 goto 语句构成循环

采用 if 和 goto 语句可以构成当型循环，其格式如下：

```
Loop：if (表达式)
        {语句；
            goto Loop；
        }
```

采用 if 和 goto 语句也可以构成直到型循环，其格式如下：

```
Loop：｛ 语句；
        if(表达式)        goto Loop；
     ｝
```

2. for 循环语句

for 循环语句的一般格式如下：

for(表达式 1；表达式 2；表达式 3)

```
｛
     循环体语句；
｝
```

for 循环的执行过程为：

1）求解表达式 1。

2）求解表达式 2。若结果为真，则执行循环体语句；若结果为假，则循环语句结束，执行后续语句。

3）求解表达式 3，并转到 2）继续执行，知道条件为假时结束循环。

3. while 循环语句

while 循环语句的一般格式如下：

while （表达式）

```
｛
     循环体语句；
｝
```

while 语句先求解循环条件表达式的值。如果值为真，则执行循环体；否则，跳出循环，执行后续语句。其结构如图 4-11 所示。

4. do-while 循环语句

do-while 循环语句的一般格式如下：

do

```
｛ 循环体语句；
｝ while （表达式）
```

do-while 循环语句是先执行一次循环体语句，再判断表达式的值。若为真，则继续执行循环；否则退出循环。其结构如图 4-12 所示。

5. break 语句、continue 语句和 goto 语句

在循环语句执行过程中，如果在满足循环判定条件的情况下仍然需要跳出循环代码段，则可以使用 break 语句或者 continue 语句。如果要从任意地方跳转到代码的某个地方，则可以使用 goto 语句。

1）break 语句：从循环代码中跳出，不再执行循环，而继续执行后续语句。

2）continue 语句：退出本轮循环，使程序从下一轮循环开始执行，直到循环判断条件不满足为止。其与 break 语句的区别是该语句不是退出整个循环。

3）goto 语句：无条件转移语句。当执行 goto 语句时，程序跳转到 goto 语句给出的下一条语句继续执行。

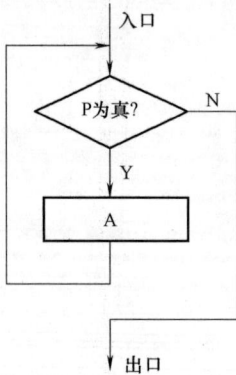

图 4-11　while 型循环结构流程图

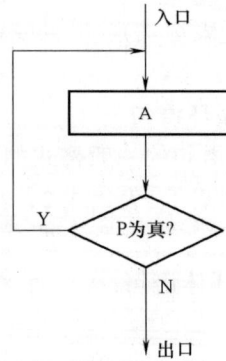

图 4-12　do-while 型循环结构流程图

4.4　数组

C51 语言具有用户能够定义一组有序数据项的功能。这组有序的数据项即数组。数组是一组具有固定数目和相同类型成分分量的有序集合。其成分分量的类型为该数组的基本类型。如整型变量的有序集合称为整型数组，字符型变量的有序集合称为字符型数组。这些整型或字符型变量是各自所属数组的成分分量，称为数组元素。

构成一个数组的元素必须是同一类型的变量，不允许在同一数组中出现不同类型的变量。

4.4.1　一维数组

1. 一维数组的定义方式

类型说明符　数组名［整型表达式］

例如：

char ch［10］；

该例定义了一个一维字符数组，有 10 个元素，每个元素由各自下标表示，分别为 ch［0］，ch［1］，ch［2］，…，ch［9］。尤其需要注意的是，第 1 个元素的下标是 0 而不是 1，即数组的第 1 个元素是 ch［0］，不是 ch［1］，那么第 10 个元素就是 ch［9］。

2. 数组的初始化

数组中的值，可以在程序运行期间，通过循环和键盘输入语句进行赋值。只是这样做将耗费许多机器运行时间，尤其对大型数组而言，这种情况更加突出。对此可以用数组初始化的方法来解决。

数组初始化，就是在定义说明数组的同时，给数组赋新值。这项工作是在程序的编译中完成。对数组的初始化可用以下方式进行：

1）在定义数组时对数组的全部元素赋予初值。例如：

int idata a[5]={0, 1, 2, 3, 4};

这样经过初始化后, a[0]=0, a[1]=1, a[2]=2, …, a[4]=4。

2) 只对数组的部分元素进行初始化。例如:

int idata a[10]={0, 1, 2, 3, 4};

从定义中可以看出, 数组 a 拥有 10 个元素, 但是括号内只有 5 个初值, 则数组的前 5 个元素被赋予初值, 其他元素赋予 0 作为初值。

3) 在定义数组时, 若不对数组的全部元素赋初值, 则数组的全部元素均默认被赋值为 0。例如:

int idata a[10];

则 a[0]~a[9] 的初值均为 0。

4.4.2 二维数组

1. 二维数组定义的一般形式

类型说明符　数组名 [常量表达式] [常量表达式];

例如:

int A[3][4];

该例定义了 3 行 4 列共 12 个元素的二维数组 A。

二维数组的存取顺序是: 按行存取, 先存取第 1 行元素的第 0 列、1 列、2 列……第 1 行最后 1 列; 然后返回第 2 行开始, 再取第 2 行第 0 列、1 列……第 2 行最后 1 列; 如此下去, 直到最后 1 行最后 1 列。图 4-13 所示为一个二维数组 A[3] [4] 的存取顺序示意图。

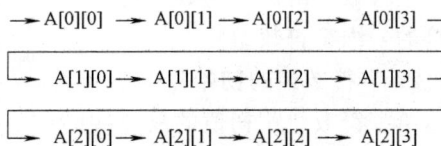

图 4-13　二维数组存取顺序示意图

C51 语言允许使用多维数组。有了二维数组的基础, 理解和掌握多维数组并不困难。例如 "float a[2][3][4];" 定义了一个浮点型的三维数组。

2. 二维数组的初始化

(1) 对数组的全部元素赋初始值　可以采用以下两种方法对数组的全部元素赋初始值。

1) 以行为单位给二维数组的全部元素赋初始值。例如:

int a[3][4]={{1, 2, 3, 4},{5, 6, 7, 8},{9, 10, 11, 12}};

显然, 该种赋值方法很直观, 把第一个大括号内的元素分别赋给数组的第 1 行元素, 第 2 个大括号内的元素分别赋给数组的第 2 行元素……

2) 也可以将所有数据写在一个大括号内, 按数组的排列顺序给各元素赋初值。例如:

int a[3][4]={1, 2, 3, 4, 5, 6, 7, 8, 9, 10, 11, 12};

这种赋值方法的效果同上。

(2) 对数组中部分元素赋初值

int a[3][4]={{1},{2},{3}};

赋值后各元素如下：

$$\begin{bmatrix} 1 & 0 & 0 & 0 \\ 2 & 0 & 0 & 0 \\ 3 & 0 & 0 & 0 \end{bmatrix}$$

int a[3][4]={{2},{ },{4,7}};

通过上例，可以得出以下赋值结果：

$$\begin{bmatrix} 2 & 0 & 0 & 0 \\ 0 & 0 & 0 & 0 \\ 4 & 7 & 0 & 0 \end{bmatrix}$$

float xdata ary2d[10][10]

float xdata x;

x=ary2d[6][0]； /* 取 ary2d[ ][ ]的第 7 行元素赋值给变量 x */

4.4.3 字符数组

数组元素为字符类型的数组称为字符数组。显然，字符数组是用来存放字符串的。在字符数组中，一个元素存放一个字符，所以可以用字符数组来存储长度不同的字符串。

1. 字符数组的定义

字符数组的定义与数组定义的方法类似。例如 char a[10]，定义了一个可以放 10 个字符的一维字符数组。

2. 字符数组的初始化

给字符数组赋初值的最直接的方法是将各字符逐个赋给数组中的各个元素。例如：

char a[10]={'B', 'E', 'I', '-J', 'T', 'N', 'G', '\0'};

定义了一个字符型数组 a，有 10 个数组元素，并且将 9 个字符（其中包括一个字符串结束标志'\0'）分别赋给 a[0]~a[8]，剩余的 a[9] 被系统自动赋予空格字符。其状态如图 4-14 所示。

a[0]	a[1]	a[2]	a[3]	a[4]	a[5]	a[6]	a[7]	a[8]	a[9]
B	E	I	-	J	I	N	G	\0	

图 4-14　字符数组初始化示例

再如：

char a[10]={"BEI-JING"};

char a[10]= "BEI-JING";

用双引号" " 括起来的一串字符，称为字符串常量，如" Good"。C 编译器会自动地在字符串末尾加上结束符'\0'（NULL）。

用单引号'括起来的字符为字符的 ASCII 码值，而不是字符串。比如'a'表示的 ASCII 码值为 97；而" a" 表示的是一个字符串，包含的字符为 a 和 \0。

一个字符串可以用一维数组来装入，但数组的元素数目一定要比字符个数多一个，以便 C 编译器自动在其后面加入结束符'\0'。

若干字符串可以装入一个二维字符数组中。数组的第 1 个下标是字符串的个数，第 2 个下标定义了字符串的长度，该长度应当比这批字符串中最长的字符串中字符个数多一个字符，用以装入字符串的结束符'\0'。比如 char a[50][71]，定义了一个二维字符数组 a，可容纳 50 个字符串，每一个字符串最长可达 70 个字符。例如：

```
uchar code msg[   ][20] =
{{"this is an apple", \n},
{"message 1", \n},
{"message 2", \n}};
```

这是一个二维数组，第 2 个下标必须给定，因为它不能从数据表中得到；第 1 个下标可以省略，由数据常量表决定。

4.4.4 数组与存储空间

当程序设定了一个数组时，C 编译器就会在系统的存储空间中开辟一个区域，用于存放该数组的内容。数组就包含在这个由连续存储单元组成的存储体内。对字符数组而言，占据了内存中一串连续的字节位置。对整型（int）数组而言，将在存储区中占据一串连续的字节对的位置。对长整型（long）或浮点型（float）数组，一个成员就将占据 4B 存储空间。对于多维数组而言，一个 10×10×10 的三维浮点型数组需要大约 4KB 的存储空间，而一个 25×25×25 的三维浮点型数组则需要大约 64KB 的存储空间（8051 单片机的最大可寻址空间只有 64KB）。

当数组特别是多维数组中大多数元素没有被有效地利用时，就会浪费大量的存储空间。51 单片机这样的嵌入式控制器，不像复用式系统那样拥有大型的存储区。它的存储资源极为有限，因此无论如何不能出现不必要的占用。因此，在进行 C51 编程开发时，要仔细地根据需要选择数组的大小。

4.5 指针

4.5.1 指针的基本概念

指针是用来存放存储器地址的变量。在 C 语言中指针是一个重要的概念，正确有效地使用指针类型的数据，能更准确地表达复杂的数据结构，能更有效地使用数组或变量，能方便直接地处理内存或其他存储区。指针之所以能如此有效地对数据进行操作，是因为无论程序的指令、变量、常量或者特殊寄存器都要存放在内存单元或相应的存储区中，这些存储区是按字节来划分的，每一个存储单元都能用唯一的编号对数据进行读或写操作。这个编号就是我们常说的存储单元的地址，而读/写这个编号的动作就是寻址。通过寻址就能访问到存储区中任意一个能访问的单元，而这个功能是变量或数组等无法实现的。

需要特别区分两个重要概念"指针变量"和"变量指针"。如果用一个变量来存放另一个变量的地址，那么这个用来存放变量地址的变量就称为"指针变量"。"变量指针"

就是变量的地址，采用地址运算符 & 来取得并赋给指针的变量。

4.5.2 指针数组和指向数组的指针变量

下面以二维数组为例来说明指向多维数组的指针和指针变量的使用方法。

现在定义一个整型 3 行 4 列的二维数组 a[3][4]。

同时定义一个这样的指针变量（*p)[4]。它的含义是：p 是一个指针变量，指向一个包含 4 个元素的一维数组。

下面使指针变量 p 指向数组 a[3][4] 的首地址，即 p=a。则此时，p 和 a 等价，均指向数组 a[3][4] 的第 0 行首地址。

p+1 和 a+1 等价，均指向数组 a[3][4] 的第 1 行首地址。

p+2 和 a+2 等价，均指向数组 a[3][4] 的第 2 行首地址。

……

而 (p+1)+3 与 &a[1][3] 等价，指向 a[1][3] 的地址。

(*(p+1)+3) 与 a[1][3] 等价，表示 a[1][3] 的值。

……

一般对于数组元素 a[i][j] 来讲，有：

(p+i)+j 就相当于 &a[i][j]，表示第 i 行第 j 列元素的地址。

(*(p+i)+j) 就相当于 a[i][j]，表示数组第 i 行第 j 列元素的值。

例 4-7 输出二维数组中的任意一元素的值。

```
main()
{
    int  a[3][4]={ {1,3,5,7},{9,11,13,15},{17,19,21,23}};
    int  (*p)[4],i,j;
    p=a;
    i=2;
    j=1;
    printf("a[%d,%d]=%d\n",i,j,*((*p+i)+j));
}
```

运行结果：a[2,1]=19。

4.5.3 C51 的指针类型

C51 支持"基于存储器"的指针和"一般"指针两种类型。

"基于存储器"的指针类型由 C 源代码中存储器类型决定，并在编译时确定。使用这种类型指针的优点在于可以高效访问对象，而只需 1~2B。

"一般"指针需占 3B：1B 为存储器类型，2B 为偏移量。存储器类型决定了对象所用的 8051 存储空间，偏移量指向实际地址。一个"一般"指针可以访问任何变量而不论它在 8051 存储器空间中的位置。这样就允许一般函数如 memcpy 函数等，将数据以任意一个地址复制到另一个地址空间。

1. 基于存储器的指针

基于存储器的指针是在说明一个指针时，指定它所指向的对象的存储类型。基于存储器的指针以存储器类型为参量，在编译时才被确定。因此，为指针选择存储器的方法可以省略，这些指针的长度可以为 1B（idata *，data *，pdata *）或者为 2B（code *，xdata *）。在编译时，这些操作一般被"内嵌"（inline）编码，而无须进行库调用。

基于存储器类型的指针定义举例：

char   xdata *   px；

定义了一个指向 xdata 存储器中字符类型（char）的指针。指针自身在默认存储区（决定于编译模式），长度为 2B（值为 0~0xFFFF）。

char   xdata *   data   pdx；

除了明确定义指针位于 8051 内部存储区（data）中外，其他与上例相同。它与编译模式无关。

data   char   xdata *   pdx；

此例与上例完全相同。存储器类型定义既可以放在定义的开头，也可以直接放在定义的对象名之前。这种形式与早期的 Cx51 编译器版本相兼容。

```
struct time {
    char hour;
    char min;
    char sec;
    struct time xdata *    pxtime;
}
```

在结构 struct time 中，除了其他结构成员外，还包含有一个具有和 struct time 相同的指针 pxtime，time 位于外部存储器（xdata），指针 pxtime 长度为 2B。

struct time idata *   ptime；

这个声明定义了一个位于默认存储器中的指针。它指向结构 time，time 位于 idata 存储器中，结构成员可以通过 8051 的@R1 进行间接访问，指针 ptime 长度为 1B。

ptime→pxtime→hour = 12；

使用上面的关于 struct   time 和 struct   time   idata *   ptime 的定义，指针 pxtime 被从结构中间接调用，指向位于 xdata 存储器中的 time 结构。结构成员 hour 被赋值 12。

上面的例子阐明了 Keil C51 指针的一般定义及使用方法。Keil C51 所有的数据类型都和 8051 的存储器类型相关。所有用于一般指针的操作同样可以用于基于存储器的指针。

2. 一般指针

一般指针包括 3B、2B 偏移和 1B 存储器类型，见表 4-4。

表 4-4   一般指针

地 址	+0	+1	+2
内 容	存储器类型	偏移量高位	偏移量低位

其中，第1个字节代表了指针的存储器类型，存储器类型编码见表4-5。

表 4-5 存储器类型编码

存储器类型	idata/data/bdata	xdata	pdata	code
值	0x00	0x01	0xFE	0xFF

注意：使用其他类型值可能会导致不可预测的程序动作。类型和编译器的版本有关。

例如：以 xdata 类型的 0x1234 地址作为指针，见表4-6。

表 4-6 一般指针示例

地 址	+0	+1	+2
内 容	0x01	0x12	0x34

当用常数作指针时，必须注意正确的定义存储类型和偏移。

例如：将常数值 0x51 写入地址为 0x8000 的外部数据存储器：

  # define XBYTE（（char * ）0x10000L）

  XBYTE［0x8000］=0x41；

其中，XBYTE 被定义为（char * ）0x10000L，0x10000L 为一般指针。其存储类型为1，偏移量 0000。这样 XBYTE 称为指向 xdata 零地址的指针，而 XBYTE ［0x8000］则是外部数据存储器的 0x8000 绝对地址。

注意：绝对地址被定义为 long 型常量，低16位包含偏移量，高8位表明了存储器类型。为表示这种指针，必须用长整型数来定义存储类型。

Keil C51 编译器不检查指针常数，用户必须选择有实际意义的值。

4.6 函数

C51 程序通常是由一个主函数和若干个函数构成。其中主函数即主程序，它是程序的起点，主函数是唯一的，即 main 函数，整个程序从这个主函数开始执行。在主函数内部调用其他函数，其他函数也可以互相调用。除了主函数之外的其他函数称为一般函数，简称函数。在 C51 中，子程序是用函数来实现的。各个函数有各自特定的功能。

4.6.1 函数的分类

函数可以从不同的角度进行分类：

1. 按照有无返回值分

无返回值函数：函数执行完不向主调函数返回函数值。函数类型说明符为 void。

有返回值函数：函数执行完向主调函数返回一个执行的结果，即函数值或返回值。

2. 按有无参数传递分

无参数函数：主调函数和被调用函数之间不进行参数的传递。

有参数函数：主调函数和被调用函数之间存在参数的传递。被调函数所带的参数称为形式参数，主调函数所带的参数称为实际参数。

3. 按函数定义分

函数按照函数定义分为主函数、自定义函数、库函数。

自定义函数是用户根据自己的需要而编写的函数。

4.6.2 函数的定义

函数定义的一般格式如下：

```
函数类型  函数名([形式参数表])
{
    局部变量定义；
    函数体；
}
```

其中：

1）函数类型：是函数返回值的类型。

2）函数名：是用户为了便于调用函数而给自定义函数取的名字。

3）形式参数表：形式参数表用于列出主函数与被调用函数之间进行数据传递的形式参数。

4.6.3 函数的调用

函数的调用形式一般如下：

函数名（实参列表）：

对于有参数的函数调用，若实参列表包含多个实参，则各个实参间用逗号隔开。按照函数调用在主函数中的出现位置，函数调用方式有以下 3 种：

（1）函数语句　把被调用函数作为主函数的一个语句。例如：

delay（1000）；

（2）函数表达式　函数被放在一个表达式中，以一个运算对象的方式出现。这时，被调用函数要求带有返回语句，以返回一个明确的数值参加表达式的运算。例如：

Result = 3 * regu（a，b）；

（3）函数参数　被调用函数作为另一个函数的参数。例如：

m = max(a，regu(c，d))；

4.7 单片机 C51 语言应用实例

例 4-8　用单片机控制单片机引脚上外接的一个 LED 灯闪烁，电路图如图 4-15 所示。

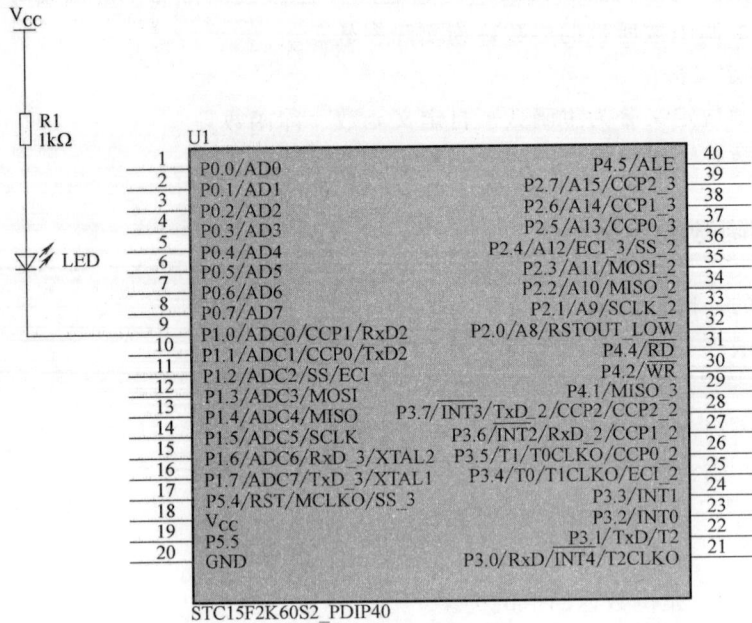

图 4-15 例 4-8 电路图

程序代码如下：

```c
#include<reg51.h>                //包含单片机寄存器的头文件


/* * * 函数功能：延时一段时间 * * */
void delay(void)                 //两个 void 意思分别为无须返回值，没有参数传递
{     unsigned int i;            //定义无符号整数，最大取值范围 0~65535
    for(i=0; i<20000;i++)        //做 20000 次空循环
        ;                        //什么也不做，等待 1 个机器周期
}
/* * * 函数功能：主函数（C 语言规定必须有也只能有 1 个主函数）* * */
void main(void)
{
    while(1)                     //无限循环
    {
        P1 = 0xFE;               //P1 = 1111 1110B，P1.0 输出低电平
        delay();                 //延时一段时间
        P1 = 0xFF;               //P1 = 1111 1111B，P1.0 输出高电平
        delay();                 //延时一段时间
    }
}
```

例 4-9 用单片机控制使 P1 口上连接的 8 个 LED 灯，使其流水点亮。电路原理图如图 4-16 所示。

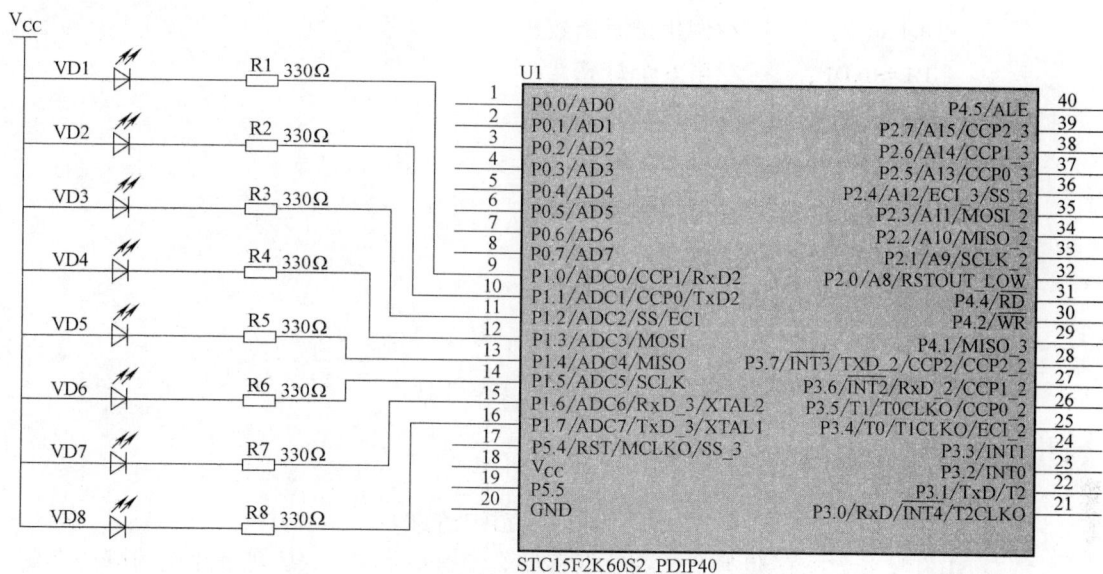

图 4-16 例 4-9 电路图

程序代码如下：

```c
#include<reg51.h>        //包含单片机寄存器的头文件
/*** 函数功能：延时一段时间 ***/
void delay(void)
{   unsigned char i, j;
    for(i=0; i<250; i++)
    for(j=0; j<250; j++)
    ;
}
/*** 函数功能：主函数 ***/
void main(void)
{
    while(1)
    {
        P1=0xFE;        //第 1 个灯亮
        delay();        //调用延时函数
        P1=0xFD;        //第 2 个灯亮
        delay();        //调用延时函数
        P1=0xFB;        //第 3 个灯亮
        delay();        //调用延时函数
        P1=0xF7;        //第 4 个灯亮
```

```
        delay();            //调用延时函数
        P1 = 0xEF;          //第 5 个灯亮
        delay();            //调用延时函数
        P1 = 0xDF;          //第 6 个灯亮
        delay();            //调用延时函数
        P1 = 0xBF;          //第 7 个灯亮
        delay();            //调用延时函数
        P1 = 0x7F;          //第 8 个灯亮
        delay();            //调用延时函数
    }
}
```

习题与思考题

1. C51 中哪些变量类型是 51 系列单片机直接支持的？

2. C51 有哪些数据存储类型？各数据存储类型对应的是 51 系列单片机的哪些存储空间？存储模式又是什么？它和数据存储类型的关系是什么？

3. bit 和 sbit 定义的位变量有什么不同？

4. 写出二维数组 Array[2][4]的各个元素，按照它们在内存中的存储顺序排列。

5. C51 的 while 和 do-while 语句有什么不同？

6. 如果在 switch 语句中漏掉了 break 语句，程序执行时会发生什么？

7. 编写 C51 程序，将片外 RAM 以 1000H 为首地址的连续 10 个单元的内容分别求和和求平均值，结果放到片内 RAM 的 30H 和 32H 单元中。

8. 分别采用两种循环方式编程，计算 1~10 的平方值。

9. 编写一个函数，实现把字符串 s 里面的字符逆转顺序排列输出。

10. 使用单片机的 P1 端口连接两组 LED 灯，每组有红、绿、黄 3 种颜色，用以模拟交通信号灯。画出电路图，编程实现交通信号灯的交通指挥过程。

第5章
STC15F 系列单片机中断系统

中断是一个非常重要的概念，中断系统使计算机具有了对随机事件及时处理的功能，它大大提高了计算机的工作效率，是计算机高速处理功能和实时控制功能得以实现的保障。在单片机应用系统中，中断技术主要用于实时监测与控制，能对外界发生的事件进行及时处理。

本章首先介绍中断及中断系统的一般知识，然后介绍 STC15F 系列单片机的中断系统，最后介绍 STC15F 系列单片机中断系统的使用方法。

5.1 中断系统概述

何谓中断？为了更好地理解中断的概念，举个生活中大家熟悉的例子。假如你正在房间里看书，客厅的电话突然响了，这时你先放下手中的书，然后去接电话，接完后继续回来看书，这就是发生在我们生活当中的中断现象。其流程图如图 5-1 所示。

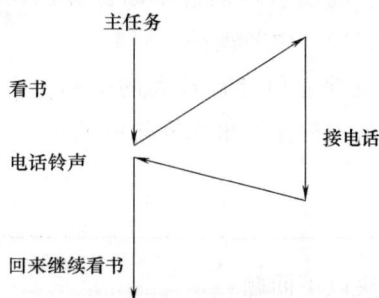

图 5-1 生活中的中断例子

5.1.1 中断的概念

当 CPU 正在运行时，外部发生的某一随机事件（如一个电平的变化，一个脉冲沿的发生或定时器/计数器溢出等）请求 CPU 迅速去处理，于是，CPU 暂时中止现行的程序，转去处理所发生的随机事件。处理完该事件以后，再回到原来被中止的地方继续执行原来的程序。这种在程序执行过程中由于随机事件的发生而被中断运行的情况称为中断。图 5-2 是中断过程示意图。

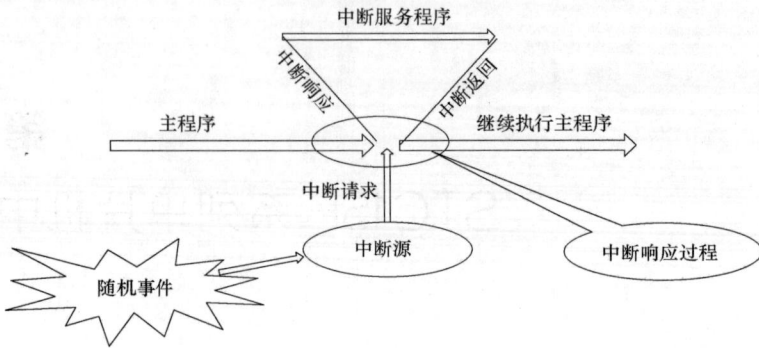

图 5-2　中断过程示意图

这里有几个有关中断的技术名词：

- 中断系统：实现中断功能的部件；
- 中断源：产生中断请求的事件；
- 中断请求（中断申请）：中断源向 CPU 提出的处理请求；
- 中断响应过程：CPU 暂时中止自身事务，转去执行事件处理的过程；
- 中断服务（中断处理）：对事件处理的整个过程；
- 中断返回：事件处理完毕，CPU 再回到原程序被中止的地方，继续执行程序；
- 主程序：在中断之前正在运行的程序；
- 中断服务程序：响应中断之后 CPU 执行的处理程序。

所以中断过程也可描述为：随机事件通过中断源提出中断请求，CPU 中断系统响应中断之后进行中断处理，处理完毕，中断返回。

中断类似于主程序调用子程序，但存在较大的不同，主要区别在于中断的发生是随机的，而调用子程序是编程人员在程序上事先安排好的。

5.1.2　中断的用途

中断的提出主要是为了解决以下问题：

1. 解决高速 CPU 与低速外设的匹配问题

CPU 的工作速度是微秒级的，而外设的工作速度一般在毫秒级以上。如果没有中断功能，CPU 就只能放弃自己的高速度而去和外设的低速度相匹配，造成了 CPU 处理效率的浪费。CPU 利用中断方式和外设通信，可以实现分时操作，提高 CPU 效率。

2. 及时处理突发事件

对于一些故障性突发事件（如电源掉电、负荷超载、硬件故障、运算溢出等）出现时，计算机采用中断就可自动地进入事先编好的相应的故障中断服务程序，进行必要的处理，避免计算机进入非正常工作状态或停机，从而提高了系统的可靠性。

3. 实时控制

用于实时控制的计算机有大量随机信息要在限定的时间内进行处理，只有采用中断方式，才能捕获随机出现的信息并及时响应，避免信息丢失及错误动作。

4. 实现人机联系

对于人工随机干预机器的工作，如检查中间结果或为调试程序而设置断点，采用中断可以方便地实现人机联系。

5. 实现多机联系

在由多台微机组成的多处理机系统和计算机网络中，采用中断系统，既可以保证各机器相对独立地工作，又可以保证它们之间及时传递信息。

5.2 STC15F 系列单片机的中断系统结构

5.2.1 中断源

中断源，顾名思义就是引起 CPU 中断的根源。中断源向 CPU 提出中断请求，CPU 暂时中断原来的任务甲，转而先去处理事务乙。当事务乙完成后，再回到任务甲原来发生中断的地方（即断点），这个过程称为中断返回。实现上述中断功能的部件称为中断系统。

STC15F2K60S2 单片机提供了 14 个中断源，它们分别是：外部中断 0（INT0）、定时器 0 中断、外部中断 1（INT1）、定时器 1 中断、串口 1 中断、A/D 转换中断、低压检测中断（LVD）、CCP/PWM/PCA 中断、串口 2 中断、SPI 中断、外部中断 2（$\overline{INT2}$）、外部中断 3（$\overline{INT3}$）、定时器 2 中断以及外部中断 4（$\overline{INT4}$）。除外部中断 2（$\overline{INT2}$）、外部中断 3（$\overline{INT3}$）、定时器 2 中断和外部中断 4（$\overline{INT4}$）这 4 个中断源固定是最低优先级中断外，其他的中断都具有 2 个中断优先级，可实现 2 级中断服务程序嵌套。STC15F2K60S2 单片机中断系统结构示意图如图 5-3 所示。

需要注意的是，单片机的种类不同，其中断源的个数也不相同。

5.2.2 中断标志寄存器

STC15F 系列单片机中断系统的控制是由一系列特殊功能寄存器来实现的，主要包括：定时器/计数器控制寄存器（TCON）、串行口控制寄存器（SCON 及 S2CON）、电源控制寄存器（PCON）、A/D 转换控制寄存器（ADC_ CONTR）、CCON 寄存器、中断允许控制寄存器、中断优先级控制寄存器等。STC15F 系列的 14 个中断源分别由这些特殊功能

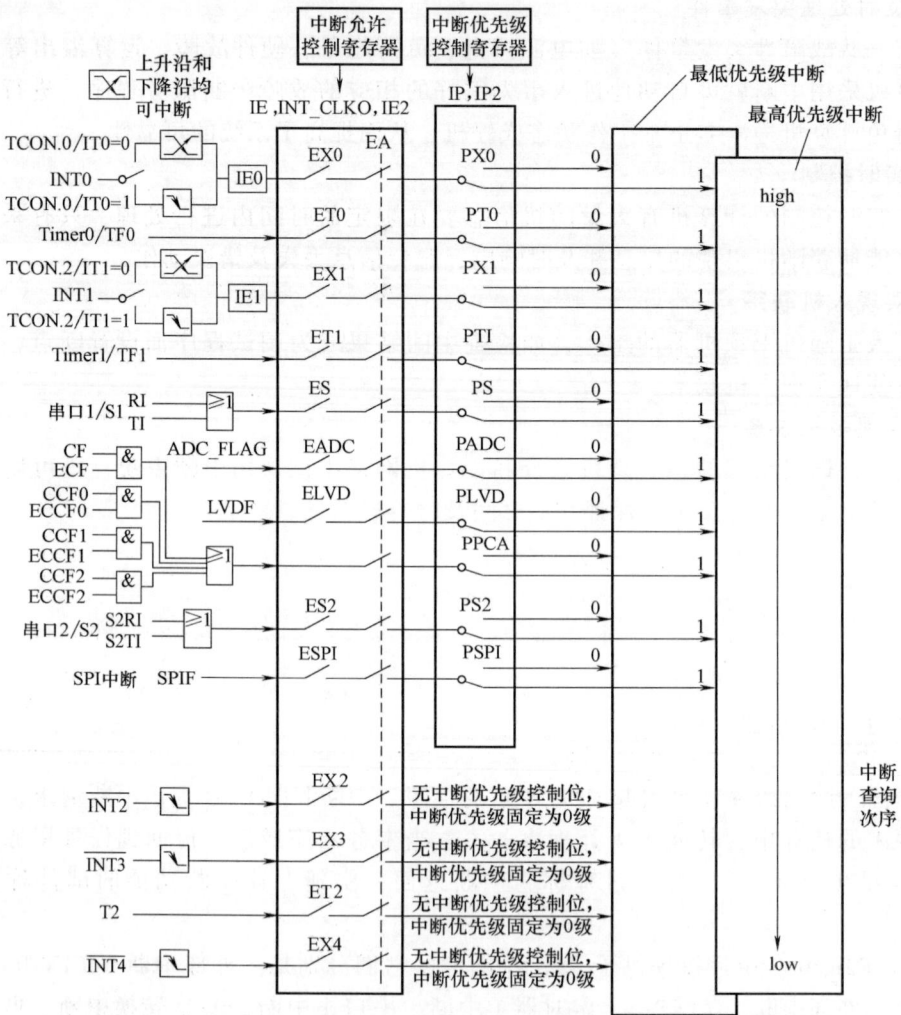

图 5-3 STC15F2K60S2 单片机中断结构图

寄存器的特定位进行控制。表 5-1 为 STC15F 系列单片机中断向量入口地址及相应控制位。

表 5-1 STC15F 系列单片机中断向量入口地址及相应控制位

中断源	中断向量地址	相同优先级内的查询次序	中断优先级设置	优先级 0（最低）	优先级 1（最高）	中断请求标志位	中断允许控制位
INT0（外部中断 0）	0003H	0（最高）	PX0	0	1	IE0	EX0/EA
Timer 0	000BH	1	PT0	0	1	TF0	ET0/EA
INT1（外部中断 1）	0013H	2	PX1	0	1	IE1	EX1/EA
Timer1	001BH	3	PT1	0	1	TF1	ET1/EA
S1（UART1）	0023B	4	PS	0	1	RI+TI	ES/EA

（续）

中断源	中断向量地址	相同优先级内的查询次序	中断优先级设置	优先级 0（最低）	优先级 1（最高）	中断请求标志位	中断允许控制位
ADC	002BH	5	PADC	0	1	ADC_FLAG	EADC/EA
LVD	0033H	6	PLVD	0	1	LVDF	ELVD/EA
CCP/PCA/PWM	003BH	7	PPCA	0	1	CF+CCF0+CCF1+CCF2	（ECF+ECCF0+ECCF1+ECCF2）/EA
S2（UART2）	0043H	8	PS2	0	1	S2RI+S2TI	ES2/EA
SPI	004BH	9	PSPI	0	1	SPIF	ESPI/EA
$\overline{INT2}$（外部中断 2）	0053H	10	0	0			EX2/EA
$\overline{INT3}$（外部中断 3）	005BH	11	0	0			EX3/EA
Timer2	0063H	12	0	0			ET2/EA
System Reserved	0073H	14					
System Reserved	007BH	15					
$\overline{INT4}$（外部中断 4）	0083H	16	0	0			EX4/EA

1. 定时器/计数器控制寄存器（TCON）

TCON 为定时器/计数器 T0、T1 的控制寄存器，同时也包括了 T0、T1 溢出中断标志和外部中断 INT0、INT1 的中断请求标志和中断触发方式控制位。TCON 寄存器的地址为 88H，复位值为 0000 0000B。TCON 格式如下：

位号	D7	D6	D5	D4	D3	D2	D1	D0
位名	TF1	TR1	TF0	TR0	IE1	IT1	IE0	IT0

1）TF1：定时器/计数器 T1 的溢出中断请求标志位。当 T1 计数产生溢出时，由内部硬件置位 TF1（即 TF1=1），向 CPU 请求中断。当 CPU 响应中断并转向该中断服务程序行时，内部硬件自动将 TF1 清 0。若没有编写中断服务函数，则必须由软件清 0。

2）TR1：定时器/计数器 T1 的运行控制位。软件将其置 1 时，启动 T1 工作。

3）TF0：定时器/计数器 T0 的溢出中断请求标志位。功能与 TF1 类似。

4）TR0：定时器/计数器 T0 的运行控制位。软件将其置 1 时，启动 T0 工作。

5）IE1：外部中断 1 中断请求标志位。当 INT1 引脚产生中断信号后由硬件将 IE0 置 1，CPU 响应中断并进入中断程序入口地址后立即由硬件将 IE1 清 0。

6）IT1：外部中断 1 中断源类型选择位，即中断触发方式控制位，可由软件置 1 或清 0。

- 当 IT1=0 时，上升沿和下降沿都可以触发中断，当 INT1/P3.3 引脚上出现上升沿或者下降沿时置位 IE0 标志。

- 当 IT1 = 1 时，为下降沿触发方式，INT1/P3.3 输入脚上的电平从高到低的负跳变有效。当 INT1/P3.3 引脚出现下降沿时置位 IE0 标志。IT1 可由软件置 1 或清 0。

7) IE0：外部中断 0 中断请求标志位。与 IE1 类似。

8) IT0：外部中断 0 中断源类型选择位。与 IT1 类似。

2. 串口 1 控制寄存器（SCON）

SCON 为串口 1 控制寄存器，地址为 98H，复位值为 0000 0000B。SCON 格式如下：

位号	D7	D6	D5	D4	D3	D2	D1	D0
位名	—	—	SM2	—	—	RB8	TI	RI

1) TI：串口 1 发送中断标志。串口 1 以方式 0 发送时，每当发送完 8 位数据，由硬件置 1；若以方式 1、方式 2 或方式 3 发送时，在发送停止位的开始时置 1。TI = 1 表示串口 1 正在向 CPU 申请中断（发送中断）。需要注意的是，CPU 响应发送中断请求，转向执行中断服务程序时并不将 TI 清 0，TI 必须由用户在中断服务程序中清 0。

2) RI：串口 1 接收中断标志。若串口 1 允许接收且以方式 0 工作，则每当接收到第 8 位数据时置 1；若以方式 1、方式 2 或方式 3 工作且 SM2 = 0 时，则每当接收到停止位的中间时置 1；当串口以方式 2 或方式 3 工作且 SM2 = 1 时，则仅当接收到的第 9 位数据 RB8 为 1 后，同时还要接收到停止位的中间时置 1。RI 为 1 表示串口 1 正向 CPU 申请中断（接收中断）。RI 必须由用户的中断服务程序清 0。

3. 串行口 2 控制寄存器（S2CON）

S2CON 为串口 2 控制寄存器，地址为 9AH，复位值为 0100 0000B。SCON 格式如下：

位号	D7	D6	D5	D4	D3	D2	D1	D0
位名	—	—	S2SM2	—	—	S2RB8	S2TI	S2RI

1) S2TI：串口 2 发送中断标志。串口 2 以方式 0 发送时，每当发完 8 位数据，由硬件置 1；若以方式 1、方式 2 或方式 3 发送时，在发送停止位的开始时置 1。S2TI = 1 表示串口 2 正在向 CPU 申请中断（发送中断）。需要注意的是，CPU 响应发送中断请求，转向执行中断服务程序时并不将 S2TI 清 0，S2TI 必须由用户在中断服务程序中清 0。

2) S2RI：串口 2 接收中断标志。若串口 2 允许接收且以方式 0 工作，则每当接收到第 8 位数据时置 1；若以方式 1、方式 2 或方式 3 工作且 S2SM2 = 0 时，则每当接收到停止位的中间时置 1；当串口 2 以方式 2 或方式 3 工作且 S2SM2 = 1 时，则仅当接收到的第 9 位数据 S2RB8 为 1 后，同时还要接收到停止位的中间时置 1。S2RI 为 1 表示串口 2 正向 CPU 申请中断（接收中断）。S2RI 必须由用户的中断服务程序清 0。

4. 电源控制寄存器（PCON）

PCON 为电源控制寄存器，地址为 87H，复位值为 0011 0000B。PCON 格式如下：

位号	D7	D6	D5	D4	D3	D2	D1	D0
位名	—	—	LVDF	—	—	—	—	—

LVDF：低压检测标志位，同时也是低压检测中断请求标志位。

在正常工作和空闲工作状态时，如果内部工作电压 V_{cc} 低于低压检测门槛电压，该位自动置 1，与低压检测中断是否被允许无关，即在内部工作电压 V_{cc} 低于低压检测门槛电压时，不管有没有允许低压检测中断，该位都自动置 1。该位要用软件清 0，清 0 后，若内部工作电压 V_{cc} 继续低于低压检测门槛电压，则该位又被自动设置为 1。

在进入掉电工作状态前，如果低压检测电路未被允许产生中断，则在进入掉电模式后，该低压检测电路不工作以降低功耗。如果被允许产生低压检测中断，则在进入掉电模式后，该低压检测电路继续工作，在内部工作电压 V_{cc} 低于低压检测门槛电压后，产生低压检测中断，可将单片机从掉电状态唤醒。

5. A/D 转换控制寄存器（ADC_ CONTR）

ADC_ CONTR 为 A/D 转换控制寄存器，地址为 BCH，复位值为 0000 0000B。ADC_ CONTR 格式如下：

位号	D7	D6	D5	D4	D3	D2	D1	D0
位名	ADC_POWER	—	—	ADC_FLAG	ADC_START	—	—	—

1) ADC_ POWER：ADC 电源控制位。当 ADC_ POWER = 0 时，关闭 ADC 电源；当 ADC_ POWER = 1 时，打开 ADC 电源。

2) ADC_ FLAG：ADC 转换结束标志位，可用于请求 A/D 转换的中断。当 A/D 转换完成后，ADC_ FLAG = 1，要用软件清 0。

3) ADC_ START：ADC 转换启动控制位，设置为 1 时，开始转换，转换结束后为 0。

6. CCON 寄存器

CCON 寄存器是可编程计数器阵列（PCA）模块控制寄存器，地址为 D8H，可位寻址，复位值为 00xx x000B。CCON 格式如下：

位号	D7	D6	D5	D4	D3	D2	D1	D0
位名	CF	CR	—	—	—	CCF2	CCF1	CCF0

1) CF：PCA 计数器阵列溢出标志位。当 PCA 计数器溢出时，CF 由硬件置 1。如果 CMOD 寄存器的 ECF 置 1，则 CF 标志可用来产生中断。CF 可通过硬件或软件置 1，但只可以通过软件清 0。

2) CR：PCA 计数器阵列运行控制位。CR = 1 时，启动 PCA 计数器阵列计数；CR = 0 时，关闭 PCA 计数器。

3) CCF2：PCA 模块 2 中断标志。当出现匹配或捕获时该位由硬件置 1。该位必须通过软件清 0。

4) CCF1：PCA 模块 1 中断标志。其功能与 CCF2 类似。

5) CCF0：PCA 模块 0 中断标志。其功能与 CCF2 类似。

5.2.3 中断允许及其优先级控制

1. 中断允许控制寄存器

中断允许寄存器 IE、IE2、INT_ CLKO 共同完成中断信号通路的接通与断开。单片机复位后，各中断允许寄存器控制位均被清0，即禁止所有的中断，如果需要允许中断，可在程序中将相应中断控制位置1。

（1）中断允许寄存器 IE（可位寻址）　地址为 A8H，复位值为 0000 0000B。IE 格式如下：

位号	D7	D6	D5	D4	D3	D2	D1	D0
位名	EA	ELVD	EADC	ES	ET1	EX1	ET0	EX0

1）EA：总开关。EA=1，CPU 开放中断；EA=0，CPU 屏蔽所有的中断请求。EA 的作用是使中断允许形成两级控制。即各中断源首先受到 EA 控制；其次还要受到各中断源自己的中断允许控制位控制。

2）ELVD：低电压检测中断允许控制位。ELVD=1，允许低电压检测中断；ELVD=0，禁止低电压中断检测中断。

3）EADC：ADC 中断允许控制位。EADC=1，允许 ADC 中断；EADC=0，禁止 ADC 中断。

4）ES：串口1中断允许控制位。ES=1，允许串口1中断；ES=0，禁止串口1中断。

5）ET1：定时器/计数器 T1 的溢出中断允许控制位。ET1=1，允许 T1 中断；ET1=0，禁止 T1 中断。

6）EX1：外部中断1中断允许控制位。EX1=1，开外部中断1；EX1=0，关外部中断1。ET0 和 EX0 与 ET1 和 EX1 功能类似。

（2）中断允许寄存器 IE2（不可位寻址）　地址为 AFH，复位值为 x000 0000B。IE2 格式如下：

位号	D7	D6	D5	D4	D3	D2	D1	D0
位名	—	—	—	—	—	ET2	ESPI	ES2

1）ET2：定时器/计数器 T2 中断允许控制位。ET2=1，允许 T2 中断；ET2=0，禁止 T2 中断。

2）ESPI：SPI 中断允许控制位。ESPI=1，允许 SPI 中断；ESPI=0，禁止 SPI 中断。

3）ES2：串口2中断允许控制位。ES2=1，允许串口2中断；ES2=0，禁止串口2中断。

（3）外部中断允许和时钟输出寄存器 INT_CLKO（AUXR2）　地址为 8FH，复位值为 x000 000B。INT_CLKO 格式如下：

位号	D7	D6	D5	D4	D3	D2	D1	D0
位名	—	EX4	EX3	EX2	—	—	—	—

1）EX4：外部中断4（$\overline{INT4}$）中断允许控制位。EX4=1，允许外部中断4中断，EX4=0，禁止外部中断4中断。外部中断4只能下降沿触发。

2）EX3：外部中断3（$\overline{INT3}$）中断允许控制位。EX3=1，允许外部中断3中断，EX3=0，禁止外部中断3中断。外部中断3只能下降沿触发。

3）EX2：外部中断 2（$\overline{\text{INT2}}$）中断允许控制位。EX2 = 1，允许外部中断 2 中断，EX2 = 0，禁止外部中断 2 中断。外部中断 2 只能下降沿触发。

STC15 系列单片机复位以后，IE、IE2 和 INT_ CLKO 被清 0，由用户程序置 1 或清 0 其中的相应位，实现允许或禁止各中断源的中断申请。若要使某一个中断源允许中断，必须同时使 CPU 开放中断。更新 IE 的内容可由位操作指令来实现（SETB BIT 或者 CLR BIT），也可使用字节操作指令实现（即 MOV IE, #DATA；ANL IE, #DATA；ORL IE, #DATA；MOV IE, A 等）。更新 IE2 和 INT_ CLKO（不可位寻址）的内容只可用字节操作指令（即 MOV IE2, #DATA 或 MOV INT_ CLKO, #DATA）来解决。

2. 中断优先级控制

STC15F 系列单片机的部分中断如外部中断 2（$\overline{\text{INT2}}$）、外部中断 3（$\overline{\text{INT3}}$）、外部中断 4（$\overline{\text{INT4}}$）和定时器 T2 中断的优先级固定为 0 级，即只能是低优先级，不能设置为高优先级；其他中断源通过特殊功能寄存器（IP 和 IP2）中的相应位，置 1 为高优先级，清 0 为低优先级，实现 2 级中断嵌套，其与传统 8051 单片机的 2 级中断优先级完全兼容。

正在执行的低优先级中断服务程序可以被高优先级中断源的中断请求所中断，但不能被同级的或低优先级的中断源的中断请求所中断；正在执行的高优先级的中断服务程序不能被任何中断源的中断请求所中断。两个或两个以上的中断源同时请求中断时，CPU 只响应优先级高的中断请求。以上所述可归纳为下面两条基本规则：

1）低优先级的可被高优先级的中断，反之不能。

2）任何一中断（不管是高级还是低级），一旦得到响应，不会被它的同级中断所中断。

中断系统内部设有两个不可寻址的"中断优先级状态触发器"，其中一个用于指示正在服务于高优先级的中断，并阻止所有其他中断请求的响应；另一个则用于指示正在服务于低优先级的中断，除能被高优先级中断请求所中断外，阻止其他同级或低级的中断请求所中断。

（1）中断优先级控制寄存器 IP（可位寻址）　地址为 B8H，复位值为 0000 0000B。IP 格式如下：

位号	D7	D6	D5	D4	D3	D2	D1	D0
位名	—	PLVD	PADC	PS	PT1	PX1	PT0	PX0

1）PLVD：低压检测中断优先级控制位。PLVD = 1 时，低压检测中断为高优先级中断；PLVD = 0 时，低压检测中断为低优先级中断。

2）PADC：A/D 转换中断优先级控制位。PADC = 1 时，A/D 转换中断为高优先级中断；PADC = 0 时，A/D 转换中断为低优先级中断。

3）PS：串口 1 中断优先级控制位。PS = 1 时，串口 1 中断为高优先级中断；PS = 0 时，串口 1 中断为低优先级中断。

4）PT1：定时器 1 中断优先级控制位。PT1 = 1 时，定时器 1 中断为高优先级中断；PT1 = 0 时，定时器 1 中断为低优先级中断。

5）PX1：外部中断 1 中断优先级控制位。PX1 = 1 时，外部中断 INT1 中断为高优先级中断；PX1 = 0 时，外部中断 1 中断为低优先级中断。

6）PT0：定时器 0 中断优先级控制位。PT0 = 1 时，定时器 0 中断为高优先级中断；PT0 = 0 时，定时器 0 中断为低优先级中断。

7）PX0：外部中断 0 中断优先级控制位。PX0 = 1 时，外部中断 0 中断为高优先级中断；PX0 = 0 时，外部中断 0 中断为低优先级中断。

（2）中断优先级控制寄存器 IP2（不可位寻址）地址为 B5H，复位值为 xx00 0000B。IP2 格式如下：

位号	D7	D6	D5	D4	D3	D2	D1	D0
位名	—	—	—	PX4	—	—	PSPI	PS2

1）PX4：外部中断 4 优先级控制位。PX4 = 1 时，外部中断 4 中断为高优先级中断；PX4 = 0 时，外部中断 4 中断为低优先级中断。

2）PSPI：SPI 中断优先级控制位。PSPI = 1 时，SPI 中断为高优先级中断；PSPI = 0 时，SPI 中断为低优先级中断。

3）PS2：串口 2 中断优先级控制位。PS2 = 1 时，串口 2 中断为高优先级中断；PS2 = 0 时，串口 2 中断为低优先级中断。

中断优先级是为中断嵌套服务的，中断优先级的控制原则如下：

1）任一个中断源的高或低优先级中断均可通过软件对 IP 和 IP2 的相应位进行设置。

2）不同优先级的中断源同时请求中断时，高优先级的中断请求会得到优先响应，正在执行的低优先级服务程序可以被级别高的中断请求所中断，实现两级嵌套，同级或低优先级的中断请求不能实现中断嵌套。

3）同一优先级的多个中断源同时请求中断时，按图 5-4 的优先顺序查询确定，优先响应顺序高的中断。中断源的这个优先查询顺序称为自然优先级。

当 CPU 执行优先级较低的中断服务程序时，允许响应优先级比它高的中断源，暂时挂起正在处理的中断，这就是中断嵌套。此时，CPU 将暂时中断正在执行的级别较低的中断服务程序，优先为级别较高的中断服务，待优先级高的中断服务结束后，再返回刚才被中断的较低优先级的那一级，继续为它进行中断服务。

中断嵌套中主程序和各高、低优先级的中断服务程序的运行如图 5-5 所示。

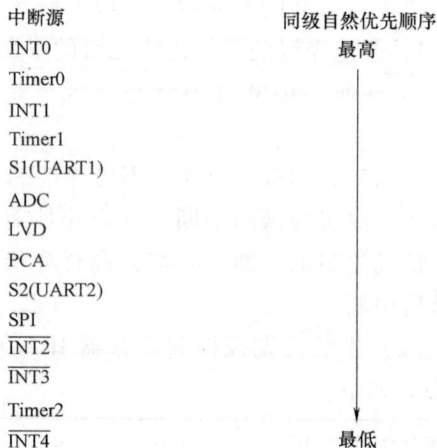

中断源	同级自然优先顺序
INT0	最高
Timer0	
INT1	
Timer1	
S1(UART1)	
ADC	
LVD	
PCA	
S2(UART2)	
SPI	
$\overline{INT2}$	
$\overline{INT3}$	
Timer2	
$\overline{INT4}$	最低

图 5-4　中断自然优先级顺序

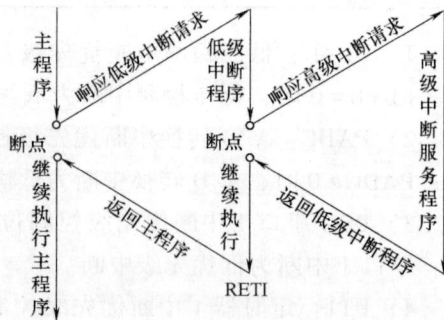

图 5-5　中断嵌套示意图

5.3 中断响应过程

一个完整的中断过程应包括中断请求、中断判优、中断响应、中断处理和中断返回。

5.3.1 中断响应条件

单片机响应中断的条件为:

1) 有中断请求。

2) CPU 允许所有中断请求 (EA=1)。

3) 中断允许寄存器相应位为 1。

这样在每个机器周期内,单片机对所有中断源都进行顺序检测,找到所有有效的中断请求,并对其优先级进行排队,只要满足下列条件即可:

1) 没有同级别或高级中断在执行。

2) 现行指令执行到最后一个机器周期且已结束。

3) 若现行指令为 RETI 或需访问特殊寄存器 IE 或 IP 的指令时,执行完成该指令且紧随其后的另一条指令也已执行完。

5.3.2 中断处理过程

单片机一旦响应中断,首先置位相应的优先级有效触发器,然后由硬件系统将断点地址压入堆栈保护,接着将对应的中断入口地址值装入程序计数器 PC,使程序转向该中断入口地址,以执行中断服务程序。主要有以下几个步骤:

1) 当前正被执行的指令全部执行完毕。

2) PC 值被压入堆栈。

3) 现场保护。

4) 阻止同级别其他中断。

5) 将中断向量地址装载到程序计数器 PC。

6) 执行相应的中断服务程序。

由上可知,单片机响应中断后,只保护断点而不保护现场(如累加器 A、程序状态字寄存器 PSW 的内容),引起外部中断 $\overline{INT0}/\overline{INT1}/\overline{INT2}/\overline{INT3}/\overline{INT4}$ 的请求标志位和定时器/计数器 T0、定时器/计数器 T1 的中断请求标志位将被硬件动清 0,其他中断的中断请求标志位需软件清 0,因此用户在编制程序时应予以考虑。

CPU 从相应的中断入口地址开始执行中断服务程序,直到遇到一条 RETI 指令为止。RETI 为中断返回指令。若用户在中断服务程序开始后安排了现场保护指令(相应的寄存器内容压入堆栈),则在 RETI 指令前应有恢复现场(相应寄存器内容弹出堆栈)的指令。

当某个中断被响应时,被装载到程序计数器 PC 中的数值称为中断向量,是该中断源对应的中断服务程序的入口地址。各中断源服务程序的入口地址,即中断向量见表5-1。由于中断向量入口地址位于程序存储器的开始部分,所以主程序的第1条指令通常是跳转指令,用以越过中断向量区,如 LJMP MAIN。

5.3.3 中断响应时间

CPU 不是在任何情况下都对中断请求立即响应的,而且不同的情况对中断响应的时间也不同。下面以部分中断为例,说明中断响应时间。

外部中断请求信号的电平在每个机器周期的 S5P2 期间,经反相锁存到 IE0 或 IE1 标志位。CPU 在下一个机器周期的时间由硬件电路完成中断服务程序的调用,以转到相应的中断服务入口。这样,从外部中断请求有效到开始执行中断服务程序的第1条指令,至少需要 3 个机器周期。

若在请求中断时,CPU 正在处理最长指令(如乘、除法指令),则额外等待时间增加3 个机器周期;若正在执行 RETI 或访问 IP、IE 指令,则额外等待时间又增加 2 个机器周期。

综合计算,若系统只有一个中断源,则响应时间为 3~8 个机器周期。

5.3.4 中断请求的撤除

STC15F 系列单片机在运行过程中,中断源有中断请求时,就将相应的中断请求标志位置 1,当 CPU 响应某中断请求后,该中断标志位必须清 0,否则很可能引起误中断。

STC15F 系列单片机的 14 个中断源中,有的中断标志位可以由硬件自动清 0,有的必须由软件清 0。其中外部中断 0、外部中断 1、外部中断 2、外部中断 3、外部中断 4、定时器/计数器 T0、定时器/计数器 T1、定时器/计数器 T2 的中断请求标志位在响应中断请求后可以由硬件自动清 0,无须用户关心;其他中断请求标志位,如串口 1 的中断请求标志位 TI 和 RI、串口 2 的中断请求标志位 S2TI 和 S2RI、ADC 中断标志位 ADC_ FLAG、SPI 中断标志位 SPIF、PCA 中断标志位 CF/CCF0/CCF1/CCF2、低压检测中断标志位LVDF,均需要在中断服务程序中用软件将其清 0。

5.4 中断服务函数及其应用

5.4.1 中断服务函数格式

采用 C51 编写中断服务函数,其一般格式如下:

void　　　函数名( )interrupt　m　〔using　n〕

1) void:返回值类型。由于中断服务函数是 CPU 响应中断时通过硬件自动调用的,因此中断服务函数的返回值和参数都只能是 void（不能返回函数值，也不能给中断服务函数传递参数）。

2）函数名：名字可以用户自己取，注意不能与 C 语言关键字相同。

3）中断服务函数不带任何参数，故函数名后的小括号内为空。

4）m：中断号，确定此函数对应哪个中断源。STC15F 系列单片机各中断源的中断号见表 5-1。

5）using n：确定此中断服务函数使用第几组工作寄存器（n 的取值为 0~3）。采用 C51 编写中断服务函数时通常不必做工作寄存器组的设定，而由编译器自动选择，避免产生不必要的错误。

使用中断服务函数时应注意的事项如下：

1）只要程序中开启了中断，就必须编写对应的中断服务函数，哪怕空函数也必须有（空函数执行 RETI 中断返回指令），否则中断产生时找不到可执行的中断服务函数，这样会引起程序功能错乱或死机。

2）任何函数都不能直接调用中断服务函数，另外中断服务函数可放在程序的任何位置而不需要声明。只要产生中断，程序就能自动跳入中断服务函数执行。

STC15F 系列单片机中断服务函数的典型书写格式如下：

```
void    INT0(void)    interrupt0{}        //外部中断 0 中断服务函数
void    Timer0(void)  interrupt1{}        //T0 中断服务函数
void    INT1(void)    interrupt2{}        //外部中断 1 中断服务函数
void    Timer1(void)  interrupt3{}        //T1 中断服务函数
void    UART1(void)   interrupt4{}        //串口 1 中断服务函数
void    ADC(void)     interrupt5{}        //ADC 中断服务函数
void    LVD(void)     interrupt6{}        //低电压检测 LVD 中断服务函数
void    PCA(void)     interrupt7{}        //PCA 中断服务函数
void    UART2(void)   interrupt8{}        //串口 2 中断服务函数
void    SPI(void)     interrupt9{}        //SPI 通信中断服务函数
void    INT2(void)    interrupt10{}       //外部中断 2 中断服务函数
void    INT3(void)    interrupt11{}       //外部中断 3 中断服务函数
void    Timer2(void)  interrupt12{}       //T2 中断服务函数
void    INT4(void)    interrupt16{}       //外部中断 4 中断服务函数
```

5.4.2 中断响应的短暂延迟

对于 STC15 系列单片机的外部中断，系统每个时钟周期对外部中断引脚采样一次，如果外部中断是下降沿触发，则要求必须在相应的引脚维持至少 1 个时钟的高电平，而且低电平也要至少持续 1 个时钟，才能确保该下降沿被检测到。同样，如果外部中断时上升沿、下降沿均可触发，则要求必须在相应的引脚维持至少 1 个时钟的低电平或高电平，这样才能确保单片机能够检测到该上升沿或下降沿。

5.4.3 使用中断的基本步骤

STC15 系列单片机在使用中断之前，都要先对中断进行初始化，然后才能够使用中断。中断初始化的主要内容及步骤如下：

1）根据中断源确定中断服务函数名称与中断源编号（复制前面的中断服务函数定义行即可）。

2）若使用的是外部中断，应先设置中断的触发方式是低电平触发还是下降沿触发。

3）若需要使用多个中断源，则需要设置相应的中断优先级。

4）打开中断总开关 EA 和中断源对应的中断开关（操作 IE 与 IE2 寄存器）。

5.4.4 中断应用实例

例 5-1 外部中断 INT0（下降沿）的测试程序。

如图 5-6 所示，当单片机 P3.2/INT0 引脚上出现从高到低的下降沿时，采用中断方式使连接到 P1.0 引脚上的发光二极管变换 5 次，分别采用汇编语言和 C51 语言编程实现。

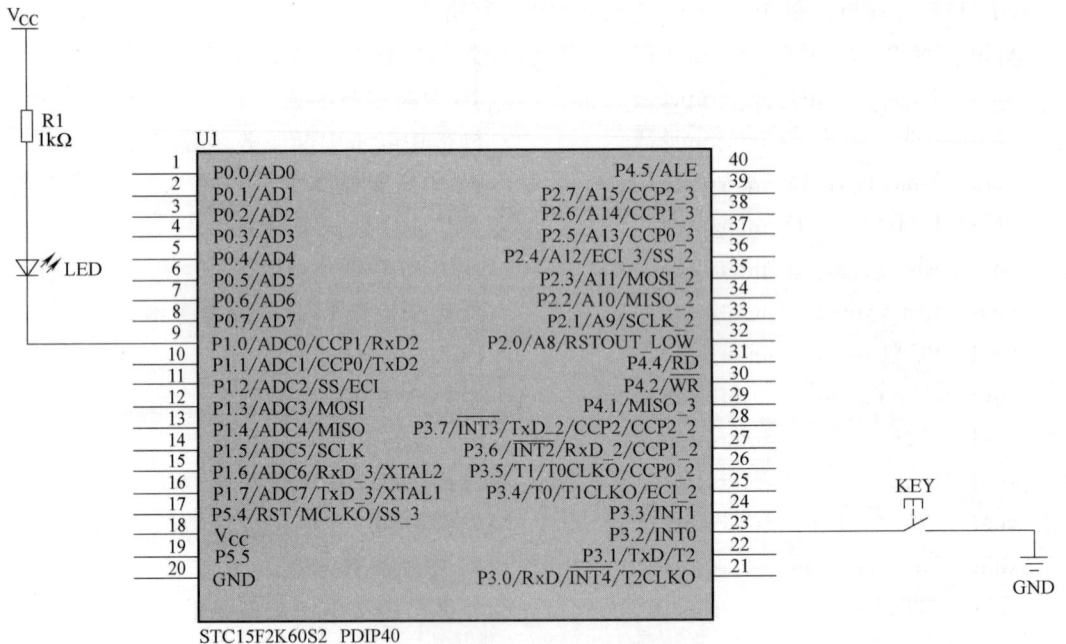

图 5-6 外部中断 0（INT0）下降沿中断

（1）汇编语言编程实现

```
P1M1    DATA    0x91;
P1M0    DATA    0x92;

ORG     0000H
```

```
    LJMP    MAIN        ;复位入口


    ORG     0003H       ;INT0 中断入口
    LJMP    EXINT0
;----------------------------------------
    ORG     0100H
MAIN：
    CLR     A


    MOV     P1M1，A      ;设置为准双向口
    MOV     P1M0，A
    MOV     P7M0，A


    MOV     SP，#3FH


    SETB    IT0         ;设置 INT0 的中断类型（1：仅下降沿；0：上升沿和下降沿）
    SETB    EX0         ;使能 INT0 中断
    SETB    EA
    SJMP    $
;-----------------延时子程序--------------
    DELAY：MOV R2，#10H
    LOOP1   MOV R3，#0FFH
    LOOP2：NOP
            DJNZ R3，LOOP2
            DJNZ R2，LOOP1
            RET
;-----------------外部中断服务程序-----------------
    EXINT0：
            MOV R1，#05H
    LOOP3：
            CPL     P1.0 ;将测试口取反
            ACALL   DELAY
            DJNZ    R1，LOOP3
            RETI
            END
```

（2）C 语言编程实现

```
#include <stc15. h>
#include <intrins. h>
```

```
sbit P10 = P1^0;
//----------------------------------------
void delay(unsigned int i)    //延时函数
{
    while(--i>0);
}
//-------------外部中断服务程序-------------
void exint0() interrupt  0   //INT0 中断入口
{
    unsigned int i;
    for(i=0; i<5; i++)
    {
        P10=! P10;          //将测试口取反
        delay(1000);
    }

}

void main()
{
    P1M0=0x00;
    P1M1=0x00;

    INT0=1;
    IT0=1;                  //设置 INT0 的中断类型(1：仅下降沿；0：上升沿和下
                            //  降沿)
    EX0=1;                  //使能 INT0 中断
    EA=1;
    while(1);
}
```

例 5-2 用 T0 的方式 0 中断控制 1 位 LED 闪烁。

采用定时器中断方式 0，分别采用汇编语言和 C51 语言编程实现连接于 P1.0 引脚上的 LED 灯 1ms 闪烁一次。

（1）汇编语言编程实现

```
AUXR  DATA  08EH              ;辅助特殊功能寄存器


P1M1   DATA  0x91;
```

```
        P1M0    DATA    0x92；
;------------------------------------------------
        T1MS    EQU 0B800H              ;1T 模式的 1ms 定时值(65536-18432000/
                                        ;1000)

;       T1MS    EQU 0FA00H              ;12T 模式的 1ms 定时值(65536-18432000/
                                        ;1000/12)

;------------------------------------------------
        ORG     0000H
        LJMP    MAIN                    ;复位入口

        ORG     000BH                   ;中断入口
        LJMP    T0INT
;------------------------------------------------
        ORG     0100H
MAIN：
        CLR     A
        MOV     P1M1, A                 ;设置为准双向口
        MOV     P1M0, A

        MOV     SP, #3FH

        ORL     AUXR, #80H              ;T0 为 1T 模式
    ；   ANL     AUXR, #7FH              ;T0 为 12T 模式

        MOV     TMOD, #00H              ;设置定时器为模式 0(16 位自动重装载)

        MOV     TL0, #LOW T1MS          ;初始化计时值
        MOV     TH0, #HIGH T1MS
        SETB    TR0
        SETB    ET0                     ;使能 T0 中断
        SETB    EA
        SJMP    $                       ;程序终止
;------------------------------------------------
;中断服务程序
T0INT：
        CPL     P1.0                    ;将测试口取反
        RETI

;------------------------------------------------
        END
```

（2）C 语言实现

```c
#include <stc15. h>

typedef unsigned char BYTE;
typedef unsigned int WORD;

#define FOSC 11059200L

#define T1MS (65536-FOSC/1000)        //1T 模式
//#define T1MS (65536-FOSC/12/1000)//12T 模式

sfr AUXR = 0x8e;                        //Auxiliary register
sbit P10 = P1^0;
//----------------------------------------------
/ * Timer 0 interrupt routine */
void tm0_ isr () interrupt 1 using 1
{
    P10 =! P10;                       //将测试口取反
}
//----------------------------------------------
/ * main program */
void main ()
{
    P1M0 = 0x00;                       //设置为准双向口
    P1M1 = 0x00;

    AUXR | = 0x80;                     //T0 为 1T 模式
  //AUXR & = 0x7F;                    //T0 为 12T 模式

    TMOD = 0x00;                       //设置定时器为模式 0（16 位自动重装载）
    TL0 = T1MS;                        //初始化计时值
    TH0 = T1MS >> 8;
    TR0 = 1;                           //T0 开始计时
    ET0 = 1;                           //使能 T0 中断
    EA = 1;
    while (1);
}
```

习题与思考题

1. 什么是中断、中断源和中断优先级？

2. STC15F 系列单片机同时收到几个中断源的中断请求时，各中断的响应优先级是怎样的？

3. STC15F 系列单片机有哪几个中断源？各自的中断向量地址是什么？

4. STC15F 系列单片机的外部中断有几种触发方式？分别是如何实现中断请求的？

5. STC15F 系列单片机的中断处理包括哪些过程？

6. 简述 STC15F 系列单片机的中断响应条件。

7. 如果在使用 STC15F2K60S2 单片机时，使相关中断源的优先级顺序为：定时器 1>串口 1>外部中断 0>外部中断 1，外部中断 0 为电平触发，外部中断 1 为下降沿触发，应如何设置相关寄存器？请编写相关初始化程序。

8. STC15F 系列单片机各中断的中断入口地址分别是什么？这些地址能否被用户改变？

9. 中断服务程序与子程序或函数有哪些区别？

10. 用 STC15F 系列单片机制作一信号灯，信号灯接在单片机端口引脚上，在外部中断引脚上接一光敏元件以判断白天和黑夜，实现白天时信号灯熄灭，夜间信号灯闪烁。画出电路图，并编写实现程序。

第 6 章
STC15F 系列单片机定时器/计数器

单片机系统实现定时有 3 种方法：软件定时、硬件定时和可编程定时器定时。软件定时是靠执行一个循环程序消耗时间达到定时目的的，不需外加硬件电路，定时时间精确，但占用 CPU 的时间；硬件定时全部由硬件电路完成，不占用 CPU 时间，但调整定时时间必须改变电路元件参数，操作不方便也不准确；可编程定时器采用计数周期脉冲实现定时，通过改变定时器/计数器的计数初值来改变定时时间，不占用 CPU 的时间，使用灵活方便。

STC15F2K60S2 系列单片机内部设置了 3 个 16 位定时器/计数器 T0、T1 和 T2，具有定时和计数两种工作方式。本章主要介绍了它们的工作原理、使用方法并给出了应用举例。

6.1 定时器/计数器的工作原理与组成

6.1.1 定时器/计数器的工作原理

为了说明 STC15 系列单片机中定时器/计数器的工作原理，图 6-1 给出了单片机定时器/计数器 1 的一种工作形式的结构框图。

由图 6-1 可见：定时器/计数器的核心是一个加 1 计数器，即每来一个脉冲，计数值加 1，直至计满溢出。加 1 计数器的输入脉冲有两个来源：一个是外部脉冲源 TX（T0 和 T1）端，另一个是系统的时钟振荡器。计数器选择两个脉冲源之一进行输入计数，每输入一个脉冲，计数值加 1。当计数到计数器各位全为 1（即计数器满）再输入一个脉冲时，就使计数值回 0，同时从最高位溢出一个脉冲使特殊功能寄存器 TCON 的某一位（TF0 或 TF1）置位，作为计数器的溢出中断标志，向 CPU 申请定时器/计数器中断。如果定时器/计数器工作于定时状态，则表示定时时间到；若工作于计数状态，则表示计数值回零中断。

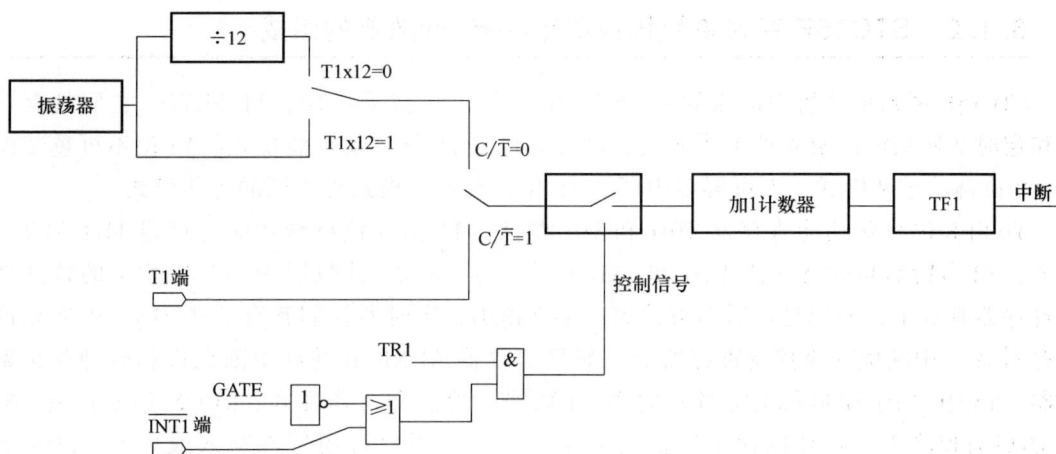

图 6-1 定时器/计数器 1 的一种工作结构形式的结构框图

　　定时器/计数器的基本功能是对输入脉冲进行计数。对输入脉冲的选择是由特殊功能寄存器的一位（C/$\overline{T}$）的内容决定的。当 C/$\overline{T}$ = 0 时，多路开关连接到系统时钟，T1 对内部系统时钟计数，T1 工作在定时方式。当 C/$\overline{T}$ = 1 时，多路开关连接到外部脉冲输入，T1 工作在计数方式。STC15 系列单片机的定时器有两种计数速率，由特殊功能寄存器 AUXR 中 T1x12 的状态决定：当 T1x12 = 0 时，T1 工作在 12T 模式，每 12 个时钟加 1，与传统 8051 单片机相同，计数频率是系统时钟频率的 12 分频；当 T1x12 = 1 时，T1 工作在 1T 模式，每个时钟加 1，速度是传统 8051 单片机的 12 倍。如果需要一个确定的定时，则可先给计数器预置一个初值，然后接通 CP 脉冲，当计数器计满时，就发出一个溢出标志 TF1，表明定时时间到，因此，改变初值就可改变定时时间。

　　当脉冲源为由引脚 T0 或 T1 端输入的间隔不等的外部脉冲信号时，即用作"计数器"，外输入端 T0 或 T1 有一个 1→0 的跳变时，计数寄存器内容加 1。此操作中，每个机器周期 CPU 对外部输入信号进行采样，当一个周期的采样值为高电平，而下一个周期采样值变为低电平时，计数器在紧接着的又一个周期将计数值加 1。由于记录一个从 1→0 的跳变要用 2 个机器周期（24 个振荡周期），所以外部输入计数脉冲的最高频率是振荡频率的 1/24。为了确保某个电平在变化前至少被采样一次，因此要求其电平保持时间至少是一个完整的机器周期。

　　在图 6-1 中有一个控制信号模拟开关。此模拟开关决定脉冲源是否加载到计数器输入端，即决定加 1 计数器的运行与停止。这个开关位置控制是由特殊功能寄存器 TMOD 和 TCON 的相应位（C/$\overline{T}$、TRX、GATE）及外部引脚（INT0 或 INT1）状态决定的，TMOD 和 TCON 是两个专门用于定时器/计数器的控制寄存器，用户可用指令对其相应位进行清 0 或置 1 操作，同时利用外部引脚信号电平控制，即可选择定时器/计数器的工作状态以及进行运行或停止工作控制，所以说，定时器/计数器是可编程的。

6.1.2 STC15F 系列单片机内部定时器/计数器的组成

STC15F 系列单片机内部设置有 16 位的定时器/计数器：T0、T1 和 T2。它们具有计数和定时 2 种功能以及 4 种工作方式，可被编程为 16 位自动重装模式、16 位不可重装模式、8 位自动重装模式、不可屏蔽中断的 16 位自动重装模式等不同的工作模式。

T0 由 8 位特殊功能寄存器 T0H 和 T0L 组成，T1 由 8 位特殊功能寄存器 TH1 和 TL1 组成，T2 由特殊功能寄存器 T2H 和 T2L 组成。与定时器/计数器 T0 和 T1 相关的特殊功能寄存器有 6 个，分别是定时器方式寄存器 TMOD、定时器控制寄存器 TCON、中断允许寄存器 IE、中断优先级控制寄存器 IP、辅助寄存器 AUXR 和外部中断允许和时钟输出寄存器。TMOD 用于控制和确定各定时器/计数器的功能和工作方式，TCON 用于控制 T0、T1 的启动和停止，并且包含了它们的溢出标志位。用户可用软件写入或更改 TCON 和 TMOD 内容选择不同的功能和工作方式，但系统复位时，TCON 和 TMOD 的所有位清 0。中断允许寄存器 IE 和中断优先级寄存器 IP 控制定时或计数功能的中断开放或关闭。辅助寄存器 AUXR 设定定时器/计数器工作于 1T 模式还是 12T 模式。

1. 定时器/计数器 T0/T1 控制寄存器 TCON（内部 RAM 字节地址：88H）

定时器的控制寄存器 TCON 是定时器 T0、T1 的控制寄存器，具有中断控制和定时控制两种功能。TCON 的字节地址是 88H，故它可以进行单独位寻址操作。TCON 的格式如下：

位号	B7	B6	B5	B4	B3	B2	B1	B0	复位值
位名	TF1	TR1	TF0	TR0	IE1	IT1	IE0	IT0	00H

其中，低 4 位字段与外部中断有关，已在第 5.2.2 小节做过详细介绍，这里不再赘述。下面只介绍有关定时功能的高 4 位字段。

1) TF1（TCON.7）：T1 的溢出中断标志位。当 T1 从初值开始递增计数至计满，最高位产生溢出时，由单片机内部硬件对 TF1 置 1，向 CPU 请求中断。当 CPU 响应中断转向中断服务程序时，由硬件对 TF1 自动清 0（也可以由软件对 TF1 查询或清 0）。

2) TR1（TCON.6）：T1 的运行控制位。该位由软件置位或清 0，用来启动运行或停止运行定时器 T1，但其中启动运行控制还需要其他信号，控制原理如图 6-1 所示。TR1 = 0，T1 停止运行；TR1 = 1 时，启动运行 T1 还需要其他位的参与。

3) TF0（TCON.5）：T0 溢出中断标志位。当 T0 从初值开始递增计数至计满，最高位产生溢出时，由内部硬件对 TF0 置 1，并向 CPU 请求中断。当 CPU 响应中断转向中断服务程序时，由硬件对 TF0 自动清 0（也可以由程序查询或清 0）。

4) TR0（TCON.4）：T0 的运行控制位。该位由软件置位或清 0，用来启动运行或停止运行 T0，但其中启动运行控制还需要其他信号，控制原理如图 6-1 所示。TR0 = 1 时，T0 停止运行；TR0 = 1 时，启动运行 T0 还需要其他位的参与。

2. 定时器/计数器方式寄存器 TMOD（内 RAM 字节地址：89H）

TMOD 用于控制定时器/计数器的 2 种功能及 4 种工作模式。TMOD 的字节地址为 89H，故它不能进行位寻址操作，其内容只能用字节传送指令来设置。TMOD 格式如下：

位号	B7	B6	B5	B4	B3	B2	B1	B0	复位值
位名	GATE	C/$\overline{T}$	M1	M0	GATE	C/$\overline{T}$	M1	M0	00H

其中, 高 4 位字段用于 T1 的工作方式控制, 低 4 位字段用于 T0 的工作方式控制。
TMOD 各位的定义和功能如下:

1) GATE: 门控制位。TMOD.7 对应 T1, TMOD.3 对应 T0。

由图 6-1 可以看出, 当 GATE = 1 时, T0 (或 T1) 的启动由 TCON 的 TR0 位内容和引脚 INT0 (INT1) 的电平同时控制。只有满足 TR0 = 1&INT0 = 1 的条件时, T0 才允许启动工作; 同样, 当满足 TR1 = 1&INT1 = 1 条件时, T1 才允许启动工作。

这种控制通常称为外部控制, 即先用软件设定 GATE 与 TR0 (或 TR1) 的内容为 1, 定时器/计数器的运行与否则由外部引脚 INT0 (或 INT1) 控制。

一般情况下多用外部控制方式测量 INT0 引脚上正脉冲的宽度, 这时 TR0 = 1, 只有 INT0 (或 INT1) 输入为高电平才计时, 从而测出 INT0 的高电平时间。

而当 GATE = 0 时, 只要使 TR0 (或 TR1) 置 1, 就可使定时器/计数器开始工作, 而不必受 INT0 (或 INT1) 的影响, 这种控制通常称为内部控制。

2) C/$\overline{T}$: 定时或计数功能选择控制位, TMOD.6 对应 T1, TMOD.2 对应 T0。

当 C/$\overline{T}$ = 1 时, 用于定时/计数方式选择的模拟开关接至外部脉冲源 TX (T0 或 T1) 端, 定时器/计数器用作计数方式, 计数脉冲从外部引脚 (P3.4 或 P3.5) 输入。

当 C/$\overline{T}$ = 0 时, 用于定时/计数工作控制的模拟开关连接至内部工作时钟源, 定时器/计数器用作定时方式, 计数脉冲的周期为机器周期。

3) M1、M0: 工作模式选择位。TMOD.5、TMOD.4 对应 T1, TMOD.1、TMOD.0 对应 T0。

定时器的工作模式由 M1、M0 两位的状态确定, 其对应关系见表 6-1。

表 6-1 工作方式控制关系表

M1	M0	工作方式	功能说明	定时初值计算
0	0	方式 0	自动重装初值的 16 位定时器/计数器	$(2^{16}-X)/f = N$ TH = X 高 8 位, TL = X 低 8 位
0	1	方式 1	16 位不可重装模式定时器/计数器	$(2^{16}-X)/f = N$ TH = X 高 8 位, TL = X 低 8 位
1	0	方式 2	自动重装初值的 8 位定时器/计数器	$(2^{8}-X)/f = N$, TH = TL = 8 位 X
1	1	方式 3	不可屏蔽中断的 16 位自动重装定时器(仅 T0)	$(2^{16}-X)/f = N$ TH0 = 高 8 位, TL0 = 低 8 位

注: f—输入计数器的脉冲频率; N—定时时间 (s); X—定时初值。

3. 辅助寄存器 AUXR

STC15 系列单片机是 1T 的单片机, 为兼容传统 8051, 复位后 T0、T1 和 T2 的定时速度是传统 8051 的速度, 即系统时钟频率的 12 分频。通过设置新增加的特殊功能寄存器

AUXR，将 T0、T1 和 T2 设为 1T，即定时速度可以提高 12 倍。

AUXR 的字节地址是 8EH，格式如下：

位号	B7	B6	B5	B4	B3	B2	B1	B0	复位值
位名	T0x12	T1x12		T2R	T2_C/T	T2x12			00H

1）T0x12：T0 的分频控制位。T0x12 = 0，T0 工作频率是传统 8051 的工作频率，即时钟频率的 12 分频；T0x12 = 1，T0 工作频率即是时钟频率，不分频。

2）T1x12：T1 的分频控制位。T1x12 = 0，T1 工作频率是传统 8051 的工作频率，即时钟频率的 12 分频；T1x12 = 1，T1 工作频率即是时钟频率，不分频。

3）T2R：T2 允许控制位。T2R = 0，不允许 T2 运行；T2R = 1，允许 T2 运行。

4）T2_C/T：控制 T2 用作定时器或计数器。T2_C/T = 0，T2 用作定时器；T2_C/T = 1，T2 用作计数器。

5）T2x12：T2 速度控制位。T2x12 = 0，T2 工作于传统 8051 速度，工作频率是系统时钟频率的 12 分频；T2x12 = 1，T2 工作于传统 8051 速度的 12 倍，不分频。

6.1.3 与 T2 相关的特殊功能寄存器

T2 由 2 个 8 位寄存器 T2H 和 T2L 组成，相关的特殊功能寄存器有辅助寄存器 AUXR、外部中断允许和时钟输出寄存器 INT_CLKO（AUXR2）和中断允许寄存器 IE2，其字节地址和复位值详见表 6-2。其中，与中断功能有关的中断允许寄存器 IE2 和外部中断允许和时钟输出寄存器 INT_CLKO（AUXR2）的相应控制位在 5.2.3 小节介绍。与时钟输出功能有关的外部中断允许和时钟输出寄存器 INT CLKO（AUXR2）的相应控制位在 6.4.1 小节介绍。

表 6-2　T2 相关的特殊功能寄存器

符　号	名　　称	地　址	复位值
T2H	定时器 T2 高 8 位寄存器	D6H	00000000B
T2L	定时器 T2 低 8 位寄存器	D7H	00000000B
AUXR	辅助寄存器	8EH	00000001B
INT_CLKO（AUXR2)	外部中断允许和时钟输出寄存器	8FH	x0000000B
IE2	中断允许寄存器	AFH	x0000000B

6.2　STC15F 系列单片机定时器/计数器的工作方式

通过编程设置 M1、M0 的不同取值，对应定时器/计数器内 TH 和 TL 硬件上的 4 种不同组合，使得定时器/计数器有 4 种工作方式。

6.2.1 方式 0

当 M1M0 = 00 时，定义为工作方式 0。此模式下定时器/计数器 0 工作为可自动重装初值的 16 位计数器。图 6-2 是 T0 工作方式 0 结构原理图。

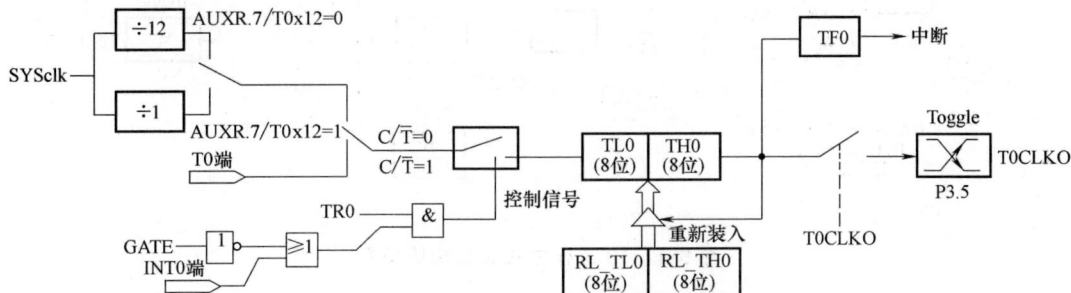

图 6-2 T0 工作方式 0 结构原理图

对于方式 0，由 TH 的高 8 位和 TL 的低 8 位构成 16 位脉冲计数器。

以 T0 为例，无论工作在定时方式还是计数方式，在方式 0 下 TL0 的低 8 位计满溢出时，向 TH0 进位；16 位计数器计满溢出时，使中断标志位 TF0 置位，同时对 TL0 和 TH0 自动重装初值。

当辅助寄存器 AUXR 中 T0 的分频控制位 T0CLKO = 1 时，允许将 P3.5/T1 引脚配置为 T0 的时钟输出 T0CLKO，输出时钟频率 = T0 溢出率/2。

6.2.2 方式 1

当 M1M0 = 01 时，定义为工作方式 1，定时器/计数器 0 工作在 16 位不可重装模式，如图 6-3 所示。

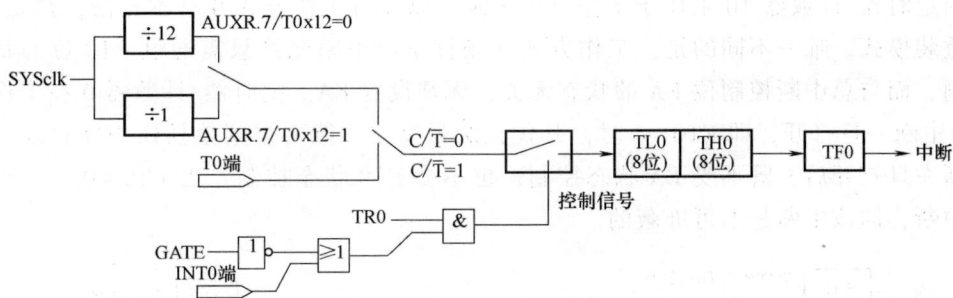

图 6-3 T0 工作方式 1 结构原理图

在方式 1 中，T0 由两个 8 位寄存器 TH0 和 TL0 组成，其中 TL0 计满溢出时向 TH0 进位；T0 计满溢出时，定时溢出中断标志位 TF0 置 1。

6.2.3 方式 2

当 M1M0 = 10 时，定义为工作方式 2，自动重装初值的 8 位定时器/计数器。图 6-4 为

T0 工作方式 2 的结构原理图。

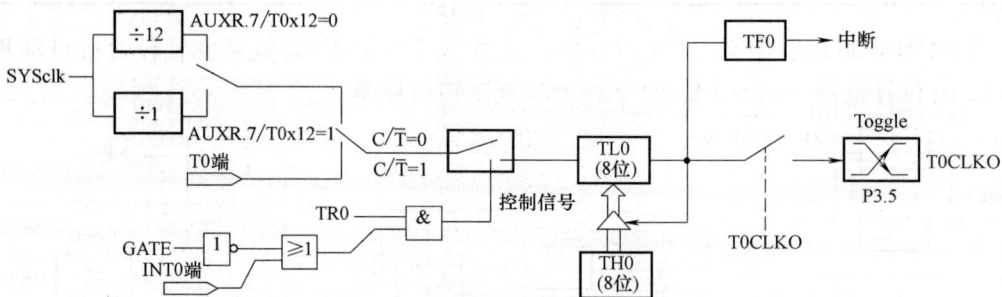

图 6-4 T0 工作方式 2 结构原理图

工作在方式 2 时，可编程定时器/计数器具有自动重新装入计数初值的功能。

在图 6-4 中，T0 是一个可自动重新装入计数初值的 8 位定时器，TL0 用作 8 位计数器，TH0 为初值常数寄存器。初始化时，软件编程将初值送到 8 位寄存器 TH0 和 TL0 中，启动计数器工作后，TL0 递增计数。当 TL0 计满溢出时在置 1 溢出标志位 TF0 的同时，还能自动将常数寄存器 TH0 中的初值重新装入 TL0，使计数器从初值开始重新计数。这种工作模式省去了用户程序中重新装载初值部分，能获得高精度的定时时间。方式 2 常用于串行口波特率发生器。

6.2.4 方式 3

当 M1M0=11 时，定义为工作方式 3，不可屏蔽中断的 16 位重装定时器。它只适用于定时器/计数器 0。T0 工作于模式 3 时，T1 停止计数。T0 工作方式 3 的结构原理如图 6-5 所示。

当定时器/计数器 T0 工作于工作方式 3 时，原理与工作方式 0 基本相同，都是 16 位自动重装模式。唯一不同的是，工作方式 3 条件下，中断允许只需通过 ET0 位的状态实现控制，而与总中断控制位 EA 的状态无关，无须设置 EA。定时器/计数器 0 在工作方式 3 下的中断一旦打开，即 ET0=1 时，其优先级最高，不能再被其他任何中断打断。而且此中断一旦打开后，既不受 EA 状态控制，也不受 ET0 状态控制，当 ET0=0 时，也不能关闭中断，即该中断是不可屏蔽的。

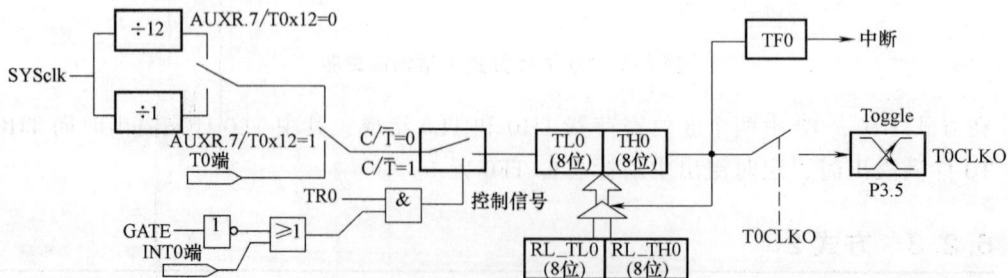

图 6-5 T0 工作方式 3 结构原理图

定时器/计数器 0 工作在方式 3 (不可屏蔽中断的 16 位自动重装在模式) 时, 打开中断的命令如下:

使用汇编语言设置:

```
MOV TMOD,#03H      ;设置定时器/计数器 0 工作于方式 3
SETB TR0           ;启动 T0 计时
SETB ET0           ;使能 T0 工作在方式 3 时的中断
```

使用 C 语言设置:

```
TMOD = 0x03;       //设置定时器/计数器 0 工作于方式 3
TR0 = 1;           //启动 T0 计时
ET0 = 1;           //使能 T0 工作在方式 3 时的中断
```

6.3　STC15F 系列单片机定时器/计数器的应用举例

6.3.1　定时器/计数器应用初始化的使用要点

1. 确定定时器工作频率

对辅助寄存器 AUXR 赋值, 选择定时器/计数器是工作于 1T 模式还是 12T 模式。

常用命令语句为: ORL　AUXR, #xxH;

ANL　AUXR, #xxH;

2. 确定控制字

对方式寄存器 TMOD 赋值, 以确定定时器/计数器的工作方式、定时功能或是计数功能以及选择内部控制还是外部控制等。

常用命令语句为: MOV　TMOD, #xxH;

3. 计算计数器初值

根据定时器/计数器的工作方式, 计算定时或计数初值 X。以方式 0 为例, 定时器/计数器此时工作于自动重装初值的 16 位定时器/计数器, 若输入计数器的脉冲频率为 f, N 为定时时间, X 为定时初值, 则初值计算公式如下:

$$(2^{16}-X)/f=N$$

将计算初值 X 的高 8 位赋值 THi, 低 8 位赋值 TLi, i 可为 0, 1, 2。

常用命令语句为: MOV　TLi, #xxH;

MOV　THi, #xxH;

4. 根据需要开放定时器/计数器的中断

对中断允许寄存器 IE 赋值, 设定定时器/计数器工作于中断方式或是查询方式。

常用命令语句为: MOV　IE, #XXH;

5. 启、停定时器/计数器工作

对控制寄存器 TCON 的定时器/计数器运行控制位 TR0/TR1 赋值, 设定定时器/计数器开始工作或停止工作。

常用命令语句为：SETB   TRi；
                        CLR   TRi；

6.3.2 方式0的应用

例6-1 设 STC15F 系列单片机系统时钟频率频率 $f=6\mathrm{MHz}$，要求由 Pl. 7 引脚输出一个周期为 $500\mu s$ 的方波信号，由定时器/计数器 1 采用中断方法实现。

1. 确定计数初值 X

STC15 系列单片机的定时器有两种计数速率，由特殊功能寄存器 AUXR 中的 T1x12 的状态决定。当 T1x12＝0 时，T1 工作在 12T 模式，每 12 个时钟加 1，与传统 8051 单片机相同，计数频率是系统时钟频率的 12 分频；当 T1x12＝1 时，T1 工作在 1T 模式，每个时钟加 1，速度是传统 8051 单片机的 12 倍。此处选择 12T 工作模式，即设置特殊功能寄存器 AUXR 中的 T1x12 的状态为 0。

晶振频率 $f=6\mathrm{MHz}$，机器周期＝$12/f=12/(6\times10^6)\mathrm{s}=2\times10^{-6}\mathrm{s}=2\mu s$

周期为 $500\mu s$ 的方波，起点到跳变的时间为半个周期，即 $T/2=250\mu s$；

对应方式 0 的 16 位计数器结构，定时时间 $T=250\mu s$，根据方程：

$$(2^{16}-X)\times2\times10^{-6}\mathrm{s}=250\times10^{-6}\mathrm{s}$$

求得 X＝65286＝1111111100000110B，16 位二进制数中的高 8 位送给 TH1，而低 8 位送 TL1，故有

TH1＝11111111B＝0FFH，TL1＝000000110B＝06H。

2. 确定控制字

1）向寄存器 TMOD 送控制字。T1 设置为方式 0，T0 为定时器方式 0，则 TMOD 的控制字为 00H，即

GATE	$C/\overline{T}$	M1	M0	GATE	$C/\overline{T}$	M1	M0
0	0	0	0	0	0	0	0

2）向寄存器 TCON 送控制字。启动 T1，用寄存器 TCON 中的 TR1 位控制 T1 的运行。若 TR1＝1，启动 T1；若 TR1＝0，关闭 T1。

3. 编制程序

（1）汇编语言编程实现

```
        AUXR    DATA    08EH            ;辅助特殊功能寄存器
        LED7    BIT     97H
        P1M1    DATA    91H
        P1M0    DATA    92H
        ORG     0000H
        LJMP    MAIN
        ORG     001BH
        LJMP    LOOP

        ORG     0100H
```

```
MAIN: CLR    A
      MOV    P1M1, A
      MOV    P1M0, A                ;设置 P1 口为准双向口工作模式
      MOV    SP, #60H
      ANL    AUXR, #0BFH            ;设置 T1 为 12T 模式
      MOV    TMOD, #00H             ;设置 T1 工作方式 0
      MOV    TH1, #0FFH             ;设置计数初值
      MOV    TL1, #06H
      SETB   EA                     ;开中断
      SETB   ET1                    ;T1 允许中断
      SETB   TR1                    ;启动定时器
HERE: SJMP   HERE
LOOP: CPL    LED7                   ;输出信号跳变
      RETI
      END
```

（2）C 语言编程实现

```c
/*中断方式、C51 编程*/
#include <STC15Fxxxx.h>
sbit   P17 = P1^7;
void   main()
{
    P1M1 = 0x00;
    P1M0 = 0x00;           //设置 P1 口为准双向口工作模式
    SP = 0x60;             //设置堆栈指针
    AUXR & = 0xBF;         //T0 设置为 12T 模式
    TMOD = 0x0;            //设置 T1：定时、工作方式 0
    TL1 = 0x06;            //装载计数初值
    TH1 = 0xFF;
    TR1 = 1;               //启动 T1 计数
    ET1 = 1;               //允许 T1 中断
    EA = 1;                //允许 CPU 中断
    while(1){
    }
}
void  timer0int(void)  interrupt  3
{
    P17 = ! P17;          //P1.7 输出求反
}
```

6.3.3 方式 1 的应用

方式 1 与方式 0 相比，都是 16 位计数器。区别在于，方式 1 在重复定时或计数时不能自动重装初值，必须在程序中重新进行初值赋值。

例 6-2 利用定时器/计数器 T1 的方式 1：在引脚 INT1 为高电平时，以中断方式由 P1.7 引脚输出周期为 500μs 的方波信号（假设单片机的晶振频率 f=6MHz）。

1. 确定计数初值 X

特殊功能寄存器 AUXR 中的 T1x12 的状态设置为 0，选择 12T 工作模式。

晶振频率 f=6MHz，机器周期 = $12/f = 12/(6 \times 10^6)\text{s} = 2 \times 10^{-6}\text{s} = 2\mu\text{s}$

周期为 500μs 的方波，起点到跳变的时间为半个周期，即 $T/2 = 250\mu\text{s}$；

对应方式 1 的 16 位计数器结构，有

$$(2^{16} - X) \times 2 \times 10^{-6}\text{s} = 250 \times 10^{-6}\text{s}$$

求得计数初值 X = 1111111110000011B，故

TH1 = 11111111B = 0FFH，TL1 = 10000011B = 83H。

2. 确定控制字

向寄存器 TMOD 送控制字。T1 设置为方式 1，采用外部控制，在引脚 INT1 输入高电平时 T1 才启动工作，故 GATE = 1，则控制字为 90H，即

GATE	C/$\overline{\text{T}}$	M1	M0	GATE	C/$\overline{\text{T}}$	M1	M0
1	0	0	1	0	0	0	0

3. 编制程序

（1）汇编语言编程实现

```
        AUXR    DATA    08EH            ;辅助特殊功能寄存器
        LED7    BIT     97H
        P1M1    DATA    91H
        P1M0    DATA    92H


        ORG     0000H
        AJMP    MAIN
        ORG     001BH
        AJMP    SOFTIM


        ORG     0100H
MAIN:   CLR     A
        MOV     P1M1, A
        MOV     P1M0, A                 ;设置 P1 口为准双向口工作模式
        MOV     SP, #3FH
```

```
        ANL     AUXR, #0BFH        ;设置 T1 为 12T 模式
        MOV     TMOD, #90H         ;设置 T1 为方式 1
        MOV     TH1, #0FFH         ;设置计数初值
        MOV     TL1, #83H
        SETB    EA                 ;开中断
        SETB    ET1                ;T1 允许中断
        SETB    TR1                ;定时开始
HERE:   SJMP    HERE               ;等待中断
;中断服务程序:
        ORG     0200H
SOFTIM: MOV     TH1, #0FFH         ;重新设置计数初值
        MOV     TL1, #83H;
        CPL     LED7               ;输出信号跳变
        RETI
        END
```

(2) C 语言编程实现

```c
/* 中断方式、C51 编程 */
#include <STC15Fxxxx. h>
sbit   P17 = P1^7;


void   main( )
{
    P1M1 = 0x00;
    P1M0 = 0x00;          //设置 P1 口为准双向口工作模式
    SP = 0x60;            //设置堆栈指针
    AUXR &= 0xBF;         //设置 T0 为 12T 模式
    TMOD = 0x90;          //设置 T1 为方式 1 定时
    TL1 = 0x83;           //装载计数初值
    TH1 = 0xFF;
    TR1 = 1;              //启动 T1 计数
    ET1 = 1;              //允许 T1 中断
    EA = 1;               //允许 CPU 中断
    while(1){
    }
}
void   timer0int( void)   interrupt   3
{
    TL1 = 0x83;              //重装载计数初值
```

```
        TH1 = 0xFF;
        P17 = ! P17;          //P1.7 输出求反
    }
```

6.3.4 方式 2 的应用

例 6-3 假设单片机晶振频率 $f=6MHz$，利用 T0（P3.4）作为外部控制输入线，要求发生负跳变时，在 P1.7 引脚输出周期为 500μs 的同步方波信号。

解 选择 T0 用于方式 2 计数，当 T0 发生负跳变时，输入一个脉冲，就使计数器加 1 产生溢出，向 CPU 请求中断。这时选择 T1 用于方式 2 产生 250μs 定时，控制 P1.7 跳变，输出周期为 500μs 的方波信号。

1. 确定计数初值和定时初值

特殊功能寄存器 AUXR 中的 T0x12 和 T1x12 的状态均设置为 0，选择 12T 工作模式。

对于 T0，应用于方式 2 的 8 位计数器，有

$$2^8 - X = 1$$

求得计数初值 X = 11111111B，故 TH0 = TL0 = 11111111B = 0FFH。

晶振频率 $f=6MHz$，机器周期 $= 12/f = 12/(6×10^{-6})s = 2×10^{-6}s = 2μs$

要求输出周期为 500μs 的方波，半个周期为 T/2 = 250μs；

对于 T1，用于方式 2 定时器，有

$$(2^8 - X) × 2×10^{-6}s = 250×10^{-6}s$$

求得计数初值 X = 10000011B，故

$$TH1 = TL1 = 10000011B = 83H$$

2. 确定控制字

T1 设置为方式 1 定时器，T0 设置为方式 2 计数器，故向寄存器 TMOD 送控制字为 16H，即

GATE	C/$\overline{T}$	M1	M0	GATE	C/$\overline{T}$	M1	M0
0	0	0	1	0	1	1	0

3. 编制程序

（1）汇编语言编程实现

```
        AUXR    DATA    08EH          ;辅助特殊功能寄存器
        LED7    BIT     97H
        P1M1    DATA    91H
        P1M0    DATA    92H


        ORG     0000H
RESET：  AJMP    MAIN                  ;复位后转主程序
        ORG     000BH
```

```
            AJMP    IT0P                ;转 T0 中断服务程序
            ORG     001BH
            AJMP    IT1P                ;转 T1 中断服务程序
            ORG     0100H
MAIN:       CLR     A
            MOV     P1M1, A
            MOV     P1M0, A             ;设置 P1 口为准双向口工作模式
            MOV     SP, #60H
            ACALL   PTOM2               ;对 T0、T1 初始化
HERE:       AJMP    HERE
PTOM2:      ANL     AUXR, #3FH          ;设置 T0、T1 为 12T 模式
            MOV     TMOD, #16H          ;T0 初始化程序
            MOV     TL0, #0FFH          ;T0 置初值
            MOV     TH0, #0FFH
            SETB    TR0                 ;启动 T0
            SETB    ET0                 ;允许 T0 中断
            MOV     TL1, #83H           ;T1 置初值
            MOV     TH1, #83H
            SETB    EA                  ;CPU 开放中断
            RET
IT0P:       CLR     TR0                 ;停止 T0 计数
            SETB    TR1                 ;启动 T1, 开始定时
            SETB    ET1                 ;允许 T1 中断
            RETI
IT1P:       CPL     LED7                ;P1.7 位取反
            RETI
            END
```

（2）C 语言编程实现

```c
#include <STC15Fxxxx. h>
sbit    P17 = P1^7;
void    main( )
{
    P1M1 = 0x00;
    P1M0 = 0x00;            //设置 P1 口为准双向口工作模式
    SP = 0x60;              //设堆栈指针
    AUXR & = 0x3F;          //T0 设置为 12T 模式
    TMOD = 0x16;            //T0 方式 2 计数, T1 方式 1 定时
```

```
    TL0 = 0xFF;              //T0 设置计数初值, 计 1 个脉冲
    TH0 = 0xFF;
    TL1 = 0x83;              //T1 设置定时初值
    TH1 = 0x83;
    ET0 = 1;                 //允许 T0 中断
    EA = 1;                  //允许总中断
    TR0 = 1;                 //启动 T0 计数
    while(1){                //踏步等待中断
    }
}
/******计数器 0 中断服务子程序******/
void timer0xint(void) interrupt 1{
    TR0 = 0;                 //禁止计数器 0 计数
    TR1 = 1;                 //启动定时器 1
    ET1 = 1;                 //允许 T1 中断
}
/******定时器 1 中断服务子程序******/
void timer1Tint(void) interrupt 3 {
    P17 =! P17;              //P1.7 输出求反
}
```

6.3.5 方式 3 的应用

例 6-4 用 T0 方式 3 产生 50ms 的定时中断, 使选用晶振频率为 $f = 6MHz$ 的单片机的 P1.7 引脚产生 100ms 的方波。

1. 确定定时初值

特殊功能寄存器 AUXR 中的 T0x12 的状态设置为 0, 选择 12T 工作模式。

对应于 T0 方式 3 的不可屏蔽中断 16 位自动重装载定时器模式, 有

$$(2^{16} - X) \times 2 \times 10^{-6} = 50 \times 10^{-3}$$

求得计数初值 TH0 = 9EH, TL0 = 58H。

2. 确定控制字

向寄存器 TMOD 送控制字。将 T0 设置为方式 3, 其控制字为 03H。

GATE	C/$\overline{\text{T}}$	M1	M0	GATE	C/$\overline{\text{T}}$	M1	M0
0	0	0	0	0	0	1	1

注意: 当定时器/计数器 0 工作在方式 3 (不可屏蔽中断的 16 位自动重装载模式) 时, 不需要设置 EA/IE.7 (总中断使能位), 只需设置 ET0/IE.1 (定时器/计数器 0 中断允许位) 就能打开定时器/计数器 0 的中断, 此工作方式下的定时器/计数器 0 中断与总

中断使能位 EA 无关。

3. 编制程序

（1）汇编语言编程实现

```
              AUXR    DATA    08EH        ;辅助特殊功能寄存器
              ORG     0000H
              LED7    BIT     97H
              P1M1    DATA    91H
              P1M0    DATA    92H


RESET:        AJMP    MAIN                ;复位后转主程序
              ORG     000BH
              AJMP    IT0P                ;转 T0 中断服务程序
              ORG     0100H
MAIN:         CLR     A
              MOV     P1M1, A
              MOV     P1M0, A             ;设置 P1 口为准双向口工作模式
              MOV     SP, #60H
              ACALL   PTOM3               ;对 T0 初始化
HERE:         AJMP    HERE
PTOM3:        ANL     AUXR, #7FH          ;设置 T0 为 12T 模式
              MOV     TMOD, #03H          ;设定 T0 工作于方式 3
              MOV     TL0, #58H           ;T0 置初值
              MOV     TH0, #9EH
              SETB    ET0                 ;允许 T0 中断
              SETB    TR0                 ;启动 T0
              RET
IT0P:         CPL     LED7                ;P1.7 位取反
              RETI
              END
```

（2）C 语言编程实现

```c
#include <STC15Fxxxx.h>
sbit    P17 = P1^7;
void    main()
{
        P1M1 = 0x00;
        P1M0 = 0x00;        //设置 P1 口为准双向口工作模式
        SP = 0x60;          //设堆栈指针
```

```
        AUXR & = 0x7F;        //T0 设置为 12T 模式
        TMOD = 0x03;          //T0 设为工作方式 3 定时
        TL0 = 0x58;           //T0 设置定时初值
        TH0 = 0x9E;
        ET0 = 1;              //允许 T0 中断
        TR0 = 1;              //启动 T0
        while(1)              //踏步等待中断
        {
        }
    }
    /* * * * * * 定时器 T0 中断服务子程序 * * * * * */
    void timer1Tint(void) interrupt 1 {
        P17 = ! P17;          //P1.7 输出求反
    }
```

6.3.6 定时器/计数器在应用中应注意的问题

1. 定时器/计数器运行中读取计数值

从运行中的定时器/计数器内读取计数值的方法是：先读 THX，后读 TLX，再读 THX。若前后两次读得的 THX 相同，则可以确定读得的内容是正确的；若前后两次读得的 THX 不相同，则再重复上述过程，直到重读的内容正确为止。下面程序能将读得的 TH0 和 TL0 放置在 R1 和 R0 中。

```
            ORG    0300H
    RDTIME:  MOV    A, TH0            ;读 TH0
             MOV    R0, TL0           ;读 TL0
             CJNE   A, TH0, RDTIME    ;比较两次读的 TH0, 若不等, 则重读
             MOV    R1, A
             RET
```

2. 定时器/计数器对输入信号的要求

当单片机内部定时器/计数器工作在定时方式时，计数的输入信号来自于内部时钟脉冲，每个机器周期计数器递增计数一次，定时时间由脉冲数乘以计数脉冲周期确定。由于一个机器周期包括 12 个振荡周期，因此计数速率是系统振荡频率的 1/12。例如，对应于晶振频率 $f = 12\text{MHz}$，计数频率为 1MHz，输入脉冲的周期为 1μs。定时精度取决于内部时钟脉冲的精度。

当定时器/计数器工作在计数方式时，计数脉冲来自于外部输入引脚 T0 和 T1，在每个机器周期的 S5P2 期间，计数器对外部输入信号进行采样。当一个机器周期的采样值为高电平，而下一个机器周期的采样值变为低电平，即输入脉冲有一个由 1 到 0 的负跳变时，计数器加 1。新的计数值在检测到一个跳变后的下一个机器周期的 S3P1 期间出现。

由于识别一个从 1 到 0 的跳变需要 2 个机器周期，因此最高的计数频率是系统振荡频率的 1/24。并且，为了确保某一给定电平在变化之前至少被采样一次，要求这一电平至少保持一个机器周期。设机器周期为 T_{cy}，则对输入信号的要求如图 6-6 所示。

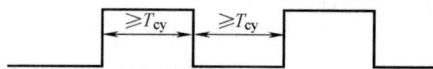

图 6-6　输入信号的要求

6.4　可编程时钟输出模块及其应用

系统时钟是指对主时钟进行分频后供给 CPU、定时器、串行口、SPI、CCP/PWM/PCA、A/D 转换的实际工作时钟。STC15W4K32S4 系列、STC15W401AS 系列、STC15W1K08PWM 系列及 STC15W1K20S-LQFP64 单片机的主时钟既可以是内部 R/C 时钟，也可以是外部输入的时钟或外部晶体振荡产生的时钟。（MCLK 是指主时钟频率，MCLKO 是指主时钟输出。SysCLK 是指系统时钟频率，SysCLKO 是指系统时钟输出。）

STC15F2K60S2 系列单片机有 3 路可编程时钟输出，这 3 路可编程时钟输出分别是 T0CLKO/P3.5、T1CLKO/P3.4 和 T2CLKO/P3.0。

6.4.1　与可编程时钟输出相关的寄存器

与可编程时钟输出的相关寄存器有辅助特殊功能寄存器 AUXR、时钟分频寄存器 CLK_DIV（PCON2）和外部中断允许和时钟输出寄存器 INT_CLKO（AUXR2）。

外部中断允许和时钟输出寄存器 INT_CLKO（AUXR2）的地址为 8FH，复位值为 X0000000B，不可位寻址。INT_CLKO 的格式如下：

位号	B7	B6	B5	B4	B3	B2	B1	B0
位名	—	EX4	EX3	EX2	—	T2CLKO	T1CLKO	T0CLKO

其中，与中断有关的位 EX4、EX3 和 EX2 的含义已在 5.2.3 小节详细介绍过，这里不再赘述。

1）T2CLKO：是否允许将 P3.0 引脚配置为定时器/计数器 T2 的时钟输出 T2CLKO。T2CLKO=1，允许将 P3.0 引脚配置为定时器/计数器 T2 的时钟输出 T2CLKO，输出时钟频率=T2 溢出率/2；T2CLKO=0，不允许将 P3.0 引脚配置为定时器/计数器 T2 的时钟输出 T1CLKO。

2）T1CLKO：是否允许将 P3.4 引脚配置为定时器/计数器 T1 的时钟输出 T1CLKO。T1CLKO=1，允许将 P3.4 引脚配置为定时器/计数器 T1 的时钟输出 T1CLKO，输出时钟频率=T1 溢出率/2；T1CLKO=0，不允许将 P3.4 引脚配置为定时器/计数器 T1 的时钟输出 T2CLKO。

3）T0CLKO：是否允许将 P3.5 引脚配置为定时器/计数器 T0 的时钟输出 T0CLKO。T0CLKO=1，允许将 P3.5 引脚配置为定时器/计数器 T0 的时钟输出 T0CLKO，输出时钟

频率 = T0 溢出率/2；T0CLKO = 0，不允许将 P3.5 引脚配置为定时器/计数器 T0 的时钟输出 T0CLKO。

6.4.2 可编程时钟输出的编程实例

利用定时器/计数器 T0 的引脚 T0CLKO/P3.5 可实现对系统时钟或外部引脚 T0 的时钟输入进行可编程分频输出。T0CLKO 的输出时钟频率由 T0 控制，输出时钟频率 = T0 溢出率/2。T0 的工作方式可选择方式 0（16 位自动重装模式）或方式 2（8 位自动重装模式），不要运行相应的定时器中断，以防 CPU 反复进行中断。

例 6.5 利用 T0 工作方式 0，在引脚 T0CLKO/P3.5 输出 2kHz（周期为 500μs）的方波信号（假设单片机的晶振频率 $f = 6MHz$）。

1. 确定计数初值 X

特殊功能寄存器 AUXR 中的 T1x12 的状态设置为 0，选择 12T 工作模式。

晶振频率 $f = 6MHz$，机器周期 = $12/f = 12/(6 \times 10^{-6})s = 2 \times 10^{-6}s = 2\mu s$

2kHz 的方波信号，周期为 500μs，起点到跳变的时间为半个周期，即 T/2 = 250μs；

对应方式 0 的 16 位计数器结构，对应初值 X，T0 溢出率为

$$(2^{16} - X) \times 2 \times 10^{-6}s = 250 \times 10^{-6}s$$

求得计数初值 X = 1111111110000011B，故

TH1 = 11111111B = 0FFH，TL1 = 10000011B = 83H

2. 确定控制字

向寄存器 TMOD 送控制字。将 T0 设置为方式 0，则控制字为 00H，即

GATE	C/$\overline{T}$	M1	M0	GATE	C/$\overline{T}$	M1	M0
0	0	0	0	0	0	0	0

3. T0 的时钟输出引脚设置

设置特殊功能寄存器 INT_CLKO（AUXR2）中 T0CLKO 位的状态为 1，定义 P3.5 引脚为 T0 的时钟输出 T0CLKO，则

EX4	EX3	EX2	B3	T2CLKO	T1CLKO	T0CLKO
—	0	0	—	0	0	1

（1）汇编语言编程实现

```
        AUXR      DATA   08EH      ；辅助特殊功能寄存器
        INT_CLKO  DATA   08FH      ；唤醒和时钟输出功能寄存器
        T0CLKO    BIT    P3.5      ；定义定时器 T0 的时钟输出脚

        ORG       0000H
        AJMP      MAIN
        ORG       0100H
MAIN：  ANL       AUXR，#7FH        ；设置 T0 为 12T 模式
```

```
        MOV        TMOD，#00H       ；设 T0 为方式 0（16 位自动重装初值）
        MOV        TH0，#0FFH       ；设置计数初值
        MOV        TL0，#83H
        SETB       TR0             ；定时开始
        MOV        INT_CLKO，#01H；使能 T0 的时钟输出功能
        SJMP       $
```

（2）C 语言编程实现

```c
#include<STC15Fxxxx.h>
void   main（）
{
    AUXR & = 0x7F；              //T0 设置为 12T 模式
    TMOD = 0x00；                //T0 定义为方式 0
    TL0 = 0x83；                 //装载计数初值
    TH0 = 0xFF；
    TR0 = 1；                    //启动 T0
    INT_CLKO = 0x01；            //使能 T0 的时钟输出功能
    while（1）{
    }
}
```

习题与思考题

1. STC15F 系列单片机的 T0、T1 用作定时器时，其定时时间与哪些因素有关？

2. 设 STC15F 系列单片机的晶振频率为 6MHz，若要求定时值分别为 0.1ms、1ms、5ms，T0 工作在方式 0、方式 1 和方式 2 时，其定时器初值各应是多少？

3. 设 STC15F 系列单片机的晶振频率为 12MHz，使用单片机的内部定时方式产生频率为 10kHz 的方波信号。

4. 设 STC15F 系列单片机的晶振频率为 6MHz，使用定时器 T1 的定时模式 1，在 P1.0 输出周期为 20μs、占空比（高电平时间占用整个时间的比例）为 60% 的矩形脉冲，以查询方式编写程序。

5. 设 STC15F 系列单片机的晶振频率为 12MHz，T0 用于 20ms 定时，T1 用于 100 次计数，T0 和 T1 均要求重复工作。

（1）外部计数脉冲应从何引脚输入？

（2）试根据上述要求编写程序。

6. 设 STC15F 系列单片机的晶振频率为 6MHz，利用定时器 T1 实现在引脚 T1CLKO/P3.4 输出 10kHz 的方波信号。

7. 设 STC15F 系列单片机的晶振频率为 6MHz，P1.0 引脚外接一个 LED 发光二极管，试利用定时器控制实现 LED 灯循环亮 1s 灭 1s。

第 7 章

STC15F 系列单片机 ADC 模块

STC15F 系列单片机内部集成了 8 路、10 位模/数转换器。本章介绍 STC15F 系列单片机片内 ADC 的结构原理、与 ADC 应用有关的寄存器、ADC 使用要点，并利用汇编指令、C 语言讲解 ADC 模块的编程应用实现。

7.1 模/数转换器及性能参数

1. 模/数转换器

模拟信号，即连续变化的信号，如温度、压力、转速、流量及波动的电压等信号。计算机 CPU 为数字系统，要想检测、控制模拟物理量，需要利用传感器及处理电路把物理量信号转化为模拟量电信号，还需要模/数传感器，获取相应的数字量数据。

模/数转换器（Analog to Digital Converter，ADC），是把模拟量电压信号转化为离散形式数字量的专门电路。模/数转换器是连接模拟信号至计算机 CPU 数字系统的桥梁。

高性能的单片机集成了专有的 ADC 模块，而没有集成 ADC 模块的单片机可以外接 ADC 器件实现模拟量信号的检测。

2. 模/数转换器的性能参数

计算机能否快速、准确地测量模拟量信号由多种因素决定，其中包括信号处理电路及传感器等，还包括模/数转换器的性能参数。

模/数转换器的主要性能参数包括量程、分辨率、转换速率与误差等。

（1）量程　量程指的是 ADC 能转化的模拟电压变化范围。传感器及处理电路要把输向 ADC 的模拟电压限定在 ADC 的测量量程之内才能实现整个模拟信号的有效测量。

（2）分辨率　分辨率表示 ADC 对输入微小变化的敏感程度，通常用满量程输入电压与对应转化数字量个数的比例来表示。例如：对于量程为 5V 的 8 位 ADC，即输入电压为 5V 时对应转化数字为 0FFH，输入电压为 0V 时的转换数字为 0，则该 ADC 的分辨率为 $5/2^8 V = 19.5 mV$。

根据被测量物理量与传感器及处理电路输出模拟电信号之间的信号比例关系，可以进一步计算出 ADC 分辨率所代表物理量的大小。

（3）转换速率　转换速率也称为转换速度，指的是 ADC 完成一次转换所需要的时间，即启动 ADC 开始转换到转换结束输出转换结果所需要的时间。目前，高速 A/D 转换时间已经达到小于 $1\mu S$。

（4）误差　主要指量化误差和非线性误差，由多种因素决定，其中参考电压精度对转化误差有较大的影响。

7.2　STC15F 系列单片机内部 ADC

STC15F 系列单片机内部集成了一种称为逐次比较式的模/数转换器，可以实现 8 路模拟信号、转换 10 位数字量结果的模、数转换。CPU 的工作频率为 21MHz 时，该 ADC 模块的最快转换速度可达 300kHz。

7.2.1　STC15F 系列单片机内部 ADC 的结构原理

图 7-1 为 STC15F 系列单片机片内 ADC 模块的结构图。ADC 模块由输入端口 P1、多路开关、转换单元（比较器、10 位 DAC 和逐次比较寄存器）、ADC 控制寄存器和转换结果寄存器等部分组成。

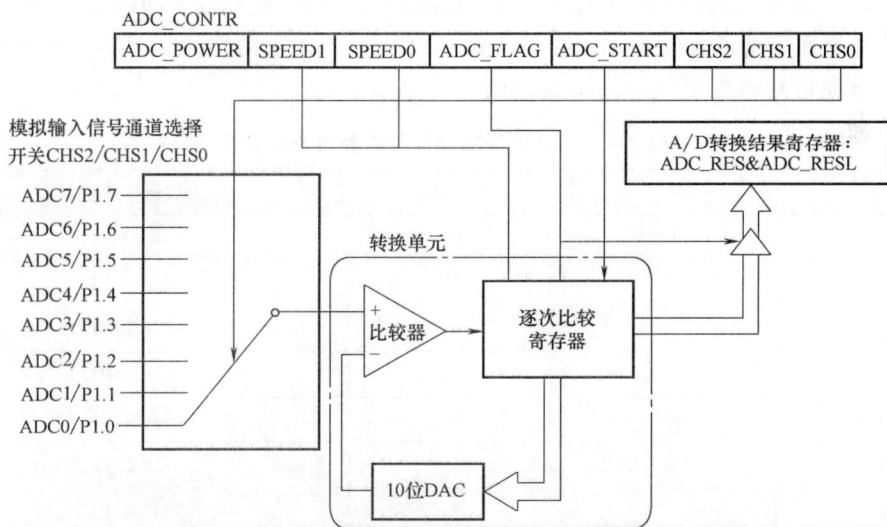

图 7-1　STC15F 系列单片机片内 ADC 模块的结构图

复位后 P1 端口为弱上拉输出，可复用为 ADC 模块的 8 路模拟信号输入引脚，具体哪一路作为 ADC 输入引脚并进行 A/D 转换，则由 ADC 控制寄存器 ADC_CONTR 的通道控制位决定。选定的模拟输入信号经多路开关送至转换单元进行转换，10 位转换结果存放于转换结果寄存器 ADC_RES 和 ADC_RESL 中。

除此之外，ADC 控制寄存器 ADC_CONTR 的功能还包括：设定 ADC 的转换速度、启动 ADC 转换、存放 ADC 转换结束标志位，以及选通 ADC 供电电源等。

7.2.2 STC15F 系列单片机中与 ADC 相关的寄存器

1. P1 口模拟功能控制寄存器 P1ASF

P1 口模拟功能控制寄存器 P1ASF 主要用于设定 P1 口线的功能，它位于 SFR 区的 9DH 地址字节单元，各位定义及复位值如下：

位号	B7	B6	B5	B4	B3	B2	B1	B0	复位值
位名	P17ASF	P16ASF	P15ASF	P14ASF	P13ASF	P12ASF	P11ASF	P10ASF	00H

P1nASF=0 时，对应 P1n 引脚为一般 I/O 口；P1nASF=1 时，对应 P1n 引脚设定为 ADC 输入引脚。这里，n 的取值为 0~7。

系统复位后，P1 口默认为一般 I/O 口使用。

2. ADC 控制寄存器 ADC_CONTR

ADC_CONTR 控制寄存器位于 SFR 区的 BCH 地址字节，其各位功能定义及复位值如下：

位号	B7	B6	B5	B4	B3	B2	B1	B0	复位值
位名	ADC_POWER	SPEED1	SPEED0	ADC_FLAG	ADC_START	CHS2	CHS1	CHS0	00H

（1）输入通道选通控制位 CHS2、CHS1 和 CHS0　P1 端口最多可提供 8 路模拟量输入，但是，由通道选通控制位 CHS2、CHS1 和 CHS0 选定 1 路模拟信号进入转换单元进行 A/D 转换。通道选通控制位与选通通道的关系见表 7-1。

表 7-1　通道选通控制位与选通通道的关系

CHS2	CHS1	CHS0	选通模拟输入
0	0	0	ADC0/P1.0
0	0	1	ADC1/P1.1
0	1	0	ADC2/P1.2
0	1	1	ADC3/P1.3
1	0	0	ADC4/P1.4
1	0	1	ADC5/P1.5
1	1	0	ADC6/P1.6
1	1	1	ADC7/P1.7

（2）转换速度控制位 SPEED1 和 SPEED0　系统时钟周期决定 A/D 的转换速度，但由速度控制位 SPEED1、SPEED0 将 A/D 转换速度分成 4 种速度规格，具体速度设置见表 7-2。

当 CPU 的工作频率为 27MHz 时，若 (SPEED1：SPEED0) = (1：1)，A/D 转换速度最快约为 300kHz。

如果被检测物理量信号变化较为缓慢，且单片机系统采用电池供电，可以选用慢一些的转换速度，以降低 A/D 转换器的功耗。

表 7-2 A/D 转换速度设置

SPEED1	SPEED0	A/D 转换所需系统时钟周期数
1	1	90
1	0	180
0	1	360
0	0	540

（3）选通 ADC 电源控制位 ADC_POWER　该位主要用于单片机进入空闲或掉电等低功耗模式前，关闭模块供电，以降低 A/D 转换器的功耗。ADC_POWER = 1，接通 A/D 转换器的供电电源；ADC_POWER = 0，断开 A/D 转换器的供电电源。

使用转换之前，ADC_POWE 置 1、接通 ADC 电源，需等待 A/D 供电稳定后再启动 A/D 转换，才能得到较准确的检测结果。

（4）启动 A/D 转换控制位 ADC_START　在接通 ADC 电源、选定输入通道并设定转换速度以后，就可以启动 A/D 转换了。ADC_START = 1，启动 A/D 转换；ADC_START = 0，停止 A/D 转换。

转换结束后，ADC_START 位自动清 0。若继续转换，需重新置位 ADC_START。

（5）转换结束标志位 ADC_FLAG　A/D 转换结束，结束标志位 ADC_FLAG 自动置位，即 ADC_FLAG = 1。该位置 1 可申请 A/D 转换结束中断，利用中断程序能快速处理结果数据；也可以利用查询方式循环查询该位的状态，当 ADC_FLAG = 1 时读取转换结果数据。

启动 A/D 转换之前或转换结束处理结果数据以后，需要利用程序清 0 该位。

3. A/D 转换中断使能寄存器 IE 与中断优先级寄存器 IP

（1）中断使能寄存器 IE　前面已经介绍过中断使能（Enable）寄存器 IE，用于各中断源的使能管理，位于 SFR 区的 A8H 地址字节，其中包括 A/D 转换结束的中断使能位，其功能位定义及复位值如下：

位号	B7	B6	B5	B4	B3	B2	B1	B0	复位值
位名	EA	ELVD	EADC	ES	ET1	EX1	ET0	EX0	00H

EADC 是 A/D 转换中断使能位：当 EADC = 1，A/D 转换结束时 ADC_FLAG 标志置位，允许 ADC 申请中断；当 EADC = 0，A/D 转换结束时禁止 ADC 申请中断。

（2）中断优先级寄存器　前面介绍过中断优先级（Priority）寄存器 IP，用于各中断源的中断优先级管理，位于 SFR 区的 B8H 地址字节，其中包括 A/D 转换中断优先级的管理，其功能位定义及复位值如下：

位号	B7	B6	B5	B4	B3	B2	B1	B0	复位值
位名	PPCA	PLVD	PADC	PS	PT1	PX1	PT0	PX0	00H

PADC 为 A/D 转换中断优先级控制位：当 PADC = 1 时，设定 ADC 中断为高优先级中断；当 PADC = 0 时，设定 ADC 中断为低优先级中断。同一级别优先级中，优先权顺序则是固定的，具体请参见中断优先级一节。

A/D 转换中断程序存放的入口地址为 002BH，C 语言函数的中断号为 5，即 interrupt 5。

4. A/D 转换结果寄存器 ADC_RES 与 ADC_RESL

寄存器 ADC_RES 与 ADC_RESL 位于 SFR 区分别为 BDH、BEH 的地址字节，用于存放 A/D 转换的结果数据，存放数据的具体格式则由时钟分频寄存器 CLK_DIV 中的 ADRJ 位决定。

5. 时钟分频寄存器 CLK_DIV

前面介绍的时钟分频寄存器 CLK_DIV，还用于 A/D 转换结果存放格式的管理，该寄存器位于 SFR 区的 97H 地址字节，各功能位定义及复位值如下：

位号	B7	B6	B5	B4	B3	B2	B1	B0	复位值
位名	MCKO_S1	MCKO_S0	ADRJ	Tx_Rx	—	CLKS2	CLKS1	CLKS0	00H

其中，ACRJ 决定 A/D 转换的结果在 ADC_RES 与 ADC_RESL 中的存放格式：

当 ADRJ=0 时，10 位 A/D 转换结果的高 8 位存于 ADC_RES 寄存器中，转换结果的低 2 位存于 ADC_RESL 寄存器的最低 2 位上。把两者合成即可得到 10 位转化结果 ADC_B [9：0]，即

ADC_RES [7：0]

ADC_B9	ADC_B8	ADC_B7	ADC_B6	ADC_B5	ADC_B4	ADC_B3	ADC_B2	ADC_RESL [1：0]	
								ADC_B1	ADC_B0

ADRJ=0 时，合成计算 10 位转换结果的公式为

$$ADC\_B[9：0]=(ADC\_RES[7：0]，ADC\_RESL[1：0])=4×ADC\_RES+ADS\_RESL$$

当 ADRJ=1 时，10 位 A/D 转换结果的低 8 位存于 ADC_RESL 寄存器中，而转换结果的高 2 位存于 ADC_RES 寄存器的最低 2 位上。把两者合成即可得到 10 位转化结果 ADC_B[9：0]，即

ADC_RES [1：0]

ADC_B9	ADC_B8				ADC_RESL [7：0]				
		ADC_B7	ADC_B6	ADC_B5	ADC_B4	ADC_B3	ADC_B2	ADC_B1	ADC_B0

ADRJ=1 时，合成计算 10 位转换结果的公式为

$$ADC\_B[9：0]=(ADC\_RES[1：0]，ADC\_RESL[7：0])=256×ADC\_RES+ADS\_RESL$$

得到了数字量转换结果，就可以求出 A/D 输入端口的模拟信号的电压值 V_{in}。

由模拟量与数字量的转换比例关系式：

$$V_{in}：ADC\_B[9：0]=V_{CC}：1024$$

可以求得模拟输入电压值：

$$V_{in}=ADC\_B[9：0]×V_{CC}/1024$$

如果 ADC 模块用于温度、压力等物理量检测，经传感器及处理电路处理以后，物理量信号与模拟输入信号 V_{in} 之间具有部分确定或近似的比例关系系数 k，这样就可以进一步求得被测物理量信号的数值，实现物理信号的测量。

需要指出的是，由于 STC15F 系列单片机的 ADC 模块没有设置专用参考电压，而是以工作电源 V_{CC} 作为 ADC 模块的参考电压，因此，V_{CC} 的精度和稳定性对测量结果的准确性有较大影响。要想保证测量精度应尽量使用高精度的电源 V_{CC}。

7.3 STC15 系列单片机 ADC 的应用

7.3.1 ADC 模块的使用要点

编制使用 STC15 系列单片机片内 ADC 模块的应用程序，需要注意以下几方面的要点：

1. 设置特殊功能寄存器 P1ASF 选择模拟量输入引脚

根据模拟输入信号连接 P1 端口引脚的情况，把这些连接模拟量的引脚复用为模拟量输入引脚，需要把 P1ASF 中对应的控制位 P1nASF 均设为 1，而做一般 I/O 口使用的其他引脚的 P1nASF 位设为 0。

2. 设置 ADC_CONTR 寄存器中有关转换准备工作的功能位

1）ADC_POWER=1，转换前接通 ADC 模块的工作电源。

2）设置通道选通控制位 CHS2、CHS1 和 CHS0，选择哪一路模拟量进入转换。

3）设置转换速度控制位 SPEED1 和 SPEED0，根据需要选择转换速度。

4）清 0 转换结束标志位 ADC_FLAG。

3. 设置转换结果数据的存放格式

设置时钟分频寄存器 CLK_DIV 的 ADRJ 位，选择结果寄存器 ADC_RES 与 ADC_RESL 的数据存放格式。

4. 以中断方式处理结果数据的设置

若选用中断方式处理转换结果数据，则需要设置中断使能寄存器 IE 的总使能位 EA=1 和 A/D 转换结束中断使能位 ELVD=1；而中断优先级寄存器 IP 中的 ADC 中断优先级控制位 PADC 则根据中断处理的急迫性选择高、低优先级。

5. 启动 A/D 转换

转换之前适当延时，主要用于 ADC 工作电源接通以后进入稳定状态，还包括通道选通控制位 CHS2、CHS1 和 CHS0 所选通道的切换。

延时结束，ADC_CONTR 寄存器中 ADC_START 置位，启动 A/D 转换。

6. 转换结果数据读取

（1）若以中断方式读取转换结果数据　利用汇编指令编写处理转换结果程序的中断入口地址为 002BH，而利用 C 语言编写的读取转换结果的中断函数中断矢量为 5，即 interrupt 5。

数据处理程序的任务：①根据设定的结果数据存放格式，即 ADRJ 的值，利用相应的公式计算 10 位转换结果数据；②清 0 标志位 ADC_FLAG，为下次中断做准备；③根据需要，ADC_START=1，继续启动原来这一路模拟量的 A/D 转换；或者选择另外一路模拟通道进行转换，则需要改变选通控制位 CHS2、CHS1 和 CHS0 的值，并适当延时后，置位 ADC_START，启动选择通道的 A/D 转换。

（2）若以查询方式读取转换结果数据　在算法程序的合理位置编写查询 ADC_FLAG 值的程序段，当 ADC_FLAG=0 时，A/D 转换没有结束，程序继续循环查询；而当 ADC_FLAG=1 时，A/D 转换结果已经存放于结果寄存器 ADC_RES 与 ADC_RESL 中，根据结果数据存放格式，即 ADRJ 值，利用相应的公式计算 10 位转换结果数据，同时需要清

0ADC_FLAG 标志位。

7. 转换结果处置

根据系统需求进行处置。例如：测量结果显示，或者利用测量结果进行闭环控制等，要完成这些要求则需要编制相应的算法程序。

7.3.2 A/D 转换应用举例

例 7-1 STC 学习板上有 ADC 模块识别多个按键的应用电路。图 7-2 是 STC 实验板利

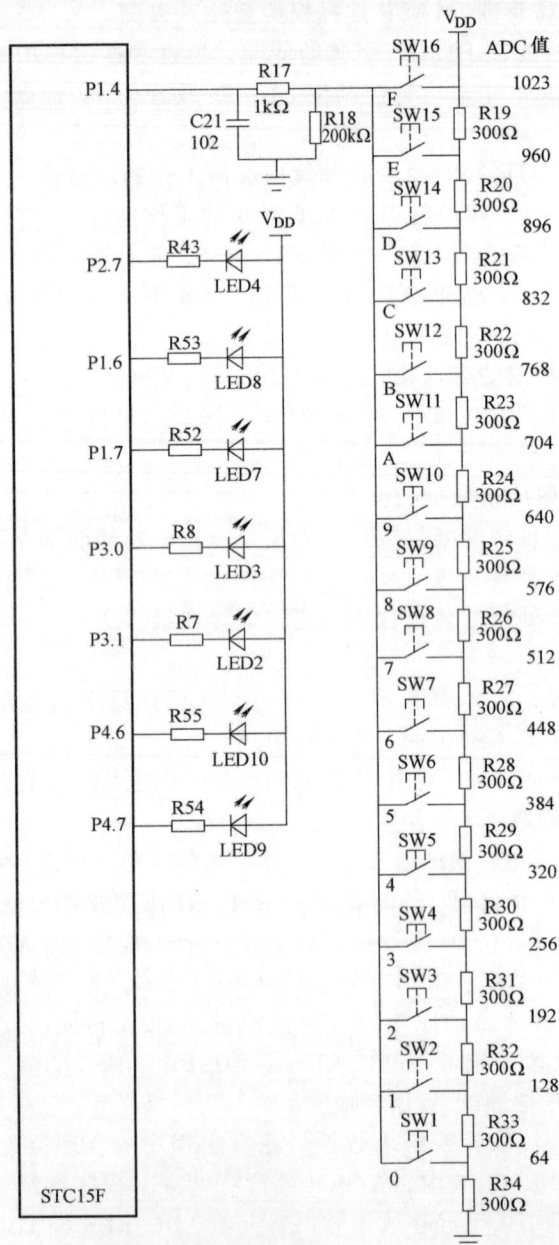

图 7-2 利用 ADC 模块检测 16 个操作按键的电路图

用 ADC 模块识别多个操作按键的电路图。利用汇编指令和 C 语言分别编程讲解 A/D 转换器的应用。

1. 原理分析

在 V_{CC} 和 GND 之间串接 16 个 300Ω 电阻 $R19 \sim R34$ 组成的梯度网络，分别用 16 个按键 SW16 ~ SW1 连接至电阻 $R18$、$R17$ 和电容 $C21$ 组成的滤波网络后，送往 P1.4 引脚。每当有按键按下时，P1.4 引脚的电压值改变，利用 ADC 模块检测电压值可以识别按下的按键。

作为 A/D 输入引脚的内阻很大，流经 $R17$ 和 $C21$（微容量电容）的电流很小，而 $R18$ 的阻值为 $100k\Omega$，相对于 16 个串接电阻网络的电阻值（$16 \times 300\Omega = 4.8k\Omega$）大得多，因此可以忽略滤波网络对串接电阻分压的影响。

按键与电压分压、A/D 转换结果的关系对照表见表 7-3。这里针对只允许一个按键按下的操作情况。

表 7-3　按键与电压分压、A/D 转换结果的关系对照

按下按键	电压分压理论值（V_{CC} 的倍数）	A/D 转换结果中心值（十进制）
SW16	1	1023
SW15	15/16	960
SW14	14/16	896
SW13	13/16	832
SW12	12/16	768
SW11	11/16	704
SW10	10/16	640
SW9	9/16	576
SW8	8/16	512
SW7	7/16	448
SW6	6/16	384
SW5	5/16	320
SW4	4/16	256
SW3	3/16	192
SW2	2/16	128
SW1	1/16	64

电阻本身存在一定的精度误差，这里尽管使用精度高的电阻，实际检测的结果还会与中心值有一些偏离。数据处理时，对结果进行一定的纠偏处理，可以克服器件误差造成的识别偏差。

按键操作是随机进行的，利用定时器的定时程序控制 A/D 转换并读取转换结果，只要时间间隔合适，就可以没有遗漏地捕获操作的按键，只是按键动作需要尽量规范，即

按下不松开的时间不能超常规，否则需要更为复杂的程序才能实现按键识别。按键操作只支持单键操作模式，多键同时操作时结果则不可预知。

2. 应用编程

利用其中7个按键控制实验板上7个指示灯的亮、灭，而其他按键操作无效，即SW1控制P1.6连接的LED8、SW2控制P1.7连接的LED7、SW3控制P2.7连接的LED4、SW4控制P3.0连接的LED3、SW5控制P3.1连接的LED2、SW6控制P4.6连接的LED10、SW7控制P4.7连接的LED9。

（1）汇编语言编程实现　利用汇编语言编写A/D转换器的应用程序，键码识别采用转换结果"除64取整"的方法计算键码，因舍弃余数，特别采用把实际数据上浮一个偏移量（如20）的方法克服实际数据因电阻误差可能小于中心值而造成识别键值比实际键值偏小的误判。由于偏移量较小，也不影响实际数值比中心值上偏的识别情况。

应用程序实现如下：

```
;/* * * * * * * * * * * *用户定义宏* * * * * * * * * * * * * */
STACK_POIRTER    EQU 0D0H    ;堆栈开始地址
UPDATA           EQU 16      ;上浮偏差纠正
;* * * * * * * * * *STC新增特殊功能寄存器说明* * * * * * * * *
P0M1     DATA 0x93
P0M0     DATA 0x94
P1M1     DATA 0x91
P1M0     DATA 0x92
P2M1     DATA 0x95
P2M0     DATA 0x96
P3M1     DATA 0xB1
P3M0     DATA 0xB2
P4M1     DATA 0xB3
P4M0     DATA 0xB4


P1ASF       DATA    09DH
ADC_CONTR   DATA    0BCH        ;带AD系列
ADC_RES     DATA    0BDH        ;AD结果
ADC_RESL    DATA    0BEH        ;AD结果L
CLK_DIV     DATA    097H

;* * * * * * * * * * * * * * * * * * * * * * * * * * * * * * *


ORG     0000H
LJMP    MAIN
```

```
        ORG     001BH
        LJMP    T1_INT              ;T1 中断程序入口地址

        ORG     0100H
MAIN:   CLR     A
        MOV     P0M1, A             ;设置 P0 为准双向口
        MOV     P0M0, A
        MOV     P1M1, A             ;设置 P1 为准双向口
        MOV     P1M0, A
        MOV     P2M1, A             ;设置 P2 为准双向口
        MOV     P2M0, A
        MOV     P3M1, A             ;设置 P3 为准双向口
        MOV     P3M0, A
        MOV     P4M1, A             ;设置 P4 为准双向口
        MOV     P4M0, A

        MOV     SP, #STACK_POIRTER
        MOV     PSW, #0             ;选择第 0 组 R0~R7

        MOV     P1ASF, #10H         ;P1.4 口设置为 A/D 输入
        MOV     ADC_CONTR, #0E0H    ;ADC 上电, 转换速度 90T, 选通道 4, 清 ADC_FLAG
        ORL     CLK_DIV, #20H       ;置位 ADRJ

        MOV     R3, #10H            ;R3 累计 T1 中断次数, 控制每次 A/D 转换
                                    间隔时间
        CLR     00H                 ;00H 位用作转换有新结果标志位, 置位时有新
                                    结果

        MOV     TMOD, #00H          ;T1 设置模式 0:16 位自动重装载定时器
        MOV     TL1, #00H           ;初始化计时初值
        MOV     TH1, #00H
        SETB    ET1                 ;使能 T1 中断
        SETB    EA                  ;使能总中断
        SETB    TR1                 ;启动 T1 定时, 中断用时可用于 ADC 初次上电
                                    的稳定
LOOP:   JNB     00H, LOOP           ;没有新转换结果, 继续等待
```

	MOV	A, R7	;以设定的 ADRJ=1 格式计算键码。低 8 位+上浮数据
	CLR	C	;转换结果利用中断程序转存于(R6、R7)中
	ADD	A, #UPDATA	
	MOV	R7, A	
	CLR	A	;若有进位，加入高 2 位
	ADDC	A, R6	
	MOV	R6, A	;上浮数据以后，结果高 2 位在 R6、低 8 位在 R7
	MOV	R4, #6	;R6、R7 中 10 位数据整体右移 6 次，即结果除 64 运算
YouYi:	CLR	C	
	MOV	A, R6	;先右移高字节
	RRC	A	
	MOV	R6, A	
	MOV	A, R7	;再右移低字节
	RRC	A	
	MOV	R7, A	
	DJNZ	R4, YouYi	;右移 6 次，键码存于 R7 中
	CLR	C	
	CJNE	R7, #1, BiJiao2	;键码=1?
	CPL	P1.6	;键码为 1，改变 LED8 的状态
	AJMP	COMM	
BiJiao2:	CJNE	R7, #2, BiJiao3	;键码=2?
	CPL	P1.7	;键码为 2，改变 LED7 的状态
	AJMP	COMM	
BiJiao3:	CJNE	R7, #3, BiJiao4	;键码=3?
	CPL	P2.7	;键码为 3，改变 LED4 的状态
	AJMP	COMM	
BiJiao4:	CJNE	R7, #4, BiJiao5	;键码=4?
	CPL	P3.0	;键码为 4，改变 LED3 的状态
BiJiao5:	CJNE	R7, #5, BiJiao6	;键码=5?
	CPL	P3.1	;键码为 5，改变 LED2 的状态
BiJiao6:	CJNE	R7, #6, BiJiao7	;键码=6?
	CPL	P4.6	;键码为 6，改变 LED10 的状态
BiJiao7:	CJNE	R7, #7, COMM	;键码=7?
	CPL	P4.7	;键码为 7，改变 LED9 的状态
COMM:	CLR	00H	;检测结果数据已处理，清 0 等待新数据

```
        ALMP    LOOP                    ;主程序等待
;＊＊＊＊＊＊＊＊T1 中断服务程序＊＊＊＊＊＊＊＊
T1_INT：DJNZ     R3，Rmain               ;T1 中断次数不足，返回
        PUSH    ACC                     ;设定间隔时间到，检测按键状态
        MOV     ADC_RES，#0             ;清除结果寄存器
        MOV     ADC_RESL，#0
        MOV     ADC_CONTR，#ECH         ;ADC_START 置位，启动 A/D 转换
        NOP                             ;NOP 指令延时
        NOP
        NOP
        NOP
Wait：  MOV     A，ADC_CONTR            ;查询 ADC_FLAG 位
        JNB     ACC.4，Wait             ;ADC_FLAG＝0，转换没有结束，继续查询
        ANL     ADC_CONTR，#0EFH        ;转换结束，ADC_FLAG 清 0
        MOV     A，ADC_RES              ;保存转换结果，ADC_RES 存 R6，ADC_RESL
                                         存 R7
        ANL     A，#03H
        MOV     R6，A
        MOV     R7，ADC_RESL
        SETB    00H                     ;A/D 转换有新结果，转换结果标志位
        MOV     R3，#10H                ;R3 累计 T1 中断次数，控制每次 A/D 转换
                                         间隔时间
        POP     ACC
Rmain： RETI
        END
```

程序中上浮偏移量和转换间隔时间两个变量的值，对能否正确识别按键有较大的影响。上浮偏移量的具体取值则需要通过反复按键操作调试、保证识别无误来获得；同样，转换间隔由按键快慢来决定，太长的间隔会造成按键遗漏，较小的间隔时间会造成一次按键多次键码识别，同样需要反复调试来确定。适应各种按键操作，则需要复杂的键盘识别程序。

（2）C 语言编程实现　同样，利用 C 语言编写 ADC 模块识别按键并控制改变 7 个指示灯亮、灭状态的程序。利用了 C 语言运算的能力，键码计算方法有所变化。

程序实现如下：

```
#include<STC15Fxxxx. h>        //该头文件已经包含了新增特殊功能寄存器的地址说明

#define ADC_OFFSET 16          //转换结果校正偏差量，初定为 16

sbitLED8      = P1^6;          //发光二极管 LED8
```

```
sbitLED7        = P1^7;              //发光二极管 LED7
sbitLED4        = P2^7;              //发光二极管 LED4
sbitLED3        = P3^0;              //发光二极管 LED3
sbitLED2        = P3^1;              //发光二极管 LED2
sbitLED10       = P4^6;              //发光二极管 LED10
sbitLED9        = P4^7;              //发光二极管 LED9


u8   Interrupte_NUM;                 //中断次数变量
bit  Get;                           //定时中断次数达到，标志位
/* * * * * * * * * * * * * * * * * * * * * * * * * */
void main( void)
{
    u16  j;

    P0M1 = 0; P0M0 = 0;             //设置端口为准双向口
    P1M1 = 0; P1M0 = 0;
    P2M1 = 0; P2M0 = 0;
    P3M1 = 0; P3M0 = 0;
    P4M1 = 0; P4M0 = 0;

    SP = STACK_POIRTER;             //堆栈指针
    PSW = 0;                        //选择第 0 组 R0~R7
    P1ASF = 0x10;                   //P1.4 为 ADC 模拟输入
    ADC_CONTR = 0xE0;               //设置 ADC 的转换速度 90T，接通 ADC 供电
    CLK_DIV & = ~0x20;              //ADRJ = 0
    Interrupte_NUM = 10;            //中断次数变量，控制 A/D 转换的间隔
    Get = 0;                        //间隔定时清零

    TMOD = 0;                       //T1：定时器，16 位重装
    TH1 = 0;                        //定时初值
    TL1 = 0;
    ET1 = 1;                        //T1 中断使能
    EA = 1;                         //总中断使能
    TR1 = 1;                        //T1 启动定时

    while(1)
    {
        if( Get)                                        //T1 定时中断次数到
```

```
{
    Get = 0;                                            //Get 标志位清 0
    ADC_RES = 0;                                        //结果寄存器清 0
    ADC_RESL = 0;
    ADC_CONTR = ( ADC_CONTR & 0xe0 ) | 0x08 | 0x04;     //启动通道 4A/D 转
                                                        //换, 清结束标志
    NOP( 4 );                                           //4 个 NOP 指令延时
    while( ( ADC_CONTR & 0x10 ) = = 0 );                //等待 A/D 转换结束,
                                                        //ADC_FLAG = 1?
    ADC_CONTR & = ~ 0x10;                               //转换结束, 清除
                                                        //ADC 结束标志
                                                        //ADRJ = 0, 高 8 位左
                                                        //移 2 位, 再逻辑或
                                                        //ADC_RESL 的低 2 位
    j = ( ( u16 ) ADC_RES << 2 ) | ( ADC_RESL & 3 );    //合成 10 位结果
    if( ( j<( 64+ADC_OFFSET ) &&( j>( 64-ADC_OFFSET ) ) LED8 = ~ LED8;
                                                        //按键 1 控制 LED8 亮
                                                        //灭状态转换
    if( ( j<( 128+ADC_OFFSET ) &&( j>( 128-ADC_OFFSET ) ) LED7 = ~ LED7;
                                                        //按键 2 控制 LED7 亮
                                                        //灭状态转换
    if( ( j<( 192+ADC_OFFSET ) &&( j>( 192-ADC_OFFSET ) ) LED4 = ~ LED4;
                                                        //按键 3 控制 LED4 亮
                                                        //灭状态转换
    if( ( j<( 256+ADC_OFFSET ) &&( j>( 256-ADC_OFFSET ) ) LED3 = ~ LED3;
                                                        //按键 4 控制 LED3 亮
                                                        //灭状态转换
    if( ( j<( 320+ADC_OFFSET ) &&( j>( 320-ADC_OFFSET ) ) LED2 = ~ LED2;
                                                        //按键 5 控制 LED2 亮
                                                        //灭状态转换
    if( ( j<( 384+ADC_OFFSET ) &&( j>( 384-ADC_OFFSET ) ) LED10 = ~ LED10;
                                                        //按键 6 控制 LED10
                                                        //亮灭状态转换
    if( ( j<( 448+ADC_OFFSET ) &&( j>( 448-ADC_OFFSET ) ) LED9 = ~ LED9;
                                                        //按键 7 控制 LED9 亮
                                                        //灭状态转换
}
```

```
        }
    }

/ * * * * * * * * *T1 中断函数 * * * * * * * * * * /
void timer1(void) interrupt 5
{
    Interrupte_NUM-=1;
    if( Interrupte_NUM = = 0)
    {
        Get=1;                    //中断次数标志位
        Interrupte_NUM = 10;      //间隔变量重新赋值
    }
}
```

利用 ADC 模块识别多个按键，具有占用接口资源少的优点，但是由于按键操作有抖动，仅凭一次 A/D 转换，转换的结果有可能是按键抖动电压值，造成按键误判。为此，利用高频次的多次转换，才能保证按键识别的正确性，编制的程序也较为复杂。

习题与思考题

1. STC15F 系列单片机片内 ADC 模块有几路输入通道？转换位数是多少？

2. STC15F 系列单片机片内 ADC 模块的量程电压为多少？工作电压的稳定性对转换结果有无影响？

3. 与 STC15F 系列片内 ADC 模块相关的寄存器有哪些？正确应用 ADC 模块的要点是什么？

4. 针对两种转换结果格式，如何合成 10 位转换结果？

5. 参考本章利用 ADC 模块识别多个按键的例子，利用中断法编写识别按键、读取转换结果并控制指示灯的程序。

第8章
异步串行通信技术 UART

串行通信按照串行数据的时钟控制方式，可以分为异步串行通信和同步串行通信。STC15F 系列单片机有 2 组高速异步串行通信端口。本章介绍单片机内串行通信的基础知识、STC15F 系列单片机串行通信接口的有关寄存器，并利用汇编指令、C 语言指令讲解串行口通信的应用实现。

8.1 串行通信基础

在计算机系统中，CPU 和外部通信有两种通信方式：并行通信和串行通信。并行通信，即数据的各位同时传送；串行通信，即数据一位一位顺序传送。图 8-1 为这两种通信方式的示意图。

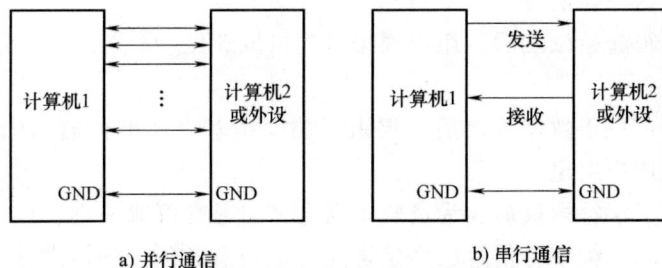

图 8-1　并行和串行通信方式的示意图

上述两种基本通信方式比较起来，串行通信能够节省传输线，特别是数据位数很多和远距离数据传送时，这一优点更为突出；串行通信方式的主要缺点是传送速度比并行通信要慢。

1. 串行通信的分类

按照串行数据的时钟控制方式，串行通信可分为同步通信和异步通信两类。

（1）异步通信 在异步通信中，数据通常是以字符为单位组成字符帧传送的。字符帧由发送端一帧一帧地发送，每一帧数据是低位在前高位在后，通过传输线被接收端一帧一帧地接收。发送端和接收端可以由各自独立的时钟来控制数据的发送和接收，这两个时钟彼此独立，互不同步。

在异步通信中，接收端是依靠字符帧格式来判断发送端是何时开始发送何时结束发送的。字符帧格式是异步通信的一个重要指标。

1）字符帧也叫数据帧，由起始位、数据位、奇偶校验位和停止位这4部分组成，如图8-2所示。

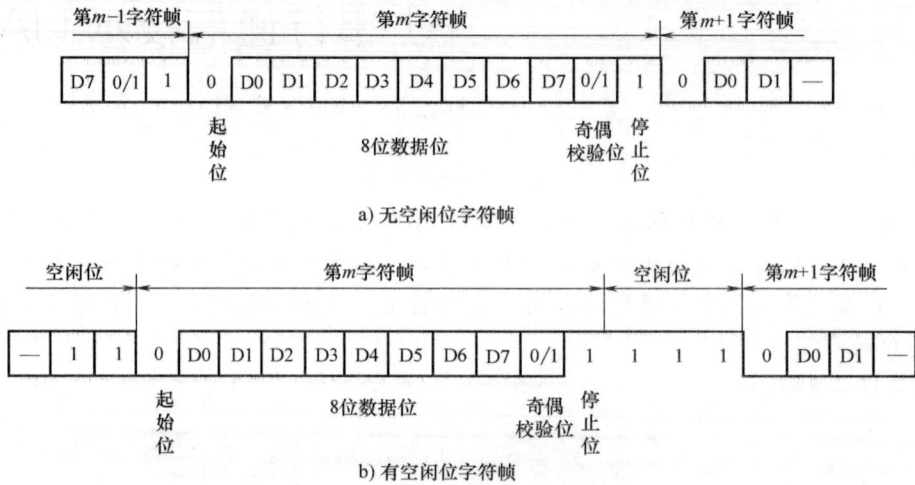

图 8-2 异步通信的字符帧格式

- 起始位：位于字符帧开头，只占一位，为逻辑0低电平，用于向接收设备表示发送端开始发送一帧信息。
- 数据位：紧跟起始位之后，用户根据情况可取5位、6位、7位或8位，低位在前高位在后。
- 奇偶校验位：位于数据位之后，仅占一位，用来表征串行通信中采用奇校验还是偶校验，由用户决定。
- 停止位：位于字符帧最后，为逻辑1高电平。通常可取1位、1.5位或2位，用于向接收端表示一帧字符信息已经发送完，也为发送下一帧做准备。

在串行通信中，两相邻字符帧之间可以没有空闲位，也可以有若干空闲位，这由用户来决定。图8-2b表示有3个空闲位的字符帧格式。

2）比特率和波特率。在通信领域，比特率是数字信号的传输速率，它用单位时间内传输的二进制代码的有效位（bit）数来表示，其单位为bit/s。波特率指数据信号对载波的调制速率，它用单位时间内载波调制状态改变次数来表示，其单位为Baud。波特率和比特率不总是相同的，波特率与比特率的关系为：比特率＝波特率×单个调制状态对应的二进制位数。对于将数字信号1或0直接用两种不同电压表示的所谓基带传输，比特率和波特率是相同的。所以，在异步串行通信中，经常用波特率表示数据的传输速率。波特率越高，数据传输速度越快。但波特率和字符的实际传输速率不同，字符的实际传输速率是每秒内所传字符帧的帧数，和字符帧格式有关。

（2）同步通信 同步通信是一种连续串行传送数据的通信方式，一次通信只传输一帧信息。这里的信息帧和异步通信的字符帧不同，通常有若干个数据字符，如图 8-3 所示。图 8-3a 为单同步字符帧结构，图 8-3b 为双同步字符帧结构，但它们均由同步字符、数据字符和校验字符（CRC）3 部分组成。在同步通信中，同步字符可以采用统一的标准格式，也可以由用户约定。

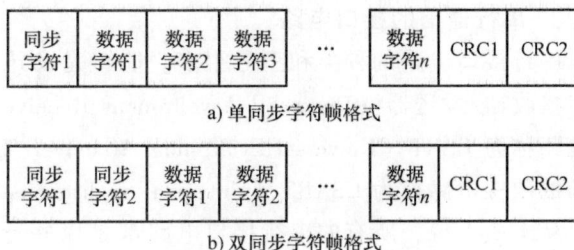

a) 单同步字符帧格式

b) 双同步字符帧格式

图 8-3 同步通信的字符帧格式

同步通信的数据传输速率较高，通常可达 56000bit/s 或更高，其缺点是要求发送时钟和接收时钟必须严格保持同步。

2. 串行通信的制式

在串行通信中数据是在两个站之间进行传送的，按照数据传送方向，串行通信可分为单工、半双工和全双工 3 种制式。图 8-4 为 3 种制式的示意图。

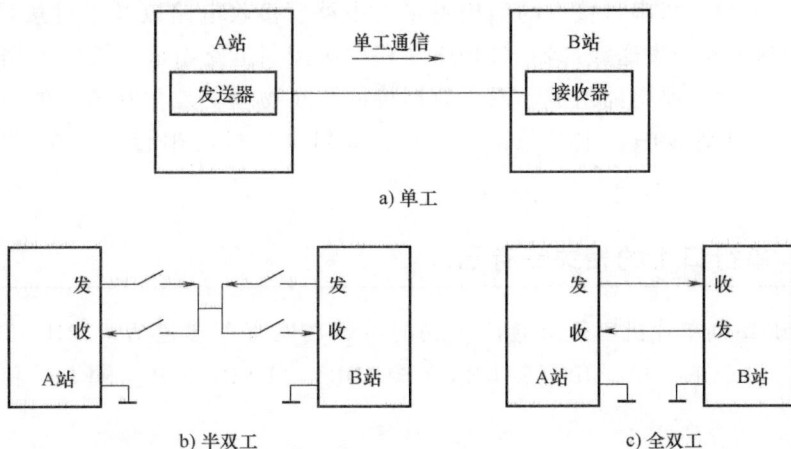

a) 单工

b) 半双工

c) 全双工

图 8-4 单工、半双工和全双工 3 种制式示意图

在单工制式下，通信线的一端接发送器，一端接接收器，数据只能按照一个固定的方向传送，如图 8-4a 所示。

在半双工制式下，系统的每个通信设备都由一个发送器和一个接收器组成，如图 8-4b 所示。在这种制式下，数据能从 A 站传送到 B 站，也可以从 B 站传送到 A 站，但是不能同时在两个方向上传送，即只能一端发送一端接收。其收发开关一般是由软件控制的电子开关。

全双工通信系统的每端都有发送器和接收器，可以同时发送和接收，即数据可以在两个方向上同时传送。如图 8-4c 所示。

在实际应用中，尽管多数串行通信接口电路具有全双工功能，但一般情况只工作于半双工制式下，这种用法简单、实用。

3. 串行通信的接口电路

串行接口电路的种类和型号很多。能够完成异步通信的硬件电路称为 UART，即通用异步接收器/发送器（Universal Asychronous Receiver/Transmitter），能够完成同步通信的硬件电路称为 USRT（Universal Sychronous Receiver/Transmitter），既能够完成异步又能同步通信的硬件电路称为 USART（Universal Sychronous Asychronous Receiver/Transmitter）。

从本质上说，所有的串行接口电路都是以并行数据形式与 CPU 接口，以串行数据形式与外部逻辑接口。它们的基本功能是从外部逻辑接收串行数据，转换成并行数据后传送给 CPU，或从 CPU 接收并行数据，转换成串行数据后输出到外部逻辑。

8.2 STC15F 系列单片机的串行通信接口

STC15F 系列单片机最多具有两组串行通信接口，串行口 1 和串行口 2。其中串行口 1 可以在 3 组引脚间进行切换。串行口 2 可以在 2 组引脚间进行切换。

STC15F 系列单片机串行接口的结构由发送电路、接收电路以及串行接口控制电路 3 部分组成。发送电路由发送缓冲器（SBUF）和发送控制电路组成。接收电路由接收缓冲器（SBUF）和接收控制电路组成。两个数据缓冲器在物理上是相互独立的，在逻辑上却占用同一个字节地址 99H。本章只对 STC15F 系列单片机的串行口 1 的相关知识进行介绍。

8.2.1 串行口 1 的相关寄存器

与 STC15F 系列单片机串行口通信相关的特殊功能寄存器包括：T2H，T2L，AUXR，SCON，SBUF，PCON，IE，IP，SADEN，SADDR，AUXR1（P_SW1）和 CLK_DIV（PCON2）。

1. 串行控制寄存器 SCON

串行控制寄存器 SCON 用于选择串行通信的工作方式和某些控制功能。SCON 的地址为 98H，其格式如下：

位号	B7	B6	B5	B4	B3	B2	B1	B0
位名	SM0/FE	SM1	SM2	REN	TB8	RB8	TI	RI

1）SM0/FE：当 PCON 寄存器中的 SMOD0/PCON.6 位为 1 时，该位用于帧错误检测。当检测到一个无效停止位时，通过 UART 接收器设置该位。它必须由软件清 0。

当 PCON 寄存器中的 SMOD0/PCON.6 位为 0 时，该位和 SM1 一起指定串行通信的工作方式，见表 8-1。

表 8-1　SM0、SM1 组合确定串行口 1 的工作方式

SM0	SM1	工作方式	功能说明	波　特　率
0	0	方式 0	同步移位串行方式:移位寄存器	当 UARE_M0×6 = 0 时，波特率是 SYSclk/12；当 UART_M0x6 = 1 时，波特率是 SYSclk/2
0	1	方式 1	8 位 UART,波特率可变	串行口 1 用 T1 作为其波特率发生器且 T1 工作于方式 0(16 位自动重装载模式)或串行口 T2 作为其波特率发生器时，波特率 =(T1 的溢出率或 T2 的溢出率)/4。注意:此时波特率与 SMOD 无关。 当串行口 1 用 T1 作为其波特率发生器且 T1 工作于方式 2(8 位自动重装模式)时，波特率 =(2^SMOD/32)×(T1 的溢出率)
1	0	方式 2	9 位 UART	(2^SMOD/64)×SYSclk 系统工作时钟频率
1	1	方式 3	9 位 UART,波特率可变	当串行口 1 用 T1 作为其波特率发生器且 T1 工作于方式 0(16 位自动重装载模式)或串行口用 T2 作为其波特率发生器时，波特率 =(T1 的溢出率或 T2 的溢出率)/4。注意:此时波特率与 SMOD 无关。 当串行口 1 用 T1 作为其波特率发生器且 T1 工作于方式 2(8 位自动重装模式)时，波特率 =((2^SMOD)/32)×(T1 的溢出率)

当 T1 工作于方式 0（16 位自动重装载模式）且 AUXR.6/T1x12 = 0 时，T1 的溢出率 = SYSclk/12/(65536-[RL_TH1, RL_TL1])；当 T1 工作于方式 0（16 位自动重装载模式）且 AUXR.6/T1x12 = 1 时，T1 的溢出率 = SYSclk/(65536-[RL_TH1, RL_TL1])；当 T1 工作于方式 2（8 位自动重装模式）且 T1x12 = 0 时，T1 = 溢出率 = SYSclk/12/(256-TH1)；当 T1 工作于方式 2（8 位自动重装模式）且 T1x12 = 1 时，T1 的溢出率 = SYSclk/(256-TH1)；当 AUXR.2/T2x12 = 0 时，T2 的溢出率 = SYSclk/12/(65536-[RL_TH2, RL_TL2])；当 AUXR.2/T2x12 = 1 时，T2 的溢出率 = SYSclk/(65536-[RL_TH2, RL_TL2])。

2）SM2：允许方式 2 或方式 3 多机通信控制位。

在方式 2 或方式 3 时，如果 SM2 位为 1 且 REN 位为 1，则接收器处于地址帧筛选状态。此时可以利用接收到的第 9 位（即 RB8）来筛选地址帧：若 RB8 = 1，说明该帧是地址帧，地址信息可以进入 SBUF，并使 RI 为 1，进而在中断服务程序中再进行地址号比较；若 RB8 = 0，说明该帧不是地址帧，应丢掉且保持 RI = 0。在方式 2 或方式 3 中，如果 SM2 位为 0 且 REN 位为 1，接收器处于地址帧筛选被禁止状态，不论收到的 RB8 为 0 或 1，均可使接收到的信息进入 SBUF，并使 RI = 1，通常此时 RB8 为校验位。

方式 1 和方式 0 是非多机通信方式，在这两种方式时，要设置 SM2 为 0。

3）REN：允许/禁止串行接收控制位。由软件置位 REN，即 REN = 1 为允许串行接收状态，可启动串行接收器 RxD，开始接收信息。软件复位 REN，即 REN = 0，则禁止

接收。

4）TB8：在方式 2 或方式 3 时，是发送数据的第 9 位，按需要由软件置位或清 0。例如，可用作数据的校验位或多机通信中表示地址帧/数据帧的标志位。TB8 = 1，发送地址帧；TB8 = 0，发送数据帧。在方式 0 和方式 1 时，该位不用。

5）RB8：在方式 2 或方式 3 时，是接收到的第 9 位数据，作为奇偶校验位或地址帧/数据帧的标志位。方式 0 时不用 RB8（置 SM2 = 0），方式 1 时也不用 RB8（置 SM2 = 0，RB8 是接收到的停止位）。

6）TI：发送终端请求标志位。在方式 0 时，当串行发送数据第 8 位结束时，由内部硬件自动置位，即 TI = 1，向主机请求中断，响应中断后 TI 必须用软件清 0，即 TI = 0。在其他方式中，则在停止位开始发送时由内部硬件置位，即 TI = 1，响应中断后 TI 必须用软件清 0。

7）RI：接收中断的请求标志位。在方式 0 时，当串行接收到第 8 位结束时由内部硬件自动置位 RI = 1，向主机请求中断，响应中断后 RI 必须用软件清 0，即 RI = 0。在其他方式中，串行接收到停止位的中间时刻由内部硬件置位，即 RI = 1，向 CPU 发送中断申请，响应中断后 RI 必须由软件清 0。

SCON 的所有位可通过整机复位信号复位为全 0。SCON 的字节地址位 98H，可位寻址，各位地址为 98H~9FH，可用软件实现位设置。

串行通信的中断请求：当一帧发送完成，内部硬件自动置位 TI，即 TI = 1，请求中断处理；当接收完一帧信息时，内部硬件自动置位 RI，即 RI = 1，请求中断处理。由于 TI 和 RI 以"或逻辑"关系向主机请求中断，所以主机响应中断时事先并不知道是 TI 还是 RI 请求的中断，必须在中断服务程序中查询 TI 和 RI 进行判别，然后分别处理。因此，两个中断请求标志位均不能由硬件自动置位，必须通过软件清 0，否则将出现一次请求多次响应的错误。

2. 电源控制寄存器 PCON

电源控制寄存器 PCON，不可位寻址，地址为 87H。PCON 格式如下：

位号	B7	B6	B5	B4	B3	B2	B1	B0
位名	SMOD	SMOD0	LVDF	POF	GF1	GF0	PD	IDL

1）SMOD：波特率选择位，用于设置方式 1、方式 2、方式 3 的波特率是否加倍。应用软件置位 SMOD，即 SMOD = 1，则使串行通信方式 1、2、3 的波特率加倍；SMOD = 0，则各工作方式的波特率不加倍。复位时 SMOD = 0。

2）SMOD0：帧错误检测有效控制位。当 SMOD0 = 1，SCON 寄存器中的 SM0/FE 位用于 FE（帧错误检测）功能；当 SMOD0 = 0，SCON 寄存器中的 SM0/FE 位用于 SM0 功能，和 SM1 一起指定串行口的工作方式。复位时 SMOD0 = 0。

3. 串行口数据缓冲寄存器 SBUF

STC15F 系列单片机的串行口 1 缓冲寄存器（SBUF）的地址是 99H，实际是两个缓冲器，写 SBUF 的操作完成待发送数据的加载，读 SBUF 的操作可获得已收到的数据。两个操作分别对应两个不同的寄存器，一个是只写寄存器，一个是只读寄存器。

串行通道内设有数据寄存器。在所有的串行通信方式中，在写入 SBUF 信号（MOV SBUF，A）的控制下，把数据装入相同的 9 位移位寄存器，前面 8 位为数据字节，其最低位为 1 位寄存器的输出位。根据不同的工作方式会自动将 1 或 TB8 的值装入移位寄存器的第 9 位，并进行发送。

串行通道的接收寄存器是一个输入移位寄存器。在方式 0 时它的字长为 8 位，其他方式时为 9 位。当一帧接收完毕，移位寄存器中的数据字节装入串行数据缓冲器 SBUF 中，其第 9 位则装入 SCON 寄存器中的 RB8 位。如果由于 SM2 使得已接收的数据无效时，RB8 和 SBUF 中内容不变。

由于接收通道内设有输入移位寄存器和 SBUF 缓冲器，从而能使一帧接收完将数据由移位寄存器装入 SBUF 后，可立即开始接收下一帧消息，主机应在该帧接收结束前从 SBUF 缓冲器中将数据取走，否则前一帧数据将丢失。SBUF 以并行方式送往内部数据总线。

4. 辅助寄存器 AUXR

辅助寄存器 AUXR 不可位寻址，地址为 8EH，其格式如下：

位号	B7	B6	B5	B4	B3	B2	B1	B0
位名	T0x12	T1x12	UART_M0x6	T2R	T2_C/$\overline{\text{T}}$	T2x12	EXTRAM	S1ST2

1）T0x12：T0 速度控制位。T0x12 = 0，T0 是传统 8051 速度，12 分频；T0x12 = 1，T0 的速度是传统 8051 的 12 倍，不分频。

2）T1x12：T1 速度控制位。T1x12 = 0，T1 是传统 8051 速度，12 分频；T1x12 = 1，T1 的速度是传统 8051 的 12 倍，不分频。

如果 UART1 串行口 1 用 T2 作为波特率发生器，则由 T1x12 决定 UART1 串口是 12T 还是 1T。

3）UART_M0x6：串口模式的通信速度设置位。UART_M0x6 = 0，串行口 1 方式 0 的速度是传统 8051 单片机串口的速度，12 分频；UART_M0x6 = 1，串行口 1 方式 0 的速度是传统 8051 单片机串口速度的 6 倍，2 分频。

4）T2R：T2 允许控制位。T2R = 0，不允许 T2 运行；T2R = 1，允许 T2 允许。

5）T2_C/$\overline{\text{T}}$：控制 T2 用作定时器或计数器。T2_C/$\overline{\text{T}}$ = 0，用作定时器（对内部系统时钟进行计数）；T2_C/$\overline{\text{T}}$ = 1，用作计数器（对引脚 T2/P3.1 的外部脉冲进行计数）。

6）T2x12：T2 速度控制位。T2x12 = 0，T2 是传统 8051 速度，12 分频；T2x12 = 1，T2 的速度是传统 8051 的 12 倍，不分频。

如果串口或串口 2 用 T2 作为波特率发生器，则由 T2x12 决定串口或串口 2 是 12T 还是 1T。

7）EXTRAM：内部/外部 RAM 存取控制位。EXTRAM = 0，允许使用逻辑上在片外、物理上在片内的扩展 RAM；EXTRAM = 1，禁止使用逻辑上在片外、物理上在片内的扩展 RAM。

8）S1ST2：串行口 1（UART1）选择 T2 作波特率发生器的控制位。S1ST2 = 0，选择 T1 作为串行口 1（UART1）的波特率发生器；S1ST2 = 1，选择 T2 作为串行口 1（UART1）的波特率发生器，此时 T1 得到释放，可以作为独立定时器使用

串行口 1 可以选择 T1 作为波特率发生器，也可选择 T2 作为波特率发生器。当设置 AUXR 寄存器中的 S1ST2 位（串行口波特率选择位）为 1 时，串行口 1 选择 T2 作为波特率发生器，此时 T1 可以释放出来作为定时器/计数器/时钟输出使用。

对于 STC15F 系列单片机，串行口 2 只能使用 T2 作为波特率发生器，不能够选择其他 T 作为其波特率发生器；而串行口 1 默认选择 T2 作为其波特率发生器，也可以选择 T1 作为其波特率发生器；串行口 3 默认选择 T2 作为其波特率发生器，也可以选择 T3 作为其波特率发生器；串行口 4 默认 T2 作为其波特率发生器，也可以选择 T4 作为其波特率发生器。

5. T2 的寄存器 T2H 和 T2L

T2 寄存器 T2H（地址为 D6H，复位值为 00H）及寄存器 T2L（地址为 D7H，复位值为 00H）用与保存重装时间常数。

6. 从机地址控制寄存器 SADEN 和 SADDR

为了方便多机通信，STC15F 系列单片机设置了从机地址控制寄存器 SADEN 和 SADDR。其中 SADEN 是从机掩模寄存器（地址为 B9H，复位值为 00H），SADDR 是从机地址寄存器（地址为 A9H，复位值为 00H）。

7. 与串行口 1 中断相关的寄存器位 ES 和 PS

（1）中断允许寄存器 IE 可位寻址，地址为 A8H。IE 的格式如下：

位号	B7	B6	B5	B4	B3	B2	B1	B0
位名	EA	ELVD	EADC	ES	ET1	EX1	ET0	EX0

1）EA：CPU 的总中断允许控制位。EA = 1，CPU 开放中断；EA = 0，CPU 屏蔽所有的中断申请。

EA 的作用是使中断允许形成多级控制，即各中断源首先受 EA 控制，其次还受各中断源自己的中断允许控制位控制。

2）ES：串行口中断允许位。ES = 1，允许串行口中断；ES = 0，禁止串行口中断。

（2）中断优先级控制寄存器 IP 可位寻址，地址为 B8H，其格式如下：

位号	B7	B6	B5	B4	B3	B2	B1	B0
位名	PPCA	PLVD	PADC	PS	PT1	PX1	PT0	PX0

PS：串行口 1 中断优先级控制位。当 PS = 0 时，串行口 1 中断为最低优先级中断（优先级 0）；当 PS = 1 时，串行口 1 中断为最高优先级中断（优先级 1）。

8. 将串行口 1 进行切换的寄存器 AUXR1（P_SW1）

AUXR1（P_SW1）的地址为 A2H，其格式如下：

位号	B7	B6	B5	B4	B3	B2	B1	B0
位名	S1_S1	S1_S0	CCP_S1	CCP_S0	SPI_S1	SPI_S0	0	DPS

串行口 1 的 RxD 引脚和 TxD 引脚可以在 3 组不同引脚之间进行切换，见表 8-2。

表 8-2 由 S1_S0 及 S1_S1 控制位来选择串行口 1 的引脚切换

S1_S1	S1_S0	引　　脚
0	0	串行口 1 在［P3.0/RxD，P3.1/TxD］
0	1	串行口 1 在［P3.6/RxD_2，P3.7/TxD_2］
1	0	串行口 1 在［P1.6/RxD_3/XTAL2，P1.7/TxD_3/XTAL1］，串行口 1 在 P1 口时要使用内部时钟
1	1	无效

串行口 1 建议放在［P3.6/RxD_2，P3.7/TxD_2］或［P1.6/RxD_3/XTAL2，P1.7/TxD_3/XTAL1］上。

9. 串行口 1 的中继广播方式设置位 Tx_Rx

时钟分频寄存器 CLK_DIV（PCON2），地址为 97H，其格式如下：

位号	B7	B6	B5	B4	B3	B2	B1	B0
位名	MCKO_S1	MCKO_S0	ADRJ	Tx_Rx	MCLKO_2	CLKS2	CLKS1	CLKS0

Tx_Rx：串行口 1 的中继广播方式设置。Tx_Rx = 0：串行口 1 为正常工作方式；Tx_Rx = 1：串行口 1 为中继广播方式，即将 RxD 端口输入的电平状态实时输出在 TxD 外部引脚上，TxD 外部引脚可以对 RxD 引脚的输入信号进行实时整形放大输出，TxD 引脚的对外输出实时反映 RxD 端口输入的电平状态。

8.2.2 串行口 1 工作模式

STC15F 系列单片机的串行通信接口有 4 种工作模式，可通过软件编程对 SCON 中的 SM0、SM1 进行设置。其中方式 1、方式 2 和方式 3 为异步通信，每个发送和接收的字符都带有 1 个启动位和 1 个停止位。在方式 0 中，串行口被作为 1 个简单的移位寄存器使用。

1. 串行口 1 工作方式 0：同步移位寄存器

在方式 0 状态，串行通信接口工作在同步移位寄存器模式，其功能结构如图 8-5 所示。当串行口方式 0 的通信速度设置为 UART_M0x6/AUXR.5 = 0 时，其波特率固定为 SYSclk/12；当串行口方式 0 的通信速度设置为 UART_M0x6/AUXR = 1 时，其波特率固定为 SYSclk/2。串行口数据由 RxD/P3.0 端输入，同步移位脉冲（SHIFT_CLOCK）由 TxD/P3.1 输出，发送/接收的是 8 位数据，低位在先。

方式 0 的发送过程：当主机执行将数据写入发送缓冲器 SBUF 指令时启动发送，串行口即将 8 位数据以 SYSclk/12 或 SYSclk/2（由 UART_M0x6/AUXR.5 确定是 12 分频还是 2 分频）的波特率从 RxD 引脚输出（从低位到高位），发送完中断标志 TI 置 1，TxD 引脚输出同步移位脉冲（SHIFT-CLOCK）。波形如图 8-6 所示。

当写完信号有效后，相隔一个时钟，发送控制端 SEND 有效（高电平），允许 RxD 发

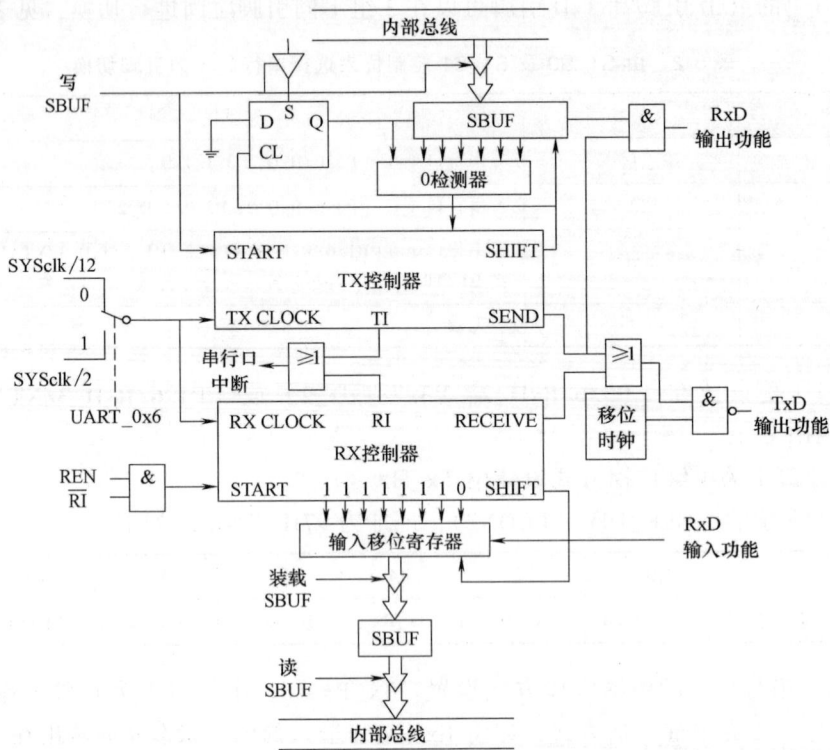

图 8-5 串行口 1 方式 0 功能结构图

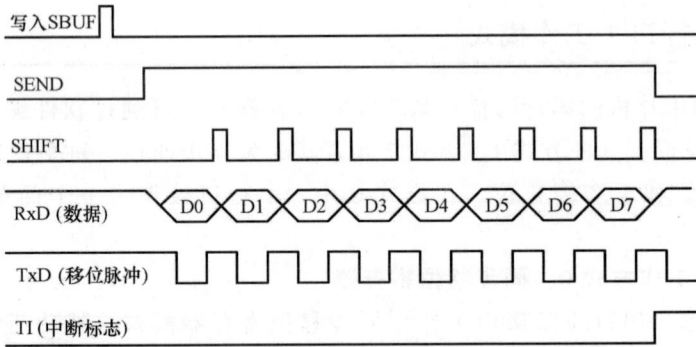

图 8-6 串行口 1 方式 0 输出时序

送数据，同时允许 TxD 输出同步移位脉冲。一帧（8 位）数据发送完毕时，各控制端均恢复原状态，只有 TI 保持高电平，呈中断申请状态。在再次发送数据前，必须用软件将 TI 清 0。

方式 0 接收过程：方式 0 接收时，复位接收中断请求标志 RI，即 RI = 0，置位允许接收控制位 REN = 1 时启动串行方式 0 接收过程。启动接收过程后，RxD 为串行输入端，TxD 为同步脉冲输出端。串行接收的波特率为 SYSclk/12 或 SYSclk/2（由 UART_M0x6/AUXR.5 确定是 12 分频还是 2 分频）。方式 0 输入时序如图 8-7 所示。

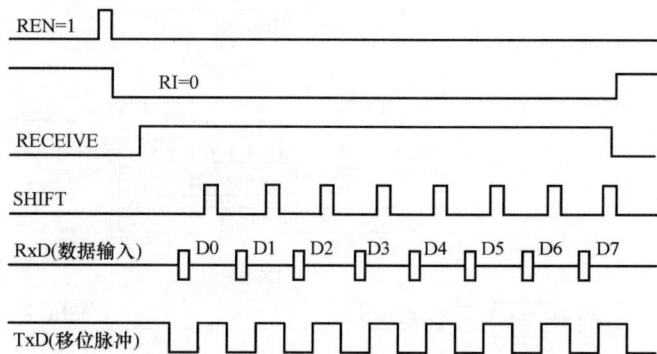

图 8-7 串行口 1 方式 0 输入时序

当接收完成一帧数据（8 位）后，控制信号复位，中断标志 RI 被置 1，呈中断申请状态。当再次接收时，必须通过软件将 RI 清 0。

工作于方式 0 时，必须清 0 多机通信控制位 SM2，使其不影响 TB8 位和 RB8 位。由于波特率固定为 SYSclk/12 或 SYSclk/2，无须定时器提供，直接由单片机的时钟作为同步移位脉冲。

2. 串行口 1 工作方式 1：8 位 UART，波特率可变

当软件设置 SCON 的 SM0、SM1 为 01 时，串行口 1 则以方式 1 工作。此模式为 8 位 UART 格式，1 帧信息为 10 位：1 位起始位，8 位数据位（低位在先）和 1 位停止位。方式 1 数据格式如图 8-8 所示。波特率可变，即可根据需要进行设置。TxD/P3.1 为发送端发送信息，RxD/P3.0 为接收端接收信息，串行口为全双工接收/发送串行口。图 8-9 为串行口 1 方式 1 功能结构示意图。

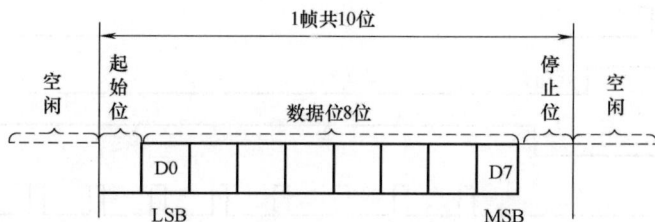

图 8-8 串行口 1 方式 1 数据格式

方式 1 的发送过程：串行通信模式发送时，数据由串行发送端 TxD 输出。当主机执行一条写 SBUF 的指令就启动串行通信的发送，写 SBUF 信号还把 1 装入发送移位寄存器的第 9 位，并通知 TX 控制单元开始发送。发送各位的定时是由 16 分频计数器同步。图 8-10 为串行口 1 方式 1 发送时序图。

移位寄存器将数据不断右移送 TxD 端口发送，在数据的左边不断移入 0 作为补充。当数据的最高位移到移位寄存器的输出位置，紧跟其后的是第 9 位 1，在它的左边各位全为 0，这个状态条件，使 TX 控制单元做最后一次移位输出，然后使允许发送信号 SEND 失效，完成一帧信息的发送，并置位中断请求位 TI，即 TI=1，向主机请求中断处理。

方式 1 的接收过程：当软件置位接收允许标志位 REN，即 REN=1 时，接收器便以选

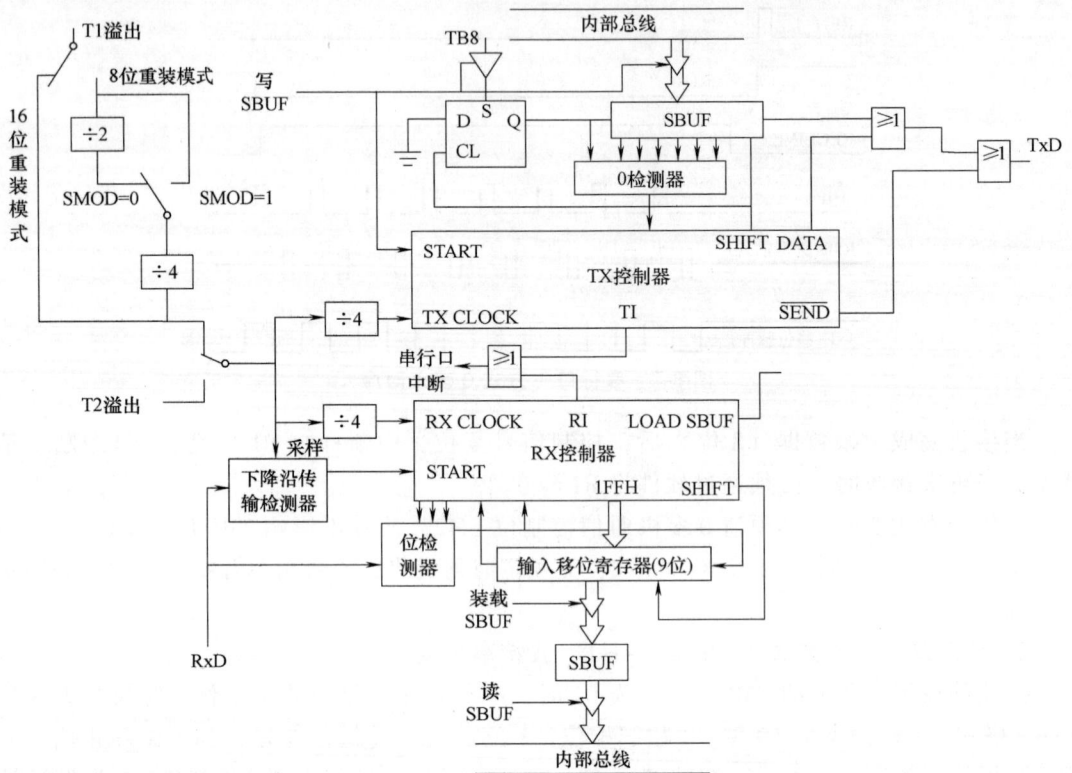

图 8-9　串行口 1 方式 1 功能结构示意图

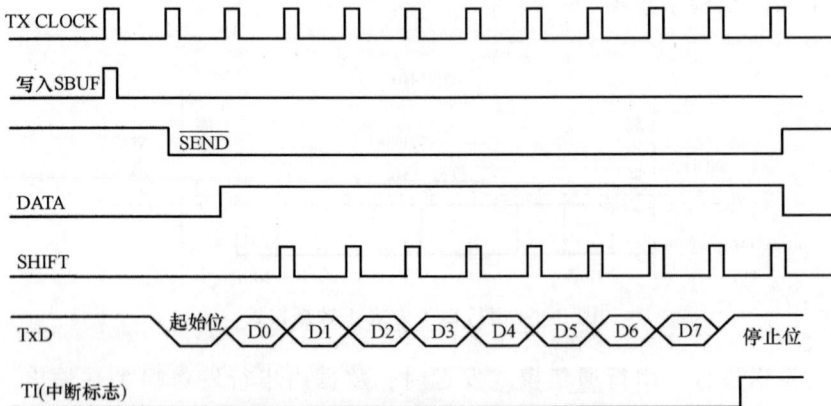

图 8-10　串行口 1 方式 1 发送时序图

定波特率的 16 分频的速率采样串行接收端口 RxD，当检测到 RxD 端口从 1→0 的负跳变时就启动接收器准备接收数据，并立即复位 16 分频计数器，将 1FFH 装入移位寄存器。复位 16 分频计数器使它与输入位时间同步。图 8-11 为串行口 1 方式 1 接收时序图。

16 分频计数器的 16 个状态是将 1 波特率（每位接收时间）均分为 16 等份，在每位时间的 7、8、9 状态由检测器对 RxD 端口进行采样，所接收的值是这次采样直径"三中取二"的值，即 3 次采样中至少 2 次的值相同，以此消除干扰影响，提高可靠性。在起

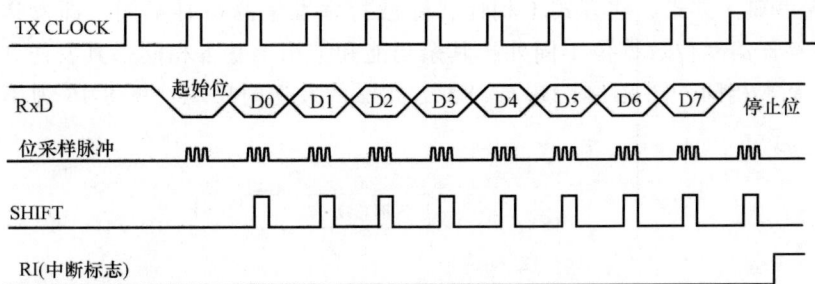

图 8-11 串行口 1 方式 1 接收时序图

始位，如果接收到的值不为 0（低电平），则起始位无效，复位接收电路，并重新检测 1
→0 的跳变。如果接收到的起始位有效，则将它输入移位寄存器，并接收本帧的其余
信息。

接收的数据从接收移位寄存器的右边移入，已装入的 1FFH 向左边移出，当起始位 0
移到移位寄存器的最左边时，使 RX 控制器做最后一次移位，完成一帧的接收。若同时满
足以下两个条件：①RI＝0，②SM2＝0 或接收到的停止位为 1，则接收到的数据有效，实
现装载入 SBUF，停止位进入 RB8，置位 RI，即 RI＝1，向主机请求中断，若上述两个条
件不能同时满足，则接收到的数据作废并丢失，无论条件满足与否，接收器又重新检测
RxD 端口上的 1→0 的跳变，继续下一帧的接收。接收有效，在响应中断后，必须由软件
清 0，即 RI＝0。通常情况下，串行通信工作于方式 1 时，SM2 设置为 0。

串行通信方式 1 的波特率是可变的，可变的波特率由定时器/计数器 1 或定时器 2 产
生，优先选择定时器 2 产生波特率。

3. 串行口 1 工作方式 2：9 位 UART，波特率固定

当 SM0、SM1 两位为 10 时，串行口 1 工作在方式 2。串行通信方式 2 为 9 位数据异步
通信 UART 模式，其 1 帧的信息由 11 位组成：1 位起始位，8 位数据位（低位在先），1
位可编程位（第 9 位数据）和 1 位停止位。方式 2 数据格式如图 8-12 所示。发送时可编
程位（第 9 位数据）由 SCON 中的 TB8 提供，可软件设置为 1 或 0，或者可将 PSW 中的
奇/偶校验位 P 值装入 TB8（TB8 既可作为多机通信中的地址数据标志位，又可作为数据
的奇偶校验位）。接收时第 9 位数据装入 SCON 的 RB8。TxD/P3.1 为发送端口，RxD/
P3.0 为接收端口，以全双工模式进行接收/发送。图 8-13 为串行口 1 方式 2 的功能结构
示意图。

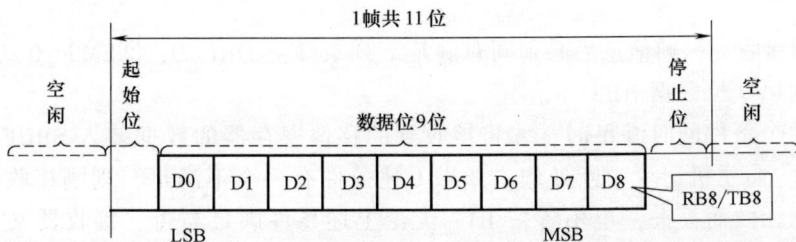

图 8-12 方式 2 数据格式

由图 8-13 可知，方式 2 和方式 1 相比，除波特率发生源略有不同，即发送时由 TB8 提供给移位寄存器第 9 位数据位不同外，其余功能和结构均基本相同，其发送和接收操作过程及时序也基本相同。图 8-14 为串行口 1 方式 2 的发送时序图，图 8-15 为串行口 1 方式 2 的接收时序图。

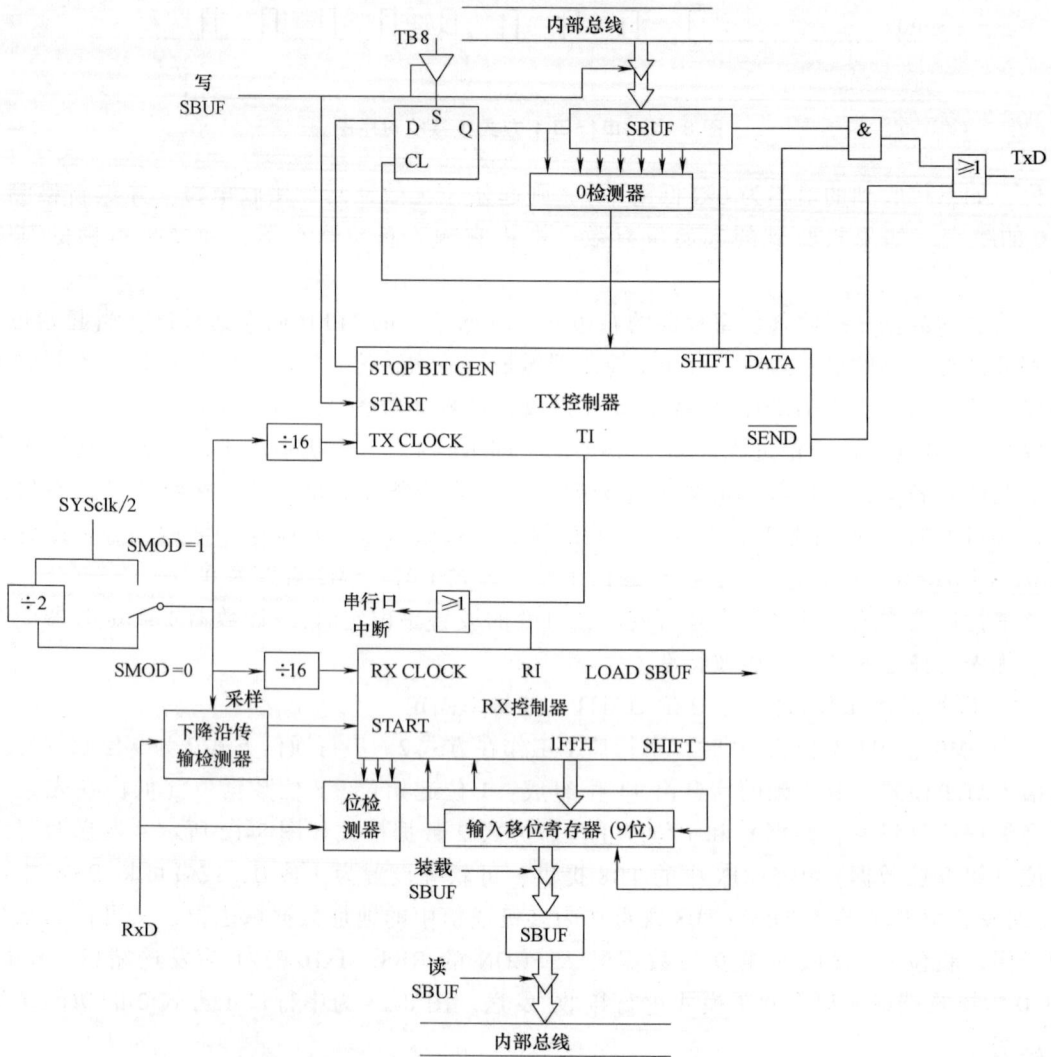

图 8-13　串行口 1 方式 2 的功能结构示意图

当接收器接收完一帧信息后必须同时满足下列条件：①RI=0；②SM2=0 或者 SM2=1，并且接收到的第 9 位数据 RB8=1。

当上述两个条件同时满足时，才将接收到的移位寄存器的数据装入 SBUF 和 RB8 中，并置位 RI=1，向主机请求中断处理。如果上述条件有一个不满足，则刚接收到的移位寄存器中的数据无效而丢失，也不置位 RI。无论上述条件满足与否，接收器又重新开始检测 RxD 输入端口的跳变信息，接收下一帧的输入信息。

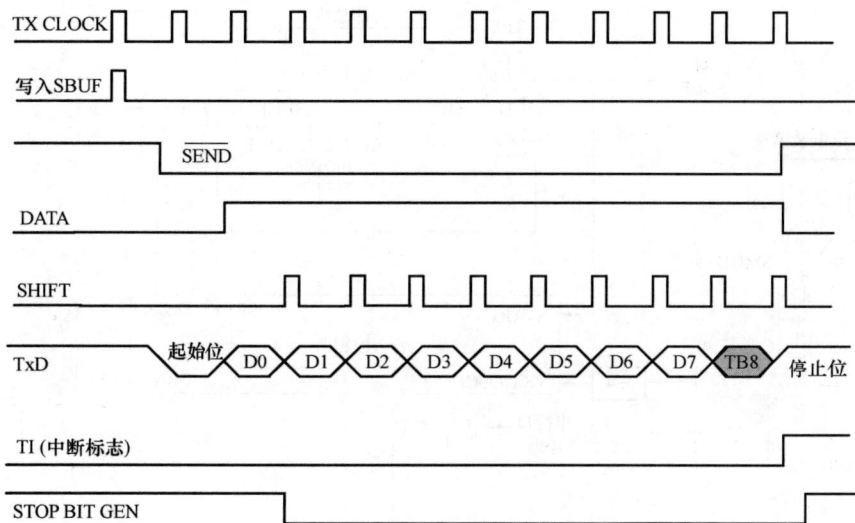

图 8-14 串行口 1 方式 2 的发送时序图

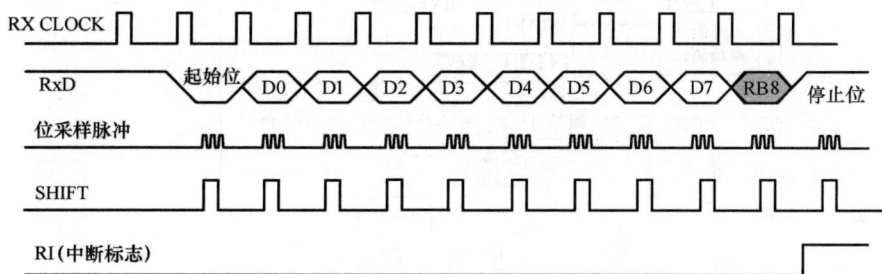

图 8-15 串行口 1 方式 2 的接收时序图

在方式 2 中，接收到的停止位与 SBUF、RB8 和 RI 无关。

通过软件对 SCON 中 SM2、TB8 的设置以及通信协议的约定，为多机通信提供了方便。

4. 串行口 1 工作方式 3：9 位 UART，波特率可变

当 SM0、SM1 两位为 11 时，串行口 1 工作在方式 3。串行通信方式 3 为 9 位数据异步通信 UART 模式，其数据格式与方式 2 相同，1 帧的信息由 11 位组成：1 位起始位，8 位数据位（低位在先），1 位可编程位（第 9 位数据）和 1 位停止位。发送时可编程位（第 9 位数据）由 SCON 中的 TB8 提供，可软件设置为 1 或 0，或者可将 PSW 中的奇/偶校验位 P 值装入 TB8（TB8 既可作为多机通信中的地址数据标志位，又可作为数据的奇偶校验位）。接收时第 9 位数据装入 SCON 的 RB8。TxD/P3.1 为发送端口，RxD/P3.0 为接收端口，以全双工模式进行接收/发送。图 8-16 为串行口 1 方式 3 的功能结构示意图。与图 8-13 串行口 1 方式 2 的功能结构相比，方式 3 的区别就是波特率发生源不同，其发送和接收操作过程及时序也基本相同。图 8-17 为串行口 1 方式 3 的发送时序图，图 8-18 为串行口 1 方式 3 的接收时序图。

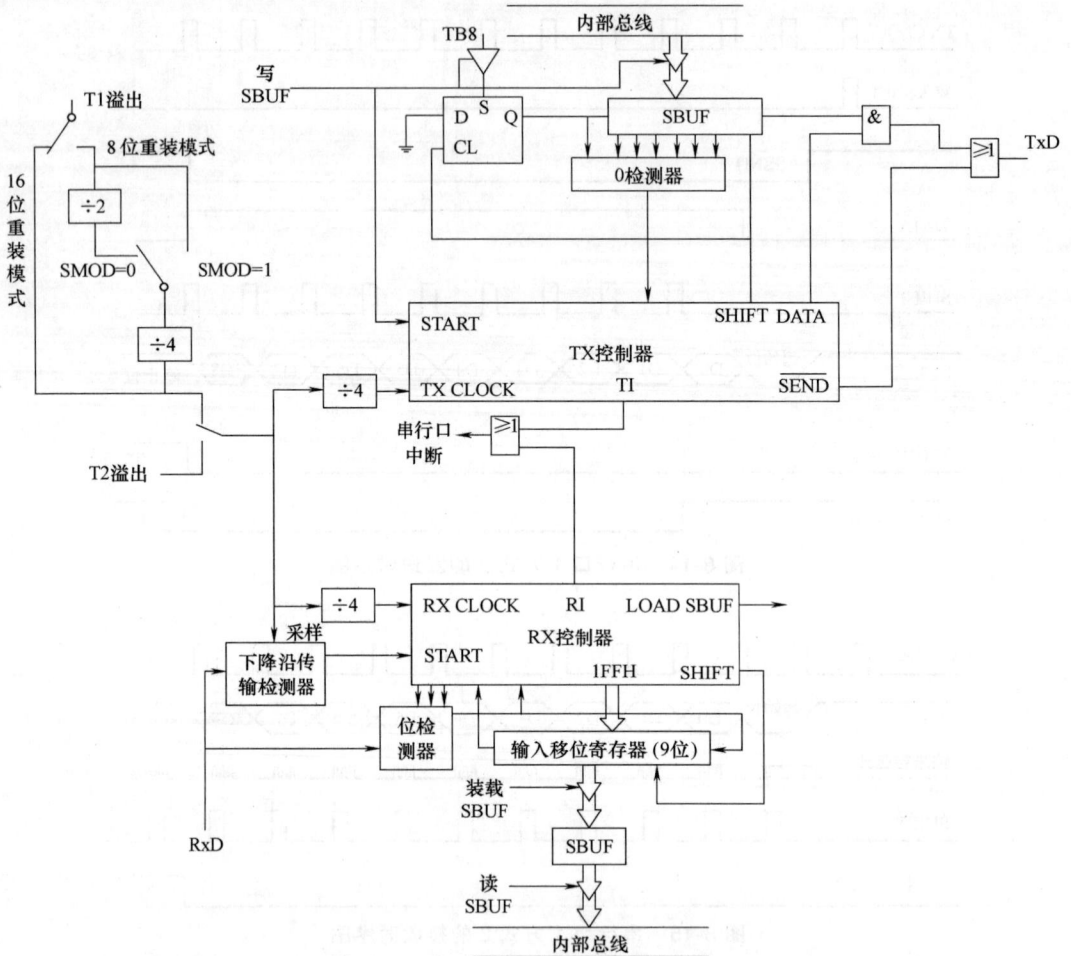

图 8-16 串行口 1 方式 3 的功能结构示意图

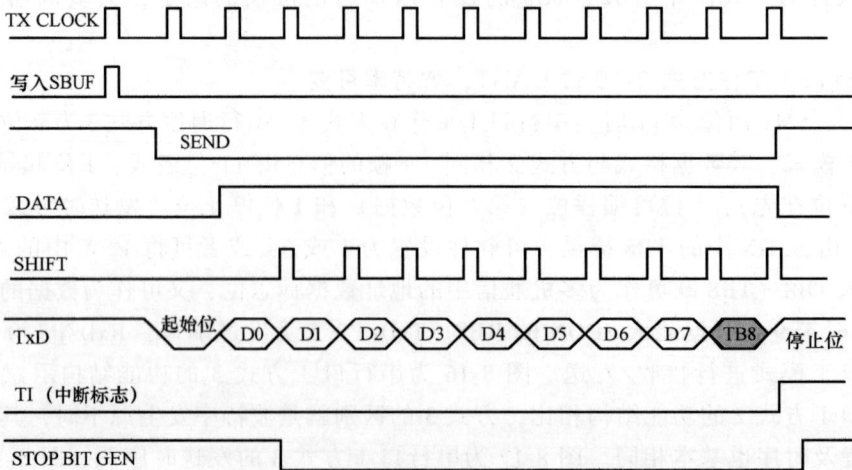

图 8-17 串行口 1 方式 3 的发送时序图

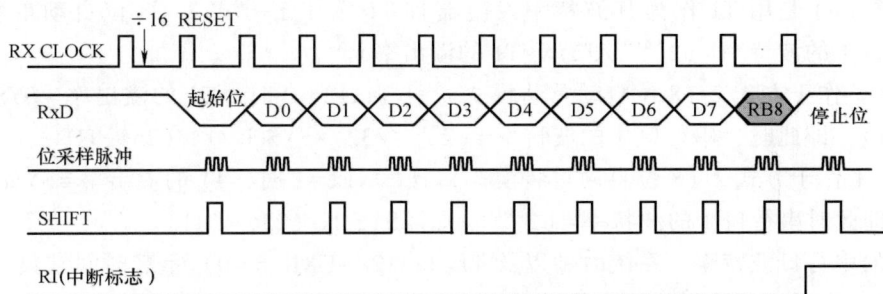

图 8-18 串行口 1 方式 3 的接收时序图

8.2.3 串行口 1 的波特率设置

1. 串行口 1 方式 0 的波特率

当 UART_M0x6 = 0 时，波特率为 SYSclk/12；当 UART_M0x6 = 1 时，波特率为 SYSclk/2。

2. 串行口 1 方式 2 的波特率

当 SMOD = 0 时，波特率为 1/64SYSclk；当 SMOD = 1 时，波特率为 1/32SYSclk。

3. 串行口 1 方式 1 和 3 的波特率

串行口工作于方式 1 和 3 时，波特率是可变的，可以通过编程改变 T1 或者 T2 的溢出率来确定波特率。

当串行口 1 用 T2 作为其波特率发生器时，串行口 1 的波特率 = （T2 的溢出率)/4。（注意：此时波特率也与 SMOD 无关。）

当 T2 工作在 1T 模式（AUXR. 2/T2x12 = 1）时，T2 的溢出率 = SYSclk/(65536-[RL_TH2，RL_TL2]）；即此时串行口 1 的波特率 = SYSclk/(65536 - [RL_TH2，RL_TL2])/4。

当 T2 工作在 12T 模式（AUXR. 2/T2x12 = 0）时，T2 的溢出率 = SYSclk/12/(65536-[RL_TH2，RL_TL2]）；即此时串行口 1 的波特率 = SYSclk/12/(65536-[RL_TH2，RL_TL2])/4。

其中，RL_TH2 是 T2H 的自动重装载寄存器，RL_TL2 是 T2L 的自动重装载寄存器。

当串行口 1 用 T1 作为其波特率发生器且 T1 工作于方式 0（16 位自动重装载模式）时，串行口 1 的波特率 = (T1 的溢出率)/4。（注意：此时波特率与 SMOD 无关。）

当 T1 工作于方式 0（16 位自动重装载模式）且 T1x12 = 0 时，T1 的溢出率 = SYSclk/12/(65536-[RL_TH1，TL_TL1]）；即此时，串行口 1 的波特率 = SYSclk/(65536-[RL_TH1，RL_TL1])/4。

当 T1 工作于方式 0（16 位自动重装载模式）且 T1x12 = 1 时，T1 的溢出率 = SYSclk/(65536-[RL_TH1，RL_TL1]）；即此时串行口 1 的波特率 = SYSclk/(65536-[RL_TH1，RL_TL1])/4。

其中，RL_TH1 是 TH1 的自动重装载寄存器，RL_TL1 是 TL1 的自动重装载寄存器。

当串行口 1 是用 T1 作为其波特率发生器且 T1 工作于方式 2（8 位自动重装模式）时，串行口 1 的波特率 $=(2^{SMOD}/32)\times$(T1 的溢出率)。

当 T1 工作于方式 2（8 位自动重装模式）且 T1x12＝0 时，T1 的溢出率＝SYSclk/12/(256-TH1)；即此时，串行口 1 的波特率 $=(2^{SMOD}/32)\times$SYSclk/12/(256-TH1)。

当 T1 工作于方式 2（8 位自动重装模式）且 T1x12＝1 时，T1 的溢出率＝SYSclk/(256-TH1)；即此时串行口 1 的波特率 $=(2^{SMOD}/32)\times$SYSclk/(256-TH1)。

常用的串行口波特率、系统时钟以及 T1(T1x12/AUXR.6＝0) 重装时间常数之间的关系见表 8-3。在设计系统时，可以直接从表中查询所需设置的时间常数。

表 8-3 常用波特率与 T1 各参数关系（T1x12/AUXR.6＝0）

常用波特率 (Baud)		系统时钟频率 /MHz	SMOD	T1		
				C/T	方式	重装值
方式 0 MAX:1M		12	×	×	×	×
方式 2 MAX:375K		12	1	×	×	×
方式 1 和 方式 3	62.5K	12	1	0	2	FFH
	19.2K	11.0592	1	0	2	FDH
	9.6K	11.0592	0	0	2	FDH
	4.8K	11.0592	0	0	2	FAH
	2.4K	11.0592	0	0	2	F4H
	1.2K	11.0592	0	0	2	F8H
	137.5	11.0592	0	0	2	1DH
	110	6	0	0	2	72H
	110	12	0	0	1	FFFBH

8.2.4 多机通信

串行口控制寄存器中的 SM2 为多机通信控制位。串行口以方式 2 或方式 3 接收时，若 SM2 为 1，则仅当接收到的第 9 位数据 RB8 为 1 时，数据才装入 SBUF，置位 RI，请求 CPU 对数据进行处理；如果接收到的第 9 位数据 RB8 为 0 时，则不产生中断标志 RI，信息丢失，CPU 不做任何处理。当 SM2 为 0 时，则接收到一个数据后，不管第 9 位 RB8 是 1 还是 0，都将数据装入接收缓冲器 SBUF，置位中断标志 RI，请求处理。应用这个特性便可实现单片机的主从式多机通信。

设在一个主从式的多机系统中，一个作为主机，其他作为从机，则主机和从机的连接方式如图 8-19 所示。

系统初始化时，将所有从机中的 SM2 均置 1，并处于允许串行口中断接收状态。主机若与某从机通信，先向所有从机发出所选从机地址，接着才发命令或数据。在主机发地址时，置第 9 位数据 TB8 为 1，表示从机发送的是地址帧；然后，再将第 9 为数据 TB8 清 0，发送命令或数据。

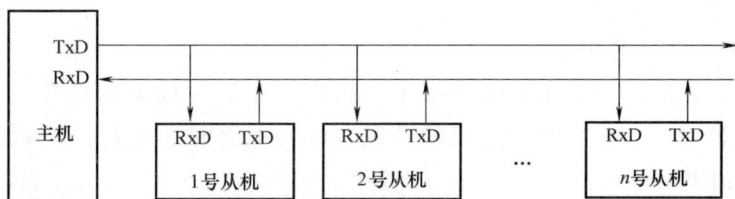

图 8-19　多机通信系统结构图

各从机由于 SM2 置 1，将响应主机发送过来的第 9 位数据（接收到 RB8 中）为 1 的地址信息。这之后，从机有如下两种不同的情况：

1）若从机地址与主机发送的地址相同，该从机将本机的 SM2 清 0，继续接收主机发来的数据或命令。

2）若从机地址与主机发送的地址不同，则该从机继续保持 SM2 为 1，从而忽略主机后续发送的信息，重新等待主机的地址信息。

STC15F 系列单片机串行口 1 具有自动地址识别功能，其典型应用就是多机通信。自动地址识别的主要原理是从机系统通过硬件比较功能来识别来自于主机串行口数据流中的地址信息，通过寄存器 SADDR 和 SADEN 设置本机的从机地址，硬件自动对从机地址进行过滤。当来自于主机的从机地址信息与本机所设置从机地址相匹配时，硬件产生串行口中断；否则硬件自动丢弃串行口数据，而不产生中断。当众多处于空闲模式的从机连接在一起时，只有从机地址相匹配的从机才能从空闲模式中唤醒，从而可以大大降低从机的功耗，即使从机处于正常工作状态也可以避免不停地进入串行口中断而降低系统执行效率。

要使用串行口的自动地址识别功能，首先需要将参与通信的单片机的串行口通信模式设置为工作方式 2 或工作方式 3，并开启从机 SCON 的 SM2 位。对于串行口工作模式 2 或工作方式 3 数据帧中的第 9 位数据（存放在 RB8 中）为地址/数据的标志位。当第 9 位数据为 1 时，表示前面的 8 位数据（存放在 SBUF 中）为地址信息。当 SM2=1 时，从机会自动过滤掉非地址数据（第 9 位为 0 的数据），而对 SBUF 中的地址数据（第 9 位为 1 的数据）自动与 SADDR 和 SADEN 所设置的本机地址进行比较，若地址相匹配，则会将 RI 置 1，并产生中断，否则不予处理本次接收的串行口数据。

从机地址是通过 SADDR 和 SADEN 两个寄存器进行设置的。SADDR 为从机地址寄存器，里面存放本机的从机地址。SADEN 为从机地址屏蔽位寄存器，用于设置地址信息中的忽略位。SADEN 中为 0 的位是忽略掉的位。例如，SADDR = 11010011，SADEN = 00001111，那么匹配的地址为 xxxx0011，也就是只要主机发出的地址数据中的低四位为 0011 就可以和从机地址相匹配。另外主机可以使用广播地址 0FFH 同时选中所有的从机来进行通信。

8.3　串行口 1 编程使用要点

在 STC15F2K60S2 的串行口编程应用过程中，可以采用查询方式和中断方式进行通信。一般情况下，为了有效处理实时任务，大多采用中断方式进行串行通信。在编程过程中，需要注意以下要点：

1）设置串行口的工作方式。

2）正确设置波特率。STC15F2K60S2 单片机是一个时钟周期的单片机，选用定时器作为波特率发生器时，应注意时钟分频的设置与波特率之间的关系，1T 模式下的波特率是相同条件下 12T 模式的 12 倍。

3）合理设置中断优先级。

4）中断请求标志 TI 和 RI，需要软件清 0。

8.4 串行口 1 通信应用举例

1. 方式 0 应用

例 8-1 编程点亮如图 8-20 所示的指示灯，使其呈流水灯状态。

解 串行口 1 工作方式 0 是同步移位寄存器的输入/输出方式，外接移位寄存器（串/并转换器）即可实现串行口到并行口的扩展。常见的串/并转换芯片有 74HC164、74HC165 等，前者可以作为并行输出口，后者可以作为并行输入口。通过级联多片移位寄存器可以扩展更多的并行 I/O 接口。（本例中的部分程序引用了宏晶科技编制的程序。）

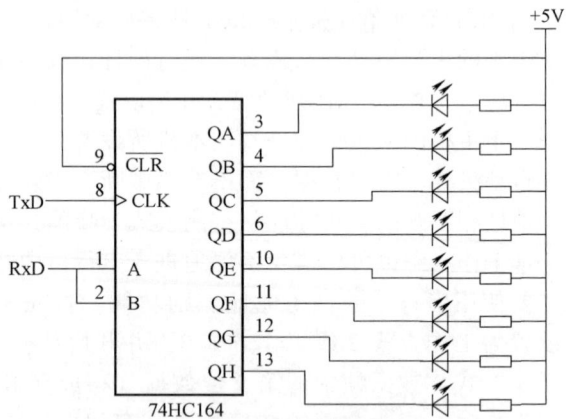

图 8-20 串行口扩展并行口

（1）汇编语言编程实现

```
          AUXR   EQU    8EH      ;辅助寄存器
          ORG    0000H
          LJMP   MAIN
          ORG    0100H
MAIN:
          MOV    SP, #60H
          MOV    SCON, #50H      ;8 位可变波特率
          MOV    AUXR, #40H      ;T1 为 1T 模式
          MO     A, #0FEH
LOOP:     MOV    SBUF, A
          JNB    TI, $
          CLR    TI
          RL     A
```

```
        LCALL   DELAY
        LJMP    LOOP
DELAY:
        MOV     R7, #20
D1:     MOV     R6, #250
        DJNZ    R6, $
        DJNZ    R7, D1
        RET
        END
```

（2）C 语言编程实现

```c
#include<reg51. h>
#include<intrins. h>
sfr AUXR = 0x8e;              //辅助寄存器
void delay(void)             //延时程序
{
    unsigned int temp = 5000;
    while(temp--);
}
void main(void)
{
    unsigned char dat = 0xfe;
    SCON = 0x00;             //工作方式 0, REN = 0
    AUXR = 0x40;             //T 为 1T 模式
    while(1)
    {
        SBUF = dat;
        while(! TI);
        TI = 0;
        dat = _crol_(dat,1);
        delay();
    }
}
```

2. 方式 1 的应用

　　例 8-2 利用 STC15F2K60S2 单片机串行口 1 的工作方式 1，实现和 PC 的通信。要求单片机接收到 PC 端发送的特定字符 0 后，发送 00H～FFH 共 256B 数据给 PC。系统工作频率为 18. 432MHz，比特率为 115200bit/s。图 8-21 为单片机通过电平转换芯片 MAX232 与 PC 连接的电路示意图。

　　解　设置串行口 1 工作在工作方式 1，8 位可变比特率，允许从串行口接收数据，SCON

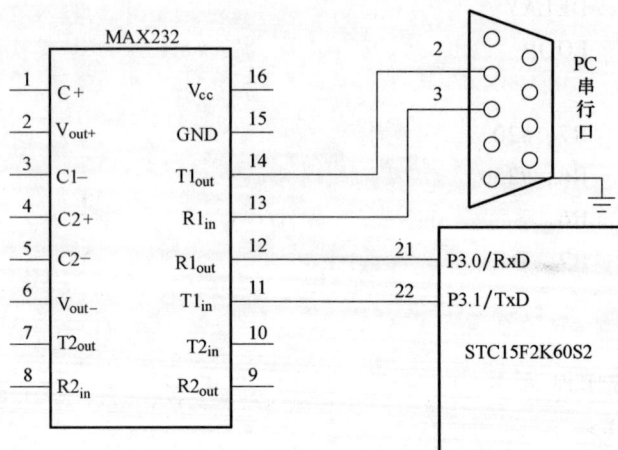

图 8-21　单片机与 PC 电路连接示意图

值为 50H。选择 T1 工作在 1T 模式、8 位自动重装工作方式 2，比特率为 115200bit/s，T1 初值为 FBH。选择串行口的中断模式。(本例中的部分程序引用了宏晶科技编制的程序。)

PC 通过宏晶科技 STC-ISP 软件的串口助手实现约定字符的发送及数据的接收。

(1) 汇编语言编程实现

```
           AUXR      EQU      08EH        ;辅助寄存器
           ORG       0000H
           LJMP      MAIN
           ORG       0023H
           LJMP      UART_ISR
           ORG       0100H
MAIN：
           CLR       EA
           MOV       SP, #60H
           MOV       SCON, #50H           ;8 位可变比特率
           MOV       AUXR, #40H           ;T1 为 1T 模式
           MOV       TMOD, #20H           ;T1 为模式 2(8 位自动重载)
           MOV       TL1, #0FBH           ;比特率重装值(256-18432000/32/115200)
           MOV       TH1, #0FBH
           SETB      TR1                  ;T1 开始运行
           SETB      ES                   ;使能串行口中断
           SETB      EA
           SJMP      $
;UART 中断服务程序
UART_ISR：
           PUSH      ACC
```

```
        PUSH      PSW
        JNB       RI, ISR_EXIT        ;检测 RI 位
        CLR       RI                  ;清除 RI 位
        MOV       A, SBUF
        XRL       A, #00H
        JNZ       ISR_EXIT
        CLR       A
LOOP:
        MOV       SBUF, A
        JNB       TI, $
        CLR       TI
        INC       A
        CJNE      A, #00H, LOOP
ISR_EXIT:
        POP       PSW
        POP       ACC
        RETI
        END
```

（2）C 语言编程实现

```c
//单片机的工作频率为 18.432MHz
#include<reg51.h>
#define FOSC 18432000L              //系统频率
#define BAUD 115200                 //串行口比特率
sfr AUXR = 0x8E;                    //辅助寄存器
void main()
{
    SCON = 0x50;                    //8 位可变比特率
    AUXR = 0x40;                    //T1 为 1T 模式
    TMOD = 0x20;                    //T1 为模式 2(8 位自动重载)
    TL1 = (256-(FOSC/32/BAUD));     //波特率设置重装置
    TH1 = (256-(FOSC/32/BAUD));
    TR1 = 1;                        //T1 开始工作
    ES = 1;                         //使能串行口中断
    EA = 1;
    while(1);
}
//UART 中断服务程序
void Uart() interrupt 4 using 1
```

```
    {
        unsigned char temp, i;
        unsigned int x;
        if( RI = = 1)
        {
            ES = 0;                              //不允许后面发送中断申请
            temp = SBUF;
            RI = 0;
            if( temp = = 0x30)                   //校验约定字符 0
            {
                for( x = 0; x<256; x++)
                {
                    SBUF = i;
                    i++;
                    while( ! TI);
                    TI = 0;
                }
            }
            ES = 1;                              //允许下次接收中断申请
        }
    }
}
```

3. 方式 3 的应用

例 8-3 应用串行口 1 工作方式 3 实现单片机的多机通信。约定简单通信协议：主机先向从机发送地址信息，从机接收主机发送地址信息，核对地址信息。若是相同，则置 SM2 = 0，向主机发送一组数据；若不相同，保持 SM2 = 1，等待接收下一次主机发送的地址信息。图 8-22 所示为一主两从多机通信电路连接示意图。

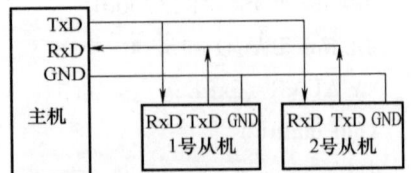

图 8-22　一主两从多机通信电路连接示意图

解　利用 STC15F2K60S2 串行口 1 自动地址识别功能实现。主机和从机都工作在方式 3，9 位可变比特率，允许从串行口接收数据，SCON 值为 50H。选择 T1 工作在 1T 模式、8 位自动重装工作方式 2，比特率为 115200bit/s，T1 初值为 FBH。选择串行口的中断模式。（本例中的部分程序引用了宏晶科技编制的程序。）

（1）汇编语言编程实现

主机：

```
AUXR        DATA        08EH        ;辅助寄存器
RADDR       DATA        20H         ;接收数据初始地址
SADDR       DATA        55H         ;选择从机地址，55H 从机 1，5A 为从机 2
```

```
            ORG     0000H
            LJMP    MAIN
            ORG     0023H
            LJMP    UART_ISR
            ORG     0100H
MAIN：
            MOV     SP, #60H
            MOV     R0, #RADDR      ;接收数据初始地址
            MOV     R1, #7          ;接收 7 个字节数据
            LCALL   INIT_UART       ;初始化串行口
            CLR     ES
            SETB    EA
LOOP：
            MOV     SBUF, #SADDR    ;发送从机地址
            JNB     TI, $
            CLR     TI
            JNB     RI, $           ;接收地址反馈信息
            CLR     RI
            MOV     A, SBUF
            XRL     A, #SADDR       ;核对从机地址
            JNZ     LOOP
            CLR     SM2
            SETB    ES
            SJMP    $
;串行口中断服务程序
UART_ISR：
            PUSH    PSW
            PUSH    ACC
            JNB     RI, UREXIT
            CLR     RI
            MOV     A, SBUF
            MOV     @R0, A
            INC     R0
            DEC     R1
            CJNE    R1, #0, RESTART
            JMP     UREXIT
RESTART：
            SETB    SM2             ;若接收完成，重新 SM2 置位
```

```
UREXIT:
        POP     ACC
        POP     PSW
RETI
;初始化串行口
INIT_UART:
        MOV     SCON, #0F8H     ;设置串行口为9位可变比特率, 使能多机通信
        MOV     TMOD, #20H      ;设置T1为8为自动重装模式
        MOV     AUXR, #40H      ;T1为1T模式
        MOV     TL1, #0FBH      ;115200 b/s(256-18432000/32/115200)
        MOV     TH1, #0FBH
        SETB    TR1
        RET
        END
从机:
        #define SLAVER 0        ;定义从机编号, 0为从机1, 1为从机2
        #if SLAVER == 0
        #define SAMASK 0x33     ;从机1地址屏蔽位
        #define SERADR 0x55     ;从机1的地址为 xx01 xx01
        #define ACKTST 0xaa     ;从机1应答测试数据
#else
        #define SAMASK 0x3C     ;从机2地址屏蔽位
        #define SERADR 0x5A     ;从机2的地址为 xx01 10xx
        #define ACKTST 0xbb     ;从机2应答测试数据
#endif
        AUXR    DATA    08EH    ;辅助寄存器
        SADDR   DATA    0A9H    ;从机地址寄存器
        SADEN   DATA    0B9H    ;从机地址屏蔽寄存器
        COUNT   DATA    20H
        ORG     0000H
        LJMP    MAIN
        ORG     0023H
        LJMP    UART_ISR
        ORG     0100H
MAIN:
        MOV     SP, #60H
        LCALL   INIT_UART       ;初始化串行口
        SETB    ES
```

```
            SETB      EA
            SJMP      $
;串行口中断服务程序
UART_ISR:
            PUSH      PSW
            PUSH      ACC
            JNB       TI, CHK_RX
            CLR       TI
            MOV       A, COUNT          ;发送完成 7 个数据后,就不再发送
            JZ        RESTART
            DEC       COUNT
            MOV       SBUF, #ACKTST     ;发送应答测试数据
            JMP       UREXIT
RESTART:
            SET       SM2               ;若发送完成,重新开始地址检测
            JMP       UREXIT
CHK_RX:
            JNB       RI, UREXIT
            CLR       RI
            CLR       SM2               ;本机被选中后,进入数据接收状态
            MOV       SBUF, SADDR       ;开始发送地址核对信息
            MOV       COUNT, #7
UREXIT:
            POP       ACC
            POP       PSW
            RETI
;初始化串行口
INIT_UART:
            MOV       SADDR, #SERADR
            MOV       SADEN, #SAMASK
            MOV       SCON, #0F8H       ;设置串行口为 9 位可变比特率,使能多机通信
            MOV       TMOD, #20H        ;设置 T1 为 8 为自动重装模式
            MOV       AUXR, #40H        ;T1 为 1T 模式
            MOV       TL1, #0FBH        ;115200 b/s(256-18432000/32/115200)
            MOV       TH1, #0FBH
            SETB      TR1
            RET
            END
```

（2）C 语言编程实现

主机：

```
#include<reg51. h>
#include <intrins. h>
sfr AUXR = 0x8E;                    //辅助寄存器
unsigned char raddr[7];             //接收数据
unsigned char saddr;                //从机地址
void InitUart( );
unsigned char count = 7;
void main( void)
{
    InitUart( );                    //初始化串口
    ES = 0;
    EA = 1;
aaa:
    saddr = 0x55;                   //从机地址, 55H 从机 1, 5A 为从机 2
    SBUF = saddr;
    while( ! TI);
    TI = 0;
    while( ! RI)
    RI = 0;
    if( SBUF = = saddr)
    {
        SM2 = 0;
        ES = 1;
    }
    else
        goto aaa;
    while(1);
}
//UART 中断服务程序
void Uart( ) interrupt 4 using 1
{
    if( RI)
    {
        RI = 0;                     //清除 TI 位
        if( count ! = 0)
        {
```

```
                count--;
                raddr[count] = SBUF;        //继续发送应答数据
            }
            else
            {
                SM2 = 1;                     //若接收完成, 重新 SM2 置位
            }
        }
    }
}
//初始化串行口
void InitUart()
{
    SCON = 0xF8;                 //设置串行口为 9 位可变比特率, 使能多机
                                 //通信
    TMOD = 0x20;                 //设置 T1 为 8 为自动重装模式
    AUXR = 0x40;                 //T1 为 1T 模式
    TH1 = TL1 = 0xFB;            //115200 bit/s(256-18432000/32/115200)
    TR1 = 1;
}
从机:
#include<intrins. h>
#define SLAVER                   //定义从机编号, 0 为从机 1, 1 为从机 2
#if SLAVER == 0
    #define SAMASK 0x33          //从机 1 地址屏蔽位
    #define SERADR 0x55          //从机 1 的地址为 xx01 xx01
    #define ACKTST 0xAA          //从机 1 应答测试数据
#else
    #define SAMASK 0x3C          //从机 2 地址屏蔽位
    #define SERADR 0x5A          //从机 2 的地址为 xx01 10xx
    #define ACKTST 0xBB          //从机 2 应答测试数据
#endif
sfr AUXR = 0x8E;                 //辅助寄存器
sfr SADDR = 0xA9;                //从机地址寄存器
sfr SADEN = 0xB9;                //从机地址屏蔽寄存器
void InitUart();
char count;
void main()
{
```

```
        InitUart( );                        //初始化串口
        ES = 1;
        EA = 1;
        while( 1 );
}
//UART 中断服务程序
void Uart( ) interrupt 4 using 1
{
        if( TI )
        {
            TI = 0;//清除 TI 位
            if( count ! = 0 )
            {
                count--;
                SBUF = ACKTST;              //继续发送应答数据
            }
            else
            {
                SM2 = 1;                    //发送完成，重新开始地址检测
            }
        }
        if( RI )
        {
            RI = 0;                         //清除 RI 位
            SM2 = 0;                        //本机被选中后，进入数据接收状态
            count = 7;
            SBUF = SADDR;                   //开始发送数据
        }
}
//初始化串行口
void InitUart( )
{
        SADDR = SERADR;
        SADEN = SAMASK;
        SCON = 0xF8;                        //设置串行口为 9 位可变比特率，使能多机
                                            //通信
        TMOD = 0x20;                        //设置 T1 为 8 为自动重装模式
        AUXR = 0x40;                        //T1 为 1T 模式
```

TH1 = TL1 = 0xFB；   //115200 bit/s（256−18432000/32/115200）

TR1 = 1；

}

本例利用了 STC15F2K60S2 串行口 1 多机通信自动地址识别功能。还可以使用传统的方案，从机接收到主机发送的寻址从机地址后，与自身的地址进行比较，然后按照通信协议进行处理。

习题与思考题

1. 在异步串行通信中，一个标准的数据帧包含哪几部分内容？

2. 串行通信的制式有哪几种？

3. 在串行口工作方式 2 和方式 3 中，第 9 位有什么作用？

4. 利用 T1 作为波特率发生器时，串行口不同的工作方式，装入初值如何计算？

5. 简述单片机通用多机通信的流程。

6. 结合 STC15F 系列单片机的自动地址识别功能，详细说明 STC15F 系列单片机多机通信过程。

7. 在使用串行口多机通信自动地址识别功能时，寄存器 SADDR 和 SADEN 分别有什么作用？如何进行设置？

8. 串行口有哪几种工作方式？每种工作方式的帧格式是什么？

9. 串行口工作在方式 1 和方式 3 时，比特率如何计算？

10. 系统时钟 11.0592MHz，比特率 9600bit/s，编写程序实现串行口 1 工作于工作方式 1 每秒发送 1 个字节数据的功能。

11. 系统时钟 11.0592MHz，比特率 9600bit/s，单片机串行口工作于方式 3，允许从串行口接收数据，请编写程序对串行口进行初始化。

12. 请编写串行口中断通用子程序，实现接收、发送数据功能。

第 9 章

常用串行总线及应用

串行总线接口灵活，占用单片机资源少，系统结构简单，极易形成用户的模块化结构。现代单片机应用系统广泛采用串行总线接口技术。本章主要介绍 STC15F 系列单片机 SPI 的结构原理、工作模式、与 SPI 应用有关的寄存器、与 TLC2543 的 SPI 总线应用、IIC 总线的通信协议，以及利用普通 I/O 口模拟 IIC 总线与 PCF8563 进行通信。

9.1 SPI 总线接口及应用

9.1.1 SPI 简介

1. SPI 总线的组成

串行外设接口（Serial Peripheral Interface，SPI）是由 Motorola 公司提出的一种采用串行同步方式的 3 线或 4 线通信接口。接口信号有使能信号、同步时钟、同步数据输入和同步数据输出。SPI 主要应用于微处理器与诸如 EEPROM 存储器、A/D 转换器、D/A 转换器、实时时钟（RTC）、接口扩展芯片等器件直接连接或者扩展。SPI 总线接口简单，有利于简化整体系统组成，能有效降低系统成本，方便与外围芯片进行扩展和通信。

基本的 SPI 总线通信系统如图 9-1 所示，是主机和从机模式，主从之间通过 4 条信号线连接。主机输出/从机输入（Master Out Slave In，MOSI）：主机通过此信号线向从机发送数据；主机输入/从机输出（Master In Slave Out，MISO）：主机通过此信号线接收从机发送的数据；串行时钟信号（Serial Clock，SCLK）：同步时钟是由 SPI 主机产生并通过该信号线传输给从机，主机和从机之

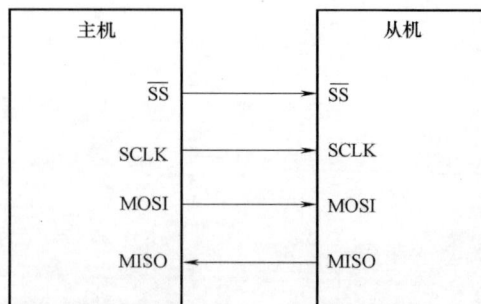

图 9-1　基本 SPI 总线通信连接

间的数据发送与接收都以该信号为基准；从机选择（Slave Select, $\overline{SS}$）：该信号由主机发出，从机只有在该信号有效时才能响应 SCLK 上的时钟信号，从而进行通信。主机通过 $\overline{SS}$ 实现对通信启停的控制。

SPI 的通信过程实际上是一个数据串行移位的过程，如图 9-2 所示。主机的 SPI 数据寄存器和从机的 SPI 数据寄存器，可以看成是两个串行移位寄存器。两个移位寄存器通过 MOSI 和 MISO 两条数据线首尾相连，形成两个字节的串行循环移位链。当主机需要发起一次数据传输时，首先选通 $\overline{SS}$ 信号，然后在 SCLK 时钟信号的作用下，将 SPI 数据寄存器的数据逐位移出，通过 MOSI 信号线传输给从机。同时，从机检测到 $\overline{SS}$ 有效后，在主机 SCLK 时钟信号的作用下，把主机输入的数据接收到自己的 SPI 数据寄存器中，同时 SPI 数据寄存器中原有数据通过 MISO 信号线逐位移入主机 SPI 数据寄存器中。当主机和从机的 SPI 数据寄存器通过移位交换完一个字节数据后，一次通信完成。根据需要，可以选择继续数据通信还是结束通信。

在 SPI 通信过程中，主机控制占有完全的主导地位。通信只能通过主机发起，从机只能被动响应。SPI 通信是在主机的控制下进行双向同步串行的数据交换。

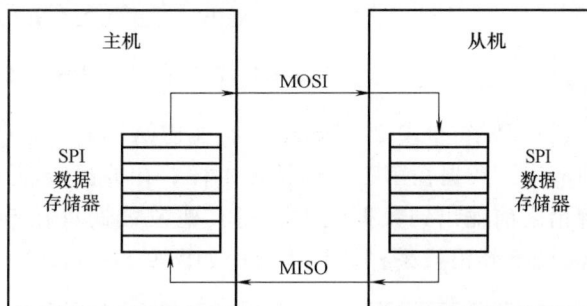

图 9-2 SPI 同步移位数据传输

2. SPI 的工作模式和时序

SPI 有 4 种不同工作模式，通过同步时钟的极性（Clock Polarity, CPOL）和同步时钟的相位（Clock Phase, CPHA）两个参数进行设定。

（1）工作方式 0：CPOL = 0，CPHA = 0　当 CPOL = 0 时，SCLK 信号高电平有效。CPHA = 0，数据在第 1 个时钟被采样。在数据传输过程中，第 1 位数据在 SCLK 的第 1 个上升沿之前输出到数据线上，而其他位数据将在 SCLK 的下降沿输出，所有数据位均在 SCLK 的上升沿被采样。具体时序如图 9-3 所示。

（2）工作方式 1：CPOL = 0，CPHA = 1　当 CPOL = 0 时，SCLK 信号高电平有效。

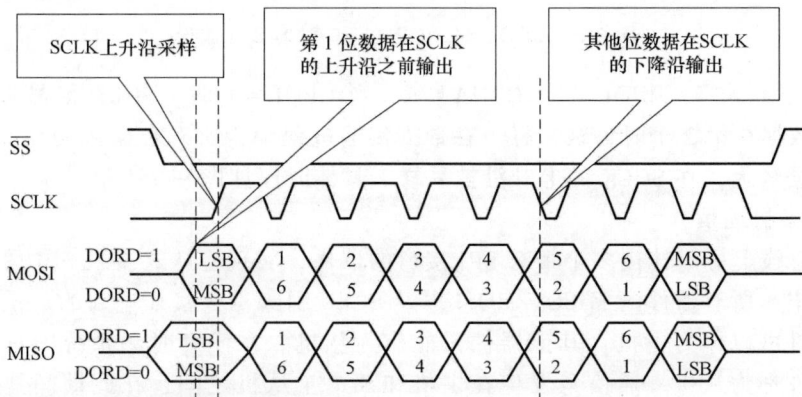

图 9-3　CPOL = 0、CPHA = 0 时的 SPI 波形

CPHA = 1，数据在第 2 个时钟被采样。在数据传输过程中，所有数据位均在 SCLK 的上升沿输出到数据线上，在 SCLK 的下降沿被采样。具体时序如图 9-4 所示。

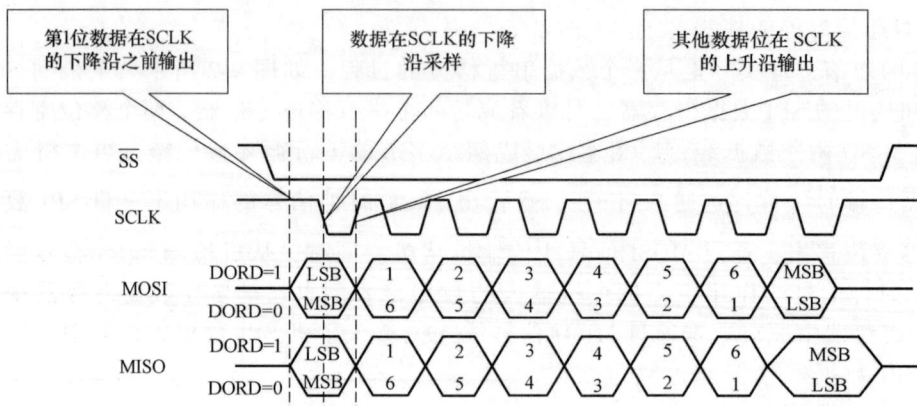

图 9-4 CPOL = 0，CPHA = 1 时的 SPI 波形

（3）工作方式 2：CPOL = 1，CPHA = 0　当 CPOL = 1 时，SCLK 信号低电平有效。CPHA = 0，数据在第 1 个时钟被采样。在数据传输过程中，第 1 位数据在 SCLK 的第 1 个下降沿之前输出到数据线上，而其他位数据将在 SCLK 的上升沿输出，所有数据位均在 SCLK 的下降沿被采样。具体时序如图 9-5 所示。

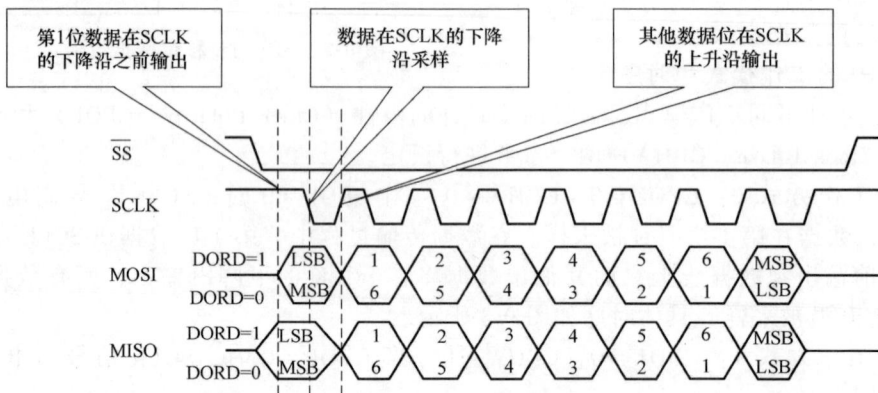

图 9-5 CPOL = 1，CPHA = 0 时的 SPI 波形

（4）工作方式 3：CPOL = 1，CPHA = 1　当 CPOL = 1 时，SCLK 信号低电平有效。CPHA = 1，数据在第 2 个时钟被采样。在数据传输过程中，所有数据位均在 SCLK 的下降沿输出到数据线上，在 SCLK 的上升沿被采样。具体时序如图 9-6 所示。

3. SPI 多机通信

在 SPI 总线上可以挂接多个带有 SPI 接口的器件，实现主从式多机 SPI 通信。在主从式多机通信中，所有器件的 MISO、MOSI 以及 SCLK 引脚是并接在一起的。系统中具有主机模式的器件可以作为主机，其他器件只能作为从机。在任意时刻系统中只能有一个主机，其他器件都为从机。通信只发生在主机和某一个从机之间，在此期间其他的从机必须处于未被选通状态，器件本身的 MISO、MOSI 以及 SCLK 引脚为三态高阻。

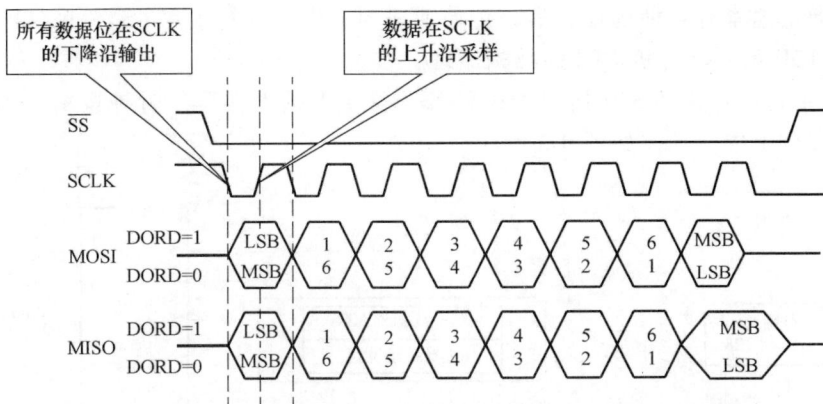

图 9-6　CPOL＝1，CPHA＝1 时的 SPI 波形

通常使用的主从式 SPI 多机通信结构如图 9-7 所示。这是一种简单的主从式 SPI 多机通信结构。图中 MCU（主机）是固定的主机，SPI 总线受其控制，MCU（从机）、从机 1 至从机 n 作为从机。在 SPI 多机通信系统中，从机应该具备这样的特性：当 $\overline{SS}$ 为高电平时，器件本身的 MOSI、MISO 和 SCLK 引脚为三态高阻。当主机需要与某一从机进行通信时，它可以通过 I/O 口的输出来控制从机 $\overline{SS}$ 的选通逻辑，使得该从机的 $\overline{SS}$ 引脚状态变为低电平，此时该从机的 $\overline{SS}$ 有效，进而会响应 SCLK 引脚上的信号，与主机进行串行移位传输。而其他未被选通的从机的 $\overline{SS}$ 引脚为高电平，处于无效状态，不参与数据传输。

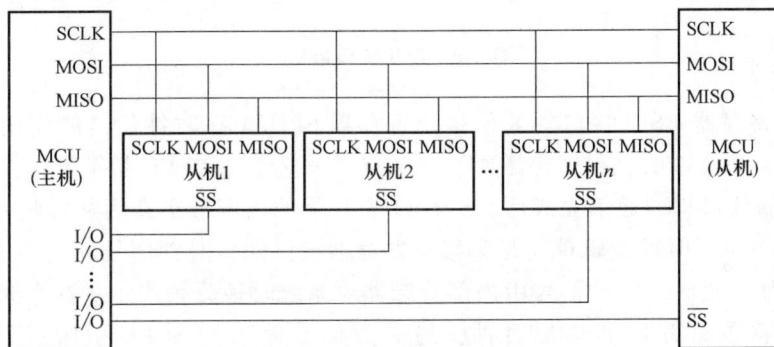

图 9-7　SPI 多机通信结构

只能作为从机使用的 SPI 器件，在应用中只需要数据的输入，或者只需要数据的输出，那么就只需要将对应的 MOSI 或者 MISO 挂接在 SPI 总线上即可。当主机需要从只能输出数据的从机输入数据时，此时只是从机到主机的数据传输，主机也需要通过发送一个字节的任意数据来控制数据移位寄存器的传输过程，进而读取从机的数据。如果主机只需要向从机写入一个字节，那么完成数据输出后，直接忽略由从机输入的字节即可。

9.1.2　STC15F 系列单片机的 SPI

STC15F 系列单片机的 SPI 是采用硬件方式实现面向字节的全双工同步通信接口，它支持主机及 4 种不同传输模式的 SPI 时序。现在 STC15F 系列芯片不支持 SPI 从机模式。

主机方式的通信速率有 4 种选择，最高传输速率为工作时钟的 1/4（SYSclk/4）。

1. STC15F 系列单片机 SPI 的结构原理

STC15F 系列单片机的 SPI 接口的硬件部分是由数据寄存器、时钟逻辑、引脚逻辑和控制逻辑几部分组成。具体如图 9-8 所示。

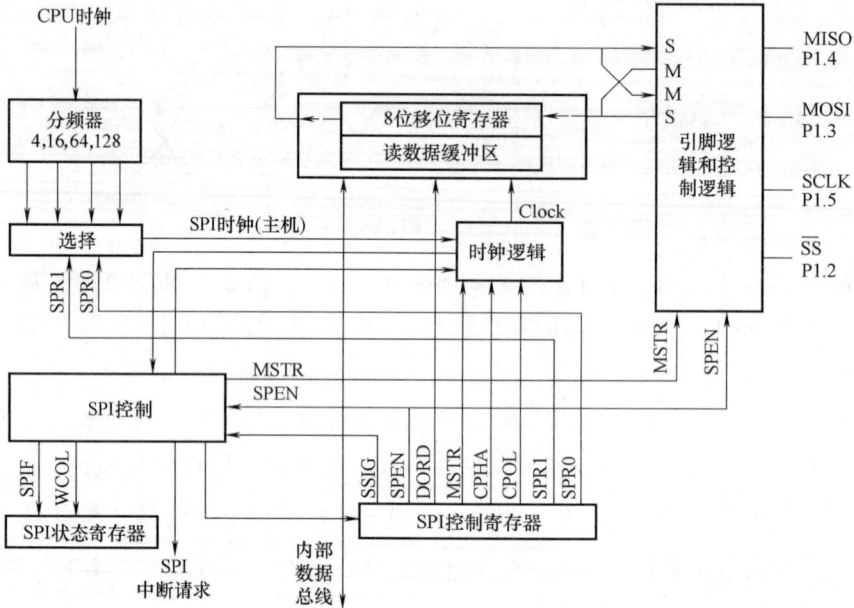

图 9-8　SPI 接口结构

（1）数据寄存器　SPI 接口的 8 位移位寄存器 SPDAT 在时钟信号的作用下，实现数据从低位移入、高位移出。程序将需要发送的字节写入到 SPDAT 寄存器后，硬件就自动开始一次 SPI 通信过程。通信完成后，SPDAT 寄存器的内容被更新为从机收到的字节。

（2）时钟逻辑　时钟逻辑单元是为移位寄存器提供同步时钟信号的。当 STC15F 系列芯片配置为 SPI 主机时，时钟信号由内部分频器对系统时钟分频产生。这个时钟信号一方面被用作本机移位寄存器的移位时钟，另一方面被输出到 SCLK 引脚以供从机使用。STC15F 系列芯片的 SPI 时钟信号有系统时钟信号的 4、16、64 和 128 这 4 种分频频率。

（3）引脚逻辑　SPI 接口用到的外部引脚有 4 个：SCLK、MOSI、MISO 和 $\overline{\text{SS}}$。STC15F 系列单片机的 SPI 接口引脚可以在不同的 3 组引脚间进行切换。

（4）控制逻辑　控制逻辑单元主要完成以下功能：SPI 接口各参数的设定，包括主从模式、通信速率、数据格式等；传输过程控制；SPI 状态标志，包括中断标志（SPIF）的置位、写冲突（WCOL）的置位等。

SPI 接口数据传输过程分主机和从机两种模式。在主机模式下，用户通过向 SPDAT 寄存器写入数据来启动一次数据传输过程。硬件电路将自动启动时钟发生器，将 SPDAT 中的数据逐位移出至 MOSI 引脚，同时对 MISO 引脚采样，并逐位将采样结果移入 SPDAT 中。当一个字节数据传输完成后，SPI 时钟发生器停止，并置位中断标志位 SPIF。如果还有数据需要继续传输，则直接继续写入 SPDAT，启动新一个字节传输过程即可。最后移入 SPDAT 的数据将被保留。

2. STC15F 系列单片机的 SPI 的相关寄存器

（1）SPI 控制寄存器 SPCTL　主要用于对 SPI 的设定，它位于 SFR 区的 CEH 地址字节单元，其各位定义及复位值如下：

位号	B7	B6	B5	B4	B3	B2	B1	B0	复位值
位名	SSIG	SPEN	DORD	MSTR	CPOL	CPHA	SPR1	SPR0	04H

1）SSIG：$\overline{SS}$ 引脚忽略控制位。SSIG＝1，MSTR 确定器件为主机还是从机；SSIG＝0，$\overline{SS}$ 引脚用于确定器件为主机还是从机。$\overline{SS}$ 引脚可作为 I/O 口使用。

2）SPEN：SPI 使能位。SPEN＝1，SPI 使能；SPEN＝0，SPI 被禁止，所有 SPI 引脚都作为 I/O 口使用。

3）DORD：设定 SPI 数据发送和接收的位顺序。DORD＝1，数据字的 LSB（最低位）最先发送；DORD＝0，数据字的 MSB（最高位）最先发送。

4）MSTR：主/从模式选择位。MSTR＝0，SPI 工作于从机模式；MSTR＝1，SPI 工作于主机模式。

5）CPOL：SPI 时钟极性。CPOL＝1，SCLK 空闲时为高电平。SCLK 的前时钟沿为下降沿，后沿为上升沿；CPOL＝0，SCLK 空闲时为低电平。SCLK 的前时钟沿为上升沿，后沿为下降沿。

6）CPHA：SPI 时钟相位选择位。CPHA＝1，数据在 SCLK 的前时钟沿驱动，并在后时钟沿采样；CPHA＝0，数据在 $\overline{SS}$ 为低（SSIG＝0）时被驱动，在 SCLK 的后时钟沿被改变，并在前时钟沿被采样。

7）SPR1、SPR0：SPI 时钟频率选择控制位。STC15F 系列单片机的 SPI 时钟频率选择见表 9-1。

表 9-1　SPI 时钟频率的选择

SPR1	SPR0	SPI 时钟频率	SPR1	SPR0	SPI 时钟频率
0	0	CPU_CLK/4	1	0	CPU_CLK/64
0	1	CPU_CLK/16	1	1	CPU_CLK/128

注：CPU_CLK 是 CPU 时钟。

（2）SPI 状态寄存器 SPSTAT　主要用于 SPI 的传输完成和写冲突的状态存储，它位于 SFR 区的 CDH 地址字节单元，其各位定义及复位值如下：

位号	B7	B6	B5	B4	B3	B2	B1	B0	复位值
位名	SPIF	WCOL	—	—	—	—	—	—	00×× ××××B

1）SPIF：SPI 传输完成标志。当一次串行传输完成时，SPIF 置位。此时，如果 SPI 中断被允许，则产生中断。当 SPI 处于主机模式且 SSIG＝0 时，如果 $\overline{SS}$ 为输入并被驱动

为低电平，SPIF 也将置位，表示模式改变。SPIF 标志需要通过软件向其写 1 进行清 0。

2）WCOL：SPI 写冲突标志。在数据传输的过程中如果对 SPI 数据寄存器 SPDAT 执行写操作，WCOL 将置位。WCOL 标志需要通过软件向其写 1 进行清 0。

（3）SPI 数据寄存器 SPDAT　用来存储通过 SPI 发送和接收的数据，它位于 SFR 区的 CFH 地址字节单元，复位值如下：

位号	B7	B6	B5	B4	B3	B2	B1	B0	复位值
位名									00H

SPDAT.7~SPDAT.0：传输数据为 Bit7~Bit0。

（4）中断允许寄存器 IE　前面已经介绍过中断使能（Enable）寄存器 IE，用于各中断源的使能管理，位于 SFR 区的 A8H 地址字节，其中 EA 用于总的中断允许，包括对 SPI 的中断允许，其功能位定义及复位值如下：

位号	B7	B6	B5	B4	B3	B2	B1	B0	复位值
位名	EA	ELVD	EADC	ES	ET1	EX1	ET0	EX0	00H

EA：CPU 的中断开放标志。EA = 1，CPU 开放中断；EA = 0，CPU 屏蔽所有的中断申请。

EA 的作用是使中断允许形成多级控制。即各中断源首先受 EA 控制，其次还受各中断源自己的中断允许控制位控制。

（5）中断允许寄存器 2 IE2　前面已经介绍过中断使能（Enable）寄存器 2 IE2，用于各中断源的使能管理，位于 SFR 区的 AFH 地址字节，其中 ESPI 用于 SPI 数据传输功能的中断允许，其功能位定义及复位值如下：

位号	B7	B6	B5	B4	B3	B2	B1	B0	复位值
位名	—	ET4	ET3	ES4	ES3	ET2	ESPI	ES2	×000 000B

ESPI：SPI 中断允许位。ESPI = 1，允许 SPI 中断；ESPI = 0，禁止 SPI 中断。

（6）中断优先级控制器 2 IP2　前面介绍过中断优先级（Priority）寄存器 2 IP2，用于各中断源的中断优先级管理，位于 SFR 区的 B5H 地址字节，其中 PSPI 用于 SPI 数据传输中的中断优先级的管理，其功能位定义及复位值如下：

位号	B7	B6	B5	B4	B3	B2	B1	B0	复位值
位名	—	—	—	—	—	—	PSPI	PS2	×××× ××00B

PSPI：SPI 中断优先级控制位。PSPI = 1，SPI 中断为最高优先级中断，优先级 1；PSPI = 0，SPI 中断为最低优先级中断，优先级 0。

（7）控制 SPI 功能转换寄存器 AUXR1（P_SW1）　用于双数据指针切换、SPI 功能转换、捕获比较脉宽调制（Capture Compare PWM，CCP）功能切换管理，其功能位定义及复位值如下：

位号	B7	B6	B5	B4	B3	B2	B1	B0	复位值
位名	S1_S1	S1_S0	CCP_S1	CCP_S0	SPI_S1	SPI_S0	—	DPS	00H

其中，SPI_S1 和 SPI_S0 用于 SPI 功能在芯片的不同引脚间切换，见表 9-2。

表 9-2　SPI_S1、SPI_S0 的 SPI 功能所在引脚选择控制位

SPI_S1	SPI_S0	SCLK	MISO	MOSI	$\overline{SS}$
0	0	P1.5	P1.4	P1.3	P1.2
0	1	P2.1	P2.2	P2.3	P2.4
1	0	P4.3	P4.1	P4.0	P5.4
1	1	无效			

9.1.3　SPI 接口的使用要点

编制使用 STC15F 系列单片机片 SPI 接口的应用程序，需要注意以下几方面的要点：

1. 初始化

1）正确选择 SPI 的主/从机方式。通常外设的 SPI 接口简单，只能作为从机使用，在与其的连接中，STC15F 系列单片机应设置为主机。在与其他微控制器连接时，应保证系统中只有一台主机。

2）正确设置通信参数，包括速率、时钟相位和极性。当 STC15F 系列单片机作为主机时，应考虑通信各方面能够支持的最高速率并正确设置通信速率。

3）正确设置数据输出的顺序。按照通信各方的协议，选择方便处理的数据格式，LSB 先发送或者 MSB 先发送。

2. $\overline{SS}$ 引脚的处理

在主机模式下，$\overline{SS}$ 引脚方向的设置会影响 SPI 接口的工作方式，尽量设置成输出方式。

尽管 $\overline{SS}$ 引脚归属于 SPI 总线的信号线之一，但在 STC15F 系列单片机 SPI 工作在主机模式时，SPI 接口本身并不对 $\overline{SS}$ 实施任何操作。也就是说，在 SPI 主机模式操作过程中，$\overline{SS}$ 并不会自动产生任何的控制信号，所有需要从 $\overline{SS}$ 输出的控制信号均必须通过用户程序来进行。

9.1.4　SPI 接口应用举例

例 9-1　利用 SPI 总线读取 A/D 转换芯片 TLC2543 的转换结果。具体的电路原理如图 9-9 所示。利用汇编指令和 C 语言分别编程讲解 SPI 总线的应用。

1. TLC2543 简介

TLC2543 是 TI 公司生产的 12 位串行模/数转换器，使用开关电容逐次逼近技术完成 A/D 转换，采用 SPI 总线串行输入结构，节约单片机 I/O 资源，且价格适中，分辨率较高，因此在仪器仪表中有较为广泛的应用。TLC2543 的特点：①12 位分辨率 A/D 转换器；

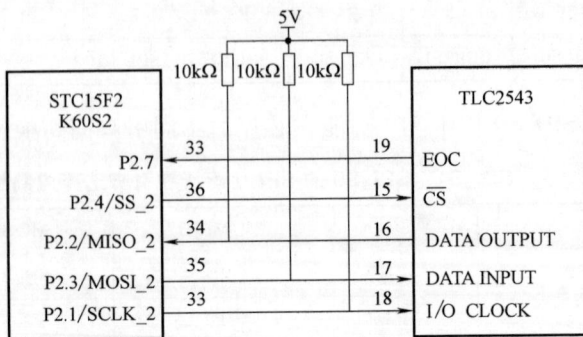

图 9-9　STC15F2K60S2 与 TLC2543 电路连接图

②在工作温度范围内 10μs 转换时间；③11 个模拟输入通道；④3 路内置自测试方式；
⑤采样率为 66kbit/s；⑥线性误差±1LSBmax；⑦有转换结束输出 EOC；⑧具有单、双极
性输出；⑨可编程的 MSB 或 LSB 前导；⑩可编程输出数据长度。

TLC2543 的引脚排列如图 9-10 所示，引脚说明见表 9-3。

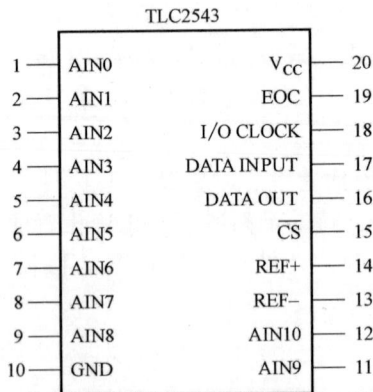

图 9-10　TLC2543 引脚

表 9-3　TLC2543 引脚说明

引脚号	名称	I/O	说　　明
1～9, 11, 12	AIN0～AIN10	I	模拟量输入端。11 路输入信号由内部多路器选通
15	$\overline{CS}$	I	片选端。在 $\overline{CS}$ 端由高变低时，内部计数器复位；由低变高时，在设定时间内禁止 DATA INPUT 和 I/O CLOCK
17	DATA INPUT	I	串行数据输入端。由 4 位的串行地址输入来选择模拟量输入通道
16	DATA OUT	O	A/D 转换结果的三态串行输出端。$\overline{CS}$ 为高时处于高阻抗状态，$\overline{CS}$ 为低时处于激活状态
19	EOC	O	转换结束端。在最后的 I/O CLOCK 下降沿之后，EOC 从高电平，变为低电平，并保持到转换完成和数据准备传输为止
10	GND		地。GND 是内部电路的地回路端。除另有说明外，所有电压测量都相对 GND 而言

（续）

引脚号	名称	I/O	说　　明
18	I/O CLOCK	I	输入/输出时钟端。I/O CLOCK 接收串行输入信号并完成以下 4 个功能：①在 I/O CLOCK 的前 8 个上升沿，8 位输入数据存入输入数据寄存器；②在 I/O CLOCK 的第 4 个下降沿，被选通的模拟输入电压开始向电容器充电，直到 I/O CLOCK 的最后一个下降沿为止；③将前一次转换数据的其余 11 位输出到 DATA OUT 端，在 I/O CLOCK 的下降沿时数据开始变化。④I/O CLOCK 的最后一个下降沿，将转换的控制信号传送到内部状态控制位
14	REF+	I	正基准电压端。基准电压的正端（通常为 V_{cc}）被加到 REF+，最大的输入电压范围由本端与 REF-端的电压差决定
13	REF-	I	负基准电压端。基准电压的低端（通常为地）被加到 REF-
20	V_{CC}		电源

TLC2543 的控制字为从 DATA INPUT 端串行输入的 8 位数据，它规定了 TLC2543 要转换的模拟量通道、转换后的输出数据长度和输出数据的格式。其中高 4 位（D7～D4）决定通道号，对于 0 通道至 10 通道，该 4 位分别为 0000～1010H。当为 1011～1101 时，用于对 TLC2543 的自检，分别测试（$V_{REF+} + V_{REF-}$）/2 和 V_{REF-} 和 V_{REF+} 的值；当为 1110 时，TLC2543 进入休眠状态。低 4 位决定输出数据长度及格式，其中 D3 和 D2 决定输出的长度，01 表示输出数据长度为 8 位，11 表示输出长度为 16 位，其他为 12 位。D1 决定输出数据是高位先送出，还是低位先送出，为 0 表示高位先送出。D0 决定输出数据是单极性（二进制）还是双极性（二进制补码），若为单极性，该位为 0，反之为 1。

TLC2543 的工作过程如下：首先在 8、12 或 16 时钟周期里向片内控制寄存器写入 8 位控制字，控制字中的两位决定时钟长度，在最后一个时钟周期的下降沿启动 A/D 转换，经过一段转换时间，在随后的 8、12 或 16 个时钟周期里，从 DATA OUT 脚读出数据。

详细的 TLC2543 资料请查阅其数据手册。

2. 应用编程

利用 STC15F2K60S2 的第 2 组 SPI 总线接口（P2.1、P2.2、P2.3 和 P2.4），实现对芯片 TLC2543 的操作。

在本例的编程中，只是实现单片机对 A/D 芯片的初始化、转换的设置与结果的读取。可以根据实际情况对结果进行诸如显示、存储、传输等不同的后续处理。另外需要注意的是，TLC2543 上电后，第 1 次采集的结果无效，有效的转换结果从第 2 次数据交换的结果开始。（本例中的部分程序引用了宏晶科技编制的程序。）

（1）汇编语言编程实现

```
AUXR      DATA      08EH        ;辅助寄存器
P_SW1     DATA      0A2H        ;外设功能切换寄存器 1
SPI_S0    EQU       04H
SPI_S1    EQU       08H
SPSTAT    DATA      0CDH        ;SPI 状态寄存器
```

```
        SPIF    EQU     080H        ;SPSTAT. 7
        WCOL    EQU     040H        ;SPSTAT. 6
        SPCTL   DATA    0CEH        ;SPI 控制器
        SSIG    EQU     080H        ;SPCTL. 7
        SPEN    EQU     040H        ;SPCTL. 6
        DORD    EQU     020H        ;SPCTL. 5
        MSTR    EQU     010H        ;SPCTL. 4
        CPOL    EQU     008H        ;SPCTL. 3
        CPHA    EQU     004H        ;SPCTL. 2
        SPDHH   EQU     000H        ;CPU_CLK/4
        SPDH    EQU     001H        ;CPU_CLK/8
        SPDL    EQU     002H        ;CPU_CLK/16
        SPDLL   EQU     003H        ;CPU_CLK/32
        SPDAT   DATA    0CFH        ;SPI 数据寄存器
        SS      BIT     P2. 4       ;SPI 的 SS 引脚, 连接 TLC2543 的 CS 引脚
        DATH    EQU     2EH         ;转换结果高字节
        DATL    EQU     2FH         ;转换结果低字节
        ORG     0000H
        AJMP    MAIN
        ORG     0100H
MAIN：
        MOV     SP, #60H
        MOV     R7, #10
        LCALL   INITSPI
        CLR     SS
        MOV     A, #1CH             ;选择外部模拟输入通道 1,16 位分辨率, 高字
                                    ;节先进入
        LCALL   SPISHIFT            ;空读一次
LOOP：
        MOV     A, #1CH
        LCALL   SPISHIFT
        MOV     DATH, A
        MOV     A, #1CH
        LCALL   SPISHIFT
        MOV     DATL, A
        DJNZ    R7, LOOP
        LJMP    $
```

```
;* * * * * * * * * * * * * *SPI初始化* * * * * * * * * * * * * * * *
INITSPI:
    MOV     A, P_SW1                    ;使用第二组 SPI 接口
    ANL     A, #NOT(SPI_S0 | SPI_S1)    ;SPI_S0 = 1 SPI_S1 = 0
    ORL     A, #SPI_S0                  ;(P2.4/SS_2, P2.3/MOSI_2, P2.2/MISO_2,
                                        ;P2.1/SCLK_2)
    MOV     P_SW1, A
    MOV     SPSTAT, #SPIF | WCOL        ;清除 SPI 状态
    SETB    SS
    MOV     SPCTL, #SSIG | SPEN | MSTR;设置 SPI 为主模式
    RET
;* * * * * * * * * * * * * * * * * * * * * * * * * * * * * * * * * *
;使用 SPI 方式与 TLC2543 进行数据交换
;入口参数: ACC, 准备写入的数据
;出口参数: ACC, 从 TLC2543 读出的数据
;* * * * * * * * * * * * * * * * * * * * * * * * * * * * * * * * * */
SPISHIFT:
    MOV     SPDAT, A                    ;触发 SPI 发送
WAITSPI:
    MOV     A, SPSTAT                   ;等待 SPI 数据传送完成
    ANL     A, #SPIF
    JZ      WAITSPI
    MOV     SPSTAT, #SPIF | WCOL        ;清除 SPI 状态
    MOV     A, SPDAT
    RET
    END
```

（2）C 语言编程实现

```
#include<reg51.h>
typedef bit BOOL;
typedef unsigned char BYTE;
typedef unsigned short WORD;
typedef unsigned long DWORD;
#define NULL 0
#define FALSE 0
#define TRUE 1
sfr AUXR = 0x8E;                    //辅助寄存器
sfr P_SW1 = 0xA2;                   //外设功能切换寄存器
#define SPI_S0 0x04
```

```
#define SPI_S1 0x08
sfr SPSTAT = 0xCD;                      //SPI 状态寄存器
#define SPIF 0x80                       //SPSTAT. 7
#define WCOL 0x40                       //SPSTAT. 6
sfr SPCTL = 0xCE;                       //SPI 控制寄存器
#define SSIG 0x80                       //SPCTL. 7
#define SPEN 0x40                       //SPCTL. 6
#define DORD 0x20                       //SPCTL. 5
#define MSTR 0x10                       //SPCTL. 4
#define CPOL 0x08                       //SPCTL. 3
#define CPHA 0x04                       //SPCTL. 2
#define SPDHH 0x00                      //CPU_CLK/4
#define SPDH 0x01                       //CPU_CLK/8
#define SPDL 0x02                       //CPU_CLK/16
#define SPDLL 0x03                      //CPU_CLK/32
sfr SPDAT = 0xCF;                       //SPI 数据寄存器
sbit SS = P2^4;                         //SPI 的 SS 脚
sfr IE2 = 0xAF;                         //中断控制寄存器 2
#define ESPI 0x02                       //IE2. 1
void InitSpi( );
BYTE SpiShift( BYTE dat);
BOOL g_fSpiBusy;                        //SPI 的工作状态
void main( )
{
    int i = 10;
    unsigned char ctl;                  //定义控制字
    unsigned char adch;                 //转换结果高字节
    unsigned char adcl;                 //转换结果低字节
    InitSpi( );                         //初始化 SPI
    ctl = 0x1C;                         //选择外部模拟输入通道 1, 16 位分辨率, 高字
                                        //节先进入
    SS = 0;
    SpiShift( ctl);                     //需要空读 1 个字节
    while( i--)
    {
        adch = SpiShift( ctl);
        adcl = SpiShift( ctl);
    }
```

```
        SS = 1;
        while(1);
}
/* * * * * * * * * * * * * * * * * * * * * * * * * * * * * * * * *
SPI 初始化
* * * * * * * * * * * * * * * * * * * * * * * * * * * * * * * * */
void InitSpi( )
{
        ACC = P_SW1;                     //切换到第 2 组 SPI
        ACC & = ~(SPI_S0 | SPI_S1);      //SPI_S0 = 1 SPI_S1 = 0
        ACC | = SPI_S0;                  //(P2.4/SS_2, P2.3/MOSI_2, P2.2/MISO_2,
                                         //P2.1/SCLK_2)
        P_SW1 = ACC;
        SPSTAT = SPIF | WCOL;            //清除 SPI 状态
        SS = 1;
        SPCTL = SSIG | SPEN | MSTR;      //设置 SPI 为主模式
}
/* * * * * * * * * * * * * * * * * * * * * * * * * * * * * * * * *
使用 SPI 方式与 TLC2543 进行数据交换
入口参数: dat, 准备写入的数据
出口参数: 从 TLC2543 中读出的数据
* * * * * * * * * * * * * * * * * * * * * * * * * * * * * * * */
BYTE SpiShift( BYTE dat )
{
        SPDAT = dat;                     //触发 SPI 发送
        while( ! (SPSTAT&SPIF));         //等待 SPI 数据传输完成
        SPSTAT = SPIF|WCOL;              //清除 SPI 状态
        return SPDAT;
}
```

本例中的汇编语言程序和 C 语言程序提供了 SPI 总线读/写操作程序, 主程序仅实现了对 TLC2543 转换结果的简单读取, 并没有后续的处理。读者还可以结合实际情况对 A/D 转换结果进行数据处理并传送或者显示之类的操作。

另外, 本例中应用的是 SPI 主模式的查询方式, 还可以应用中断方式。

9.2 I²C 总线

I²C 总线是 Philips 公司推出的串行总线, 它是一种简单、双向二线制同步串行总线, 它只需要两根线就可以在连接于总线上的器件之间传送信息。凡是具有 I²C 接口的器件都

可以挂接在 I^2C 总线上。本节结合具有 I^2C 通信接口的时钟芯片 PCF8563 介绍 I^2C 总线的应用。

9.2.1 I^2C 总线概述

I^2C (Inter-Integrated Circuit) 总线由 Philips 公司推出,是在微电子通信控制领域广泛采用的一种总线标准。它是同步通信的一种特殊形式,具有接口线少、控制方式简化、器件封装形式小、通信速率较高等优点。在主/从通信中,可以有多个 I^2C 总线器件同时接到 I^2C 总线上,所有 I^2C 兼容的器件都有标准的接口,通过地址来识别通信对象,使它们可以经由 I^2C 总线互相直接通信。此总线设计对系统设计及仪器制造都有利,因为可增加硬件的效率及简化电路,同时可提高仪器设备的可靠性,以及解决很多在设计数字控制电路上所遇到的接口问题。

I^2C 总线是由数据线 SDA 和时钟 SCL 构成的串行总线,可发送和接收数据。在 CPU 与被控 IC 之间、IC 与 IC 之间进行双向传送,最高传送速率为 3.4Mbits/s。各种被控制电路均并联在这条总线上,就像电话机一样只有拨通各自的号码才能工作,所以每个电路和模块都有唯一的地址。在信息的传输过程中,I^2C 总线上并接的每一模块电路既是主控器 (或被控器),又是发送器 (或接收器),这取决于它所要完成的功能。CPU 发出的控制信号分为地址码和数据码两部分:地址码用来选址,即接通需要控制的电路,确定总线通信的器件;数据码是通信的内容。这样,各控制电路虽然挂在同一条总线上,却彼此独立,互不干扰。

随着 I^2C 总线技术的推出,Philips 及其他一些电子、电气厂家相继推出了许多带 I^2C 接口的器件。除大量用于视频、音像、通信领域的器件外,I^2C 接口的通用器件可广泛用于单片机应用系统之中,如 RAM、EEPROM、I/O 接口、LED/LCD 驱动控制、A/D、D/A 以及日历时钟等。

9.2.2 I^2C 总线数据的通信协议

在传输数据开始前,主控器件应发送起始位,通知从接收器件做好接收准备;在传输数据结束时,主控器件应发送停止位,通知从接收器件停止接收。这两种信号是启动和关闭 I^2C 器件的信号。所需的起始位及停止位的时序条件如下 (如图 9-11 所示):

起始位时序:当 SCL 线在高位时,SDA 线由高转换至低。

停止位时序:当 SCL 线在高位时,SDA 线由低转换至高。

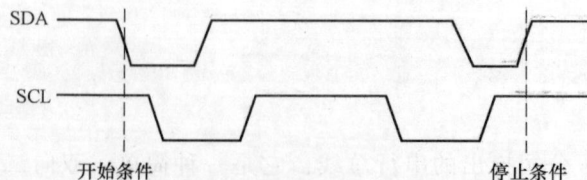

图 9-11　开始和停止条件

开始和停止条件由主控器产生。使用硬件接口可以很容易地检测开始和停止条件，没有这种接口的单片机必须以每时钟周期至少两次的频率对 SDA 取样，以便检测这种变化。

SDA 线上的数据在时钟高位时必须稳定；数据线上高低状态只有当 SCL 线的时钟信号为低电平时才可变换，如图 9-12 所示。输出到 SDA 线上的每个字节必须是 8 位，每次传输的字节不受限制，每个字节必须有 1 个确认位（又称应答位 ACK）。如果一接收器件在完成其他功能（如一内部中断）前不能接收另一数据的完整字节，它可以保持时钟线 SCL 为低，以促使发送器进入等待状态，当接收器件准备好接收数据的其他字节并释放时钟 SCL 后，数据传输继续进行。

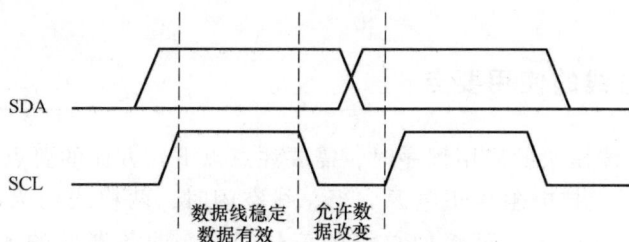

图 9-12 I²C 总线中的有效数据位

数据传送必须有确认位。与确认位对应的时钟脉冲由主控器产生，发送器在应答期间必须下拉 SDA 线，如图 9-13 所示。

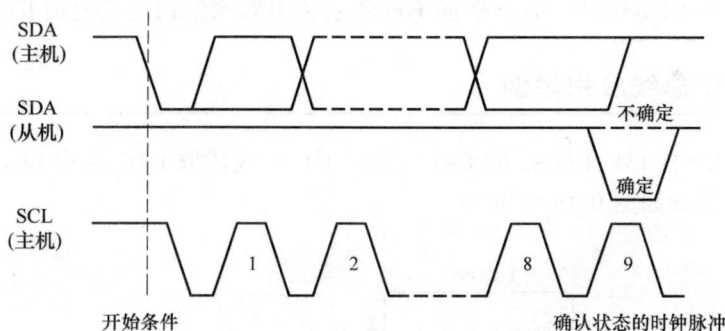

图 9-13 I²C 总线的确认位

当不能确认寻址的被控器件时，数据线保持为高，接着主控器产生停止条件终止传输。在传输结束时，主控接收器必须发出一个数据结束信号给被控发送器，被控发送器必须释放数据线，以允许主控器产生停止条件。合法的数据传输格式如下：

起始位	被控接收器地址	R/$\overline{\text{W}}$	确认位	数据	确认位	…	停止位

I²C 总线在起始位（开始条件）后的首字节决定哪个被控器将被主控器选择，例外的是"通用访问"地址，它可以寻址所有器件。当主控器输出地址信息时，系统中的每个器件都将起始位后的前 7 位地址和自己的地址进行比较。如果相同，该器件认为自己被主控器寻址。该器件是作为被控接收器或是被控发送器则取决于第 8 位（R/$\overline{\text{W}}$ 位）。它是数

据传输方向位（读/写），0代表发送（写入），1代表需求数据（读入），数据传送通常以主控器所发出的停止位（停止条件）而终结，时序关系如图9-14所示。

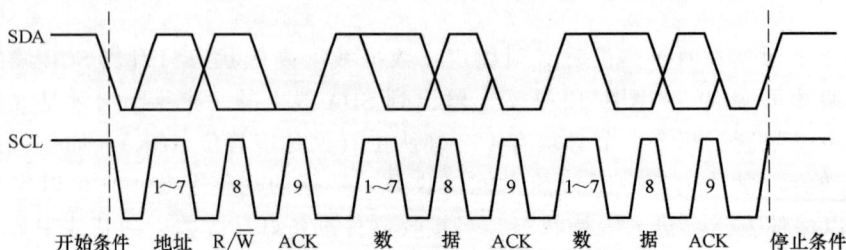

图9-14 I^2C 总线读写时序图

9.2.3 I^2C 总线的使用要点

编制使用 I^2C 总线模块的应用程序时，需要注意以下几方面的要点：

1）I^2C 总线通过上拉电阻接正电源。当总线空闲时，两根线均为高电平。连到总线上的任一器件输出的低电平，都将使总线的信号变低，即各器件的 SDA 及 SCL 都是线"与"关系。

2）在传送过程中，当需要改变传送方向时，起始信号和从机地址都被重复产生一次，但两次 $R/\overline{W}$ 位正好相反。

3）I^2C 总线访问操作时，需要根据不同的系统主频调整访问延时时长。

9.2.4 I^2C 总线应用举例

例9-2 利用 STC15F2K60S2 的 I/O 口模拟 I^2C 总线读取 RTC 芯片 PCF8563 的时钟信息。具体的电路原理如图9-15所示。

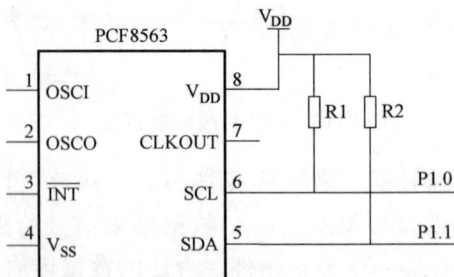

图9-15 STC15F2K60S2 单片机 PI 口与 PCF8563 连接电路图

1. PCF8563 简介

PCF8563 是低功耗的 CMOS 实时时钟/日历芯片。它提供一个可编程时钟输出、一个中断输出和掉电检测器。所有的地址和数据通过 I^2C 总线接口串行传递。最大总线速度为 400Kbits/s，每次读/写数据后内嵌的字地址寄存器会自动产生增量。

- 低工作电流：典型值为 $0.25\mu A$（$V_{DD}=3.0V$，Tamb$=25℃$）；

- 世纪标志；
- 大工作电压范围：1.0~5.5V；
- 低休眠电流：典型值为 0.25μA（$V_{DD}=3.0V$，Tamb=25℃）；
- 400kHz 的 I^2C 总线接口（V_{DD} 取值为 1.8~5.5V）；
- 可编程时钟输出频率为：32.768kHz，1024Hz，32Hz，1Hz；
- 报警和定时器；
- 掉电检测器；
- 内部集成的振荡器电容；
- 片内电源复位功能；
- I^2C 总线从地址：读 0A3H，写 0A2H；
- 开漏中断引脚。

PCF8563 引脚配置如图 9-15 所示，具体引脚描述见表 9-4。

表 9-4 PCF8563 引脚描述

引脚号	符号	描　　述	引脚号	符号	描　　述
1	OSCI	振荡器输入	5	SDA	串行数据 I/O
2	OSCO	振荡器输出	6	SCL	串行时钟输入
3	$\overline{INT}$	中断输出（开漏，低电平有效）	7	CLKOUT	时钟输出（开漏）
4	V_{SS}	地	8	V_{DD}	正电源

PCF8563 有 16 个 8 位寄存器：1 个可自动增量的地址寄存器，1 个内置 32.768kHz 的振荡器（带有 1 个内部集成的电容），1 个分频器（用于给实时时钟 RTC 提供源时钟），1 个可编程时钟输出，1 个定时器，1 个报警器，1 个掉电检测器和 1 个 400kHz 的 I^2C 总线接口。

所有 16 个寄存器设计成可寻址的 8 位并行寄存器，但不是所有位都有用。前两个寄存器（内存地址 00H 和 01H）用于控制寄存器和状态寄存器，内存地址 02H~08H 用于时钟计数器（秒、分钟、小时、日、星期、月、年计数器），地址 09H~0CH 用于报警寄存器（定义报警条件），地址 0DH 控制 CLKOUT 引脚的输出频率，地址 0EH 和 0FH 分别用于定时器控制寄存器和定时器寄存器。秒、分钟、小时、日、星期、月、年、分钟报警、小时报警、日报警寄存器，编码格式为 BCD，星期和星期报警寄存器不以 BCD 格式编码。

当一个 RTC 寄存器被读时所有计数器的内容被锁存，因此在传送条件下可以禁止对时钟/日历芯片的错读。

详细的 PCF8563 的资料，请查阅其数据手册。

2. 应用编程

由于 STC15F 系列单片机没有 I^2C 功能模块，所以需要应用普通 I/O 口对 I^2C 总线的时序进行模拟，以便实现对 PCF8563 的读/写操作。在本例中，STC15F2K60S2 的 P1.1 引脚模拟 I^2C 总线的 SDA，P1.0 引脚模拟 I^2C 总线的 SCL。（本例中的部分程序引用了宏晶科技编制的程序。）

（1）汇编语言编程实现

```
;* * * * * * * * * * * * 宏定义及变量声明 * * * * * * * * * * * * * * * * *
SLAW           EQU    0xA2
SLAR           EQU    0xA3
SDA            BIT    P1.1              ;定义 SDA
SCL            BIT    P1.0              ;定义 SCL
hour           DATA   39H               ;RTC 变量
minute         DATA   3AH
second         DATA   3BH
RTC            DATA   42H               ;连续 3 个字节,读写 RTC 时使用
STACK_POIRTER  EQU    0D0H              ;堆栈开始地址
P0M1           DATA   0x93              ;P0M1.n, P0M0.n  = 00--->Standard    01--->push-pull
P0M0           DATA   0x94              ;                = 10--->pure input  11--->open drain
P1M1           DATA   0x91              ;P1M1.n, P1M0.n  = 00--->Standard    01--->push-pull
P1M0           DATA   0x92              ;                = 10--->pure input  11--->open drain
P2M1           DATA   0x95              ;P2M1.n, P2M0.n  = 00--->Standard    01--->push-pull
P2M0           DATA   0x96              ;                = 10--->pure input  11--->open drain
P3M1           DATA   0xB1              ;P3M1.n, P3M0.n  = 00--->Standard    01--->push-pull
P3M0           DATA   0xB2              ;                = 10--->pure input  11--->open drain
P4M1           DATA   0xB3              ;P4M1.n, P4M0.n  = 00--->Standard    01--->push-pull
P4M0           DATA   0xB4              ;                = 10--->pure input  11--->open drain
P5M1           DATA   0xC9              ;P5M1.n, Pi5M0.n = 00--->Standard    01--->push-pull
P5M0           DATA   0xCA              ;                = 10--->pure input  11--->open drain
P6M1           DATA   0xCB              ;P6M1.n, P6M0.n  = 00--->Standard    01--->push-pull
P6M0           DATA   0xCC              ;                = 10--->pure input  11--->open drain
P7M1           DATA   0xE1              ;
P7M0           DATA   0xE2              ;
;* * * * * * * * * * * * * * 主程序 * * * * * * * * * * * * * * * * * * *
               ORG    0000H
               LJMP   MAIN
               ORG    0100H
MAIN:
               CLR    A
               MOV    P0M1, A           ;设置为准双向口
               MOV    P0M0, A
               MOV    P1M1, A           ;设置为准双向口
               MOV    P1M0, A
               MOV    P2M1, A           ;设置为准双向口
```

```
        MOV    P2M0, A
        MOV    P3M1, A          ;设置为准双向口
        MOV    P3M0, A
        MOV    P4M1, A          ;设置为准双向口
        MOV    P4M0, A
        MOV    P5M1, A          ;设置为准双向口
        MOV    P5M0, A
        MOV    P6M1, A          ;设置为准双向口
        MOV    P6M0, A
        MOV    P7M1, A          ;设置为准双向口
        MOV    P7M0, A
        MOV    SP, #STACK_POIRTER
        MOV    PSW, #0          ;选择第 0 组 R0~R7
        USING  0                ;选择第 0 组 R0~R7
        MOV    hour, #12        ;初始化时间值
        MOV    minute, #0
        MOV    second, #0
        LCALL  F_WriteRTC       ;写入 RTC
LOOP:
        LCALL  F_ReadRTC        ;读 RTC
        LJMP   LOOP
;* * * * * * * * * * * * IIC 相关函数 * * * * * * * * * * * * * * * * * * *
;=======================================================
;函数：F_IIC_Delay
;描述：IIC 访问延时，不同的主频要修改此函数
;=======================================================
F_IIC_Delay:
        PUSH   AR2
        MOV    R2, 11           ;Fosc(MHZ)/2，按 2μs 计算
        DJNZ   R2, $
        POP    AR2
        RET
;=======================================================
;函数：F_IIC_Start
;描述：启动 IIC。当 SCL 在高电平时，SDA 由高转低
;=======================================================
F_IIC_Start：
        SETB   SDA
```

```
        LCALL  F_IIC_Delay
        SETB   SCL
        LCALL  F_IIC_Delay
        CLR    SDA
        LCALL  F_IIC_Delay
        CLR    SCL
        LCALL  F_IIC_Delay
        RET
;========================================================
;函数：F_IIC_Stop
;描述：停止 IIC。当 SCL 在低电平时，SDA 由低转高
;========================================================
F_IIC_Stop：
        CLR    SDA
        LCALL  F_IIC_Delay
        SETB   SCL
        LCALL  F_IIC_Delay
        SETB   SDA
        LCALL  F_IIC_Delay
        RET
;========================================================
;函数：F_Send_ACK
;描述：发送应答
;========================================================
F_Send_ACK：
        CLR    SDA
        LCALL  F_IIC_Delay
        SETB   SCL
        LCALL  F_IIC_Delay
        CLR    SCL
        LCALL  F_IIC_Delay
        RET
;========================================================
;函数：F_Send_NoACK
;描述：发送非应答
;========================================================
F_Send_NoACK：
        SETB   SDA
```

```
        LCALL   F_IIC_Delay
        SETB    SCL
        LCALL   F_IIC_Delay
        CLR     SCL
        LCALL   F_IIC_Delay
        RET
;==================================================================
;函数：F_IIC_Check_ACK
;描述：检测应答
;返回：If F0＝0，then right，if F0＝1，then error
;==================================================================
F_IIC_Check_ACK：
        SETB    SDA
        LCALL   F_IIC_Delay
        SETB    SCL
        LCALL   F_IIC_Delay
        MOV     C，SDA
        MOV     F0，C
        CLR     SCL
        LCALL   F_IIC_Delay
        RET
;==================================================================
;函数：F_IIC_WriteAbyte
;描述：写一个字节
;参数：ACC，要写入的字节
;==================================================================
F_IIC_WriteAbyte：
        PUSH    AR6
        PUSH    AR7
        MOV     R7，ACC
        MOV     R6，#8
L_IIC_WriteAbyteLoop：
        MOV     A，R7
        RLC     A
        MOV     SDA，C
        MOV     R7，A
        LCALL   F_IIC_Delay
        SETB    SCL
```

```
        LCALL  F_IIC_Delay
        CLR    SCL
        LCALL  F_IIC_Delay
        DJNZ   R6, L_IIC_WriteAbyteLoop
        POP    AR7
        POP    AR6
        RET
;================================================================
;函数：F_IIC_ReadAbyte
;描述：读一个字节
;返回：ACC，已读出的字节
;================================================================
F_IIC_ReadAbyte：
        PUSH   AR6
        PUSH   AR7
        SETB   SDA
        MOV    R6, #8
L_IIC_ReadAbyteLoop：
        SETB   SCL
        LCALL  F_IIC_Delay
        MOV    A, R7
        MOV    C, SDA
        RLC    A
        MOV    R7, A
        CLR    SCL
        LCALL  F_IIC_Delay
        DJNZ   R6, L_IIC_ReadAbyteLoop
        MOV    A, R7
        POP    AR7
        POP    AR6
        RET
;================================================================
;函数：F_WriteNbyte
;描述：写 N 个字节子程序
;参数：R2 为写 IIC 数据首地址，R0 为写入数据存放首地址，R3 为写入字节数
;================================================================
F_WriteNbyte：
        LCALL  F_IIC_Start
```

```
        MOV     A, #SLAW
        LCALL   F_IIC_WriteAbyte
        LCALL   F_IIC_Check_ACK
        JB      F0, L_WriteN_StopIIC
        MOV     A, R2
        LCALL   F_IIC_WriteAbyte
        LCALL   F_IIC_Check_ACK
        JB      F0, L_WriteN_StopIIC
L_WriteNbyteLoop:
        MOV     A, @R0
        LCALL   F_IIC_WriteAbyte
        INC     R0
        LCALL   F_IIC_Check_ACK
        JB      F0, L_WriteN_StopIIC
        DJNZ    R3, L_WriteNbyteLoop
L_WriteN_StopIIC:
        LCALL   F_IIC_Stop
        RET
;==================================================================
;函数：F_ReadNbyte
;描述：读 N 个字节子程序
;参数：R2 为读 IIC 数据首地址，R0 为读出数据存放首地址，R3 为读出字节数
;==================================================================
F_ReadNbyte:
        LCALL   F_IIC_Start
        MOV     A, #SLAW
        LCALL   F_IIC_WriteAbyte
        LCALL   F_IIC_Check_ACK
        JB      F0, L_ReadN_StopIIC
        MOV     A, R2
        LCALL   F_IIC_WriteAbyte
        LCALL   F_IIC_Check_ACK
        JB      F0, L_ReadN_StopIIC
        LCALL   F_IIC_Start
        MOV     A, #SLAR
        LCALL   F_IIC_WriteAbyte
        LCALL   F_IIC_Check_ACK
        JB      F0, L_ReadN_StopIIC
```

```
          MOV    A, R3
          ANL    A, #0xfe        ;判断是否大于1
          JZ     L_ReadLastByte
          DEC    R3              ;大于1字节,则-1
L_ReadNbyteLoop:
          LCALL  F_IIC_ReadAbyte ;* p = IIC_ReadAbyte( );  p++;
          MOV    @R0, A
          INC    R0
          LCALL  F_Send_ACK      ;发送应答
          DJNZ   R3, L_ReadNbyteLoop
L_ReadLastByte:
          LCALL  F_IIC_ReadAbyte ;* p = IIC_ReadAbyte( )
          MOV    @R0, A
          LCALL  F_Send_NoACK    ;发送非应答
L_ReadN_StopIIC:
          LCALL  F_IIC_Stop
          RET
;===================================================
;函数: F_ReadRTC
;描述: 读 RTC 函数
;===================================================
F_ReadRTC:
          MOV    R2, #2          ;读 IIC 数据首地址
          MOV    R0, #RTC        ;读出数据存放首地址
          MOV    R3, #3          ;读出字节数
          LCALL  F_ReadNbyte
          MOV    A, RTC          ;second
          SWAP   A
          ANL    A, #7
          MOV    B, #10
          MUL    AB
          MOV    B, A
          MOV    A, RTC
          ANL    A, #0x0f
          ADD    A, B
          MOV    second, A       ;second = ( ( RTC>>4 ) &0x07 ) * 10+( RTC&0x0f )
          MOV    A, RTC+1
          SWAP   A
```

```
        ANL    A, #7
        MOV    B, #10
        MUL    AB
        MOV    B, A
        MOV    A, RTC+1
        ANL    A, #0x0f
        ADD    A, B
        MOV    minute, A      ; minute = (([RTC+1]>>4)&0x07) * 10+([RTC+1]&0x0f)
        MOV    A, RTC+2
        SWAP   A
        ANL    A, #3
        MOV    B, #10
        MUL    AB
        MOV    B, A
        MOV    A, RTC+2
        ANL    A, #0x0f
        ADD    A, B
        MOV    hour, A        ; hour = (([RTC+2]>>4)&0x03) * 10+([RTC+2]&0x0f)
        RET
;==================================================================
;函数:F_WriteRTC
;描述:写 RTC 函数
;==================================================================
F_WriteRTC:
        MOV    A, second
        MOV    B, #10
        DIV    AB
        SWAP   A
        ADD    A, B
        MOV    RTC, A         ; tmp[0] = ((second / 10) << 4)+(second % 10)
        MOV    A, minute
        MOV    B, #10
        DIV    AB
        SWAP   A
        ADD    A, B
        MOV    RTC+1, A       ; ((minute/10)<<4)+(minute%10)
        MOV    A, hour
        MOV    B, #10
```

```
        DIV     AB
        SWAP    A
        ADD     A, B
        MOV     RTC+2, A        ;((hour/10)<<4)+(hour%10)
        MOV     R2, #2          ;写 IIC 数据首地址
        MOV     R0, #RTC        ;写入数据存放首地址
        MOV     R3, #3          ;写入字节数
        LCALL   F_WriteNbyte
        RET
        END
```

（2）C 语言编程实现

```
#include<STC15Fxxxx. h>
#define MAIN_Fosc   22118400L              //定义主时钟
#define SLAW    0xA2
#define SLAR        0xA3
sbit    SDA = P1^1;                        //定义 SDA
sbit    SCL = P1^0;                        //定义 SCL
u8      hour, minute, second;              //RTC 变量
/* * * * * * * * * * * * * 本地函数声明 * * * * * * * * * * * * * * * * */
void    WriteNbyte(u8 addr, u8 * p, u8 number);
void    ReadNbyte(u8 addr, u8 * p, u8 number);
void    ReadRTC(void);
void    WriteRTC(void);
void main(void)
{
        P0M1 = 0; P0M0 = 0;                //设置为准双向口
        P1M1 = 0; P1M0 = 0;                //设置为准双向口
        P2M1 = 0; P2M0 = 0;                //设置为准双向口
        P3M1 = 0; P3M0 = 0;                //设置为准双向口
        P4M1 = 0; P4M0 = 0;                //设置为准双向口
        P5M1 = 0; P5M0 = 0;                //设置为准双向口
        P6M1 = 0; P6M0 = 0;                //设置为准双向口
        P7M1 = 0; P7M0 = 0;                //设置为准双向口
        hour = 12;
        minute = 0;
        second = 0;
        WriteRTC();                        //写 RTC
        while(1)
```

```
        ReadRTC( );                          //读 RTC
}
/* * * * * * * * * * * * * * 读 RTC 函数 * * * * * * * * * * * * * * * * * */
voidReadRTC( void)
{
    u8tmp[3];
    ReadNbyte(2, tmp, 3);
    second = ((tmp[0] >> 4)& 0x07) * 10 +(tmp[0] & 0x0f);
    minute = ((tmp[1] >> 4)& 0x07) * 10 +(tmp[1] & 0x0f);
    hour = ((tmp[2] >> 4)& 0x03) * 10 +(tmp[2] & 0x0f);
}
/* * * * * * * * * * * * * * 写 RTC 函数 * * * * * * * * * * * * * * * * * */
voidWriteRTC( void)
{
    u8tmp[3];
    tmp[0] = ((second / 10) << 4) +(second % 10);
    tmp[1] = ((minute / 10) << 4) +(minute % 10);
    tmp[2] = ((hour / 10) << 4) +(hour % 10);
    WriteNbyte(2, tmp, 3);
}
/* * * * * * * * * * * * * * * * * * * * * * * * * * * * * * * * * * * * */
void   IIC_Delay(void)//51 单片机, delay(2 * dly + 4)T; STC 单片机 delay(4 * dly + 10)T
{
    u8   dly;
    dly = MAIN_Fosc / 2000000UL;          //按 2μs 计算
    while(--dly);
}
/* * * * * * * * * * * * * * * * * * * * * * * * * * * * * * * * * * * * */
void IIC_Start( void)                    //启动 I²C 总线
{
    SDA = 1;
    IIC_Delay( );
    SCL = 1;
    IIC_Delay( );
    SDA = 0;
    IIC_Delay( );
    SCL = 0;
    IIC_Delay( );
```

```
    }
    void IIC_Stop(void)                      //停止 I²C 总线
    {
        SDA = 0;
        IIC_Delay();
        SCL = 1;
        IIC_Delay();
        SDA = 1;
        IIC_Delay();
    }
    void S_ACK(void)                         //发送应答信号
    {
        SDA = 0;
        IIC_Delay();
        SCL = 1;
        IIC_Delay();
        SCL = 0;
        IIC_Delay();
    }
    void S_NoACK(void)                       //发送非应答信号
    {
        SDA = 1;
        IIC_Delay();
        SCL = 1;
        IIC_Delay();
        SCL = 0;
        IIC_Delay();
    }
    void IIC_Check_ACK(void)                 //检测应答信号
    {
        SDA = 1;
        IIC_Delay();
        SCL = 1;
        IIC_Delay();
        F0  = SDA;
        SCL = 0;
        IIC_Delay();
    }
```

```
/ * * * * * * * * * * * * * * * * * * * * * * * * * * * * * * * * * * /
void IIC_WriteAbyte( u8 dat)                      //向 I²C 总线写一字节数据
{
     u8 i;
     i = 8;
     do
     {
         if( dat & 0x80)
             SDA = 1;
         else
             SDA = 0;
         dat <<= 1;
         IIC_Delay( );
         SCL = 1;
         IIC_Delay( );
         SCL = 0;
         IIC_Delay( );
     }
     while( --i);
}
/ * * * * * * * * * * * * * * * * * * * * * * * * * * * * * * * * * * /
u8 IIC_ReadAbyte( void)                           //从 I²C 总线读取一字节数据
{
     u8 i, dat;
     i = 8;
     SDA = 1;
     do
     {
         SCL = 1;
         IIC_Delay( );
         dat <<= 1;
         if( SDA)
             dat++;
         SCL = 0;
         IIC_Delay( );
     }
     while( --i);
     return( dat);
```

```
}
/******************************************/
void WriteNbyte(u8 addr, u8 * p, u8 number)//向 I²C 总线写多个字节
{
    IIC_Start();
    IIC_WriteAbyte(SLAW);
    IIC_Check_ACK();
    if(! F0)
    {
        IIC_WriteAbyte(addr);
        IIC_Check_ACK();
        if(! F0)
        {
            do
            {
                IIC_WriteAbyte( * p);      p++;
                IIC_Check_ACK();
                if(F0)break;
            }
            while( --number);
        }
    }
    IIC_Stop();
}
/******************************************/
void ReadNbyte(u8 addr, u8 * p, u8 number)//从 I²C 总线读取多个字节
{
    IIC_Start();
    IIC_WriteAbyte(SLAW);
    IIC_Check_ACK();
    if(! F0)
    {
        IIC_WriteAbyte(addr);
        IIC_Check_ACK();
        if(! F0)
        {
            IIC_Start();
            IIC_WriteAbyte(SLAR);
```

```
            IIC_Check_ACK( );
            if( ! F0)
            {
                do
                {
                   * p = IIC_ReadAbyte( );   p++;
                  if( number ! = 1)
                    S_ACK( );              //发送应答
                }
                while( --number);
                S_NoACK( );                //发送非应答
            }
        }
    }
    IIC_Stop( );
}
```

本例中的汇编语言程序和 C 语言程序提供了 I^2C 总线读/写操作的所有子程序,主程序仅实现了对 RTC 的基本读/写功能。读者还可以结合按键识别进行实时时钟信息设置,并对时钟信息通过数码管和液晶之类的显示器件进行显示。

习题与思考题

1. SPI 总线适用于哪些场合?

2. SPI 的 4 种工作模式如何设置?有哪些区别?

3. 在使用 STC15F 系列芯片的 SPI 功能时,如何正确配置 SPI 的引脚?

4. 在主从式 SPI 多机通信系统中,对于只能输出或输入数据的从机,在其操作上有什么变化?

5. 单片机基于 SPI 总线从 TLC2543 中读取转换长度超过一个字节的数据时,需要如何操作?读取到的数据如何处理?

6. I^2C 总线协议中,对于传输中的有效数据位有什么规定?

7. I^2C 总线数据传输的格式是什么?

8. I^2C 总线通信中,主机如何与从机建立连接?

9. I^2C 总线在具体应用时,有哪些需要注意的地方?

10. PCF8563 寄存器的编码格式是什么?每个寄存器的功能是什么?

11. 当 SPI 或 I^2C 总线上挂有多个 SPI 或者 I^2C 从器件时,主机如何选中某个从器件?

12. 写出单片机模拟 I^2C 总线的发送与接收数据的子程序。

第 10 章

STC15F 系列单片机可编程计数器阵列

STC15F 系列单片机集成了三路可编程计数器阵列（PCA）模块，每路 PCA 可编程为 4 种工作模式之一：软件定时、高速脉冲输出、输入跳变捕获或者脉宽调制（Pulse Width Modulation）输出。本章介绍 STC15F 系列 PCA 模块各模式的结构原理、与各模式有关的寄存器、各模式编程使用的要点，并利用汇编指令、C 语言讲解各模式的编程应用。

10.1　PCA 模块结构与特殊功能寄存器

10.1.1　PCA 模块结构

STC15F 系列单片机内部集成的三路 PCA 模块，它们共用一个特殊的 16 位计数器（CH、CL）作为公共时间基准，PCA 模块结构如图 10-1 所示。

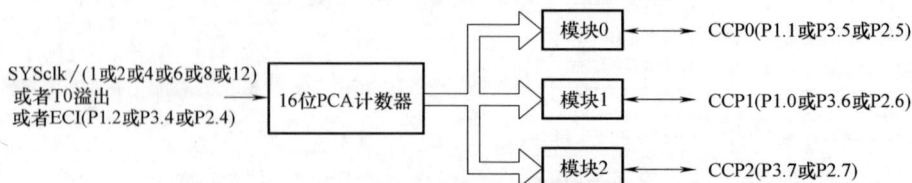

图 10-1　PCA 模块结构图

每一路 PCA 模块的外接引脚 CCPn 以及特殊计数器的外接输入脉冲引脚 ECI，由辅助功能寄存器 P_SW1 设定。

图 10-2 是 PCA 模块计数器结构图。PCA 模块共用的 16 位特殊计数器由高位计数器 CH 和低 8 位计数器 CL 组成。计数器的输入脉冲信号源可以选择：系统时钟（SYSclk）的 1 分频、2 分频、4 分频、6 分频、8 分频、12 分频或定时器 T0 的溢出、外接输入脉冲

ECI 等 8 种，由 PCA 模块工作模式寄存器 CMOD 的计数脉冲源选择位确定，而 CMOD 寄存器的 CIDL 位则决定单片机进入空闲模式（"IDLE"＝1，单片机电源控制寄存器 PCON 的 IDL 位置位）时 PCA 计数器是否继续计数。

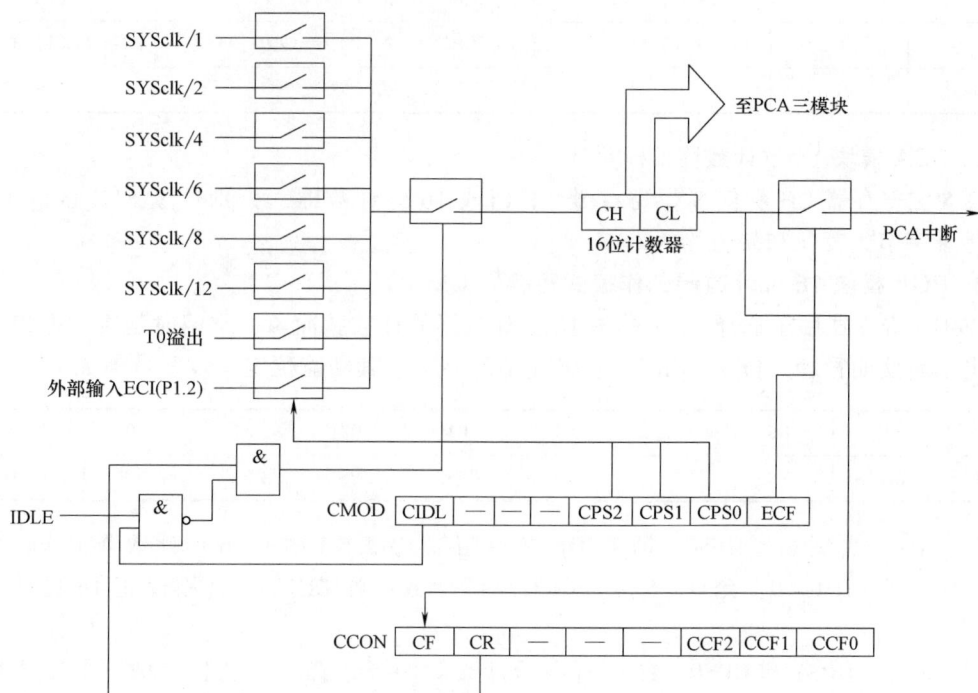

图 10-2　PCA 模块计数器结构图

公用 16 位计数器溢出时置位 PCA 模块控制寄存器 CCON 的计数器溢出标志位 CF，并由 CMOD 寄存器中计数器中断使能位 ECF 决定是否允许该位申请中断。

每路模块由专门寄存器控制，可编程为 4 种工作模式之一：软件定时、高速脉冲输出、输入跳变捕获或脉宽调制（PWM）输出。

10.1.2　PCA 模块的特殊功能寄存器

1. PCA 模块外接引脚定义辅助寄存器 P_SW1

辅助功能寄存器 P_SW1 位于 SFR 区的 A2H 地址字节，其功能位定义及复位值如下：

位号	B7	B6	B5	B4	B3	B2	B1	B0	复位值
位名	S1_S1	S1_S0	CCP_S1	CCP_S0	SPI_S1	SPI_S0	0	DPS	00H

其中，位 CCP_S1 和 CCP_S0 选定 PCA 模块的外接引脚，包括 16 位计数器的外部输入脉冲引脚 ECI 和 3 路 PCA 模块的外界引脚 CCPn（n 取值为 2、1 或 0）。PCA 模块外接引脚选择见表 10-1。

表 10-1 PCA 模块外接引脚选择

CCP_S1	CCP_S0	ECI	CCP0	CCP1	CCP2
0	0	P1.2	P1.1	P1.0	P3.7
0	1	P3.4 (ECI_2)	P3.5 (CCP0_2)	P3.6 (CCP1_2)	P3.7 (CCP2_2)
1	0	P2.4 (ECI_3)	P2.5 (CCP0_3)	P2.6 (CCP1_3)	P2.7 (CCP2_3)
1	1	无 效			

2. PCA 模块 16 位计数器 CH、CL

高 8 位寄存器 CH 和低 8 位寄存器 CL 组成 16 位计数器，分别位于 SFR 区的 F9H、E9H 地址字节，复位初始值均为 00H。

3. PCA 模块 16 位计数器工作模式寄存器 CMOD

CMOD 寄存器用于选择 PCA 模块 16 位计数器的计数脉冲源、空闲时是否计数以及计数溢出中断使能管理。位于 SFR 区的 D9H 地址字节，其功能位定义及复位值如下：

位号	B7	B6	B5	B4	B3	B2	B1	B0	复位值
位名	CIDL	—	—	—	CPS2	CPS1	CPS0	ECF	0××× 0000B

1）CIDL：单片机空闲时（即 PCON 的空闲位 IDLE = 1 时）16 位计数器工作计数允许控制位。若 CIDL = 0，允许 16 位计数器继续计数；若 CIDL = 1，则停止 16 位计数器计数。

2）CPS2、CPS1 和 CPS0：16 位计数器计数脉冲源选择位。选择计数器的输入脉冲源，包括系统时钟分频信号、T0 溢出信号和外接 ECI 信号，见表 10-2。

表 10-2 PCA 计数器计数脉冲源的选择

CPS2	CPS1	CPS0	PCA 计数器脉冲源
0	0	0	系统时钟（SYSclk）12 分频
0	0	1	系统时钟（SYSclk）2 分频
0	1	0	T0 溢出脉冲
0	1	1	ECI 引脚外部输入脉冲（P1.2 或 P3.4 或 P2.4）
1	0	0	系统时钟（SYSclk）
1	0	1	系统时钟（SYSclk）4 分频
1	1	0	系统时钟（SYSclk）6 分频
1	1	1	系统时钟（SYSclk）8 分频

3）ECF：16 位计数器溢出中断使能位。ECF = 1 时，允许计数器的溢出中断申请；ECF = 0 时，禁止计数器的溢出中断申请。

4. PCA 模块控制寄存器 CCON

控制寄存器 CCON 用于控制计数器运行，并记录 PCA 模块的中断标志位。它位于 SFR 区的 D8H 地址字节，可进行位寻址操作，其功能位定义及复位值如下：

位号	B7	B6	B5	B4	B3	B2	B1	B0	复位值
位名	CF	CR	—	—	—	CCF2	CCF1	CCF0	00×× ×000B

1）CF：计数器计满溢出标志位。计数器计满溢出时标志位 CF 置位，即 CF=1；若 CMOD 的中断使能位 ECF=1，则溢出标志位可申请中断。溢出标志位由软件清 0。

2）CR：计数器运行控制位。CR=1 时，计数器运行计数；CR=0 时，计数器停止计数。

3）CCF2、CCF1 和 CCF0：三路 PCA 模块中断标志位。

标志位 CCF2、CCF1 和 CCF0 分别为模块 2、模块 1 和模块 0 的中断标志位，三路 PCA 模块进行模式操作达到条件时置位，这些标志位有专门使能位进行控制中断申请，并由软件清 0。

5. 比较/捕捉寄存器 CCAPnH 与 CCAPnL（n 的取值为 2，1 或 0）

CCAP2H 与 CCAP2L 分别为 PCA 模块 2 比较/捕捉寄存器的高 8 位与低 8 位，位于 SFR 区的 FCH、ECH 地址字节，复位初值均为 00H。

CCAP1H 与 CCAP1L 分别为 PCA 模块 1 比较/捕捉寄存器的高 8 位与低 8 位，位于 SFR 区的 FBH、EBH 地址字节，复位初值均为 00H。

CCAP0H 与 CCAP0L 分别为 PCA 模块 0 比较/捕捉寄存器的高 8 位与低 8 位，位于 SFR 区的 FAH、EAH 地址字节，复位初值均为 00H。

6. PCA 模块比较/捕捉工作模式寄存器 CCAPMn（n 的取值为 2，1 或 0）

工作模式寄存器 CCAPM2、CCAPM1 和 CCAPM0，分别用于三路 PCA 模块的工作模式选择、中断使能控制、比较控制等，分别位于 SFR 区的 DCH、DBH 和 DAH 地址字节，其各位定义及复位值如下：

位号	B7	B6	B5	B4	B3	B2	B1	B0	复位值
位名	—	ECOMn	CAPPn	CAPNn	MATn	TOGn	PWMn	ECCFn	x000 0000B

1）ECOMn：比较功能控制位。PCA 模块工作于软件定时、高速脉冲输出或脉宽调制（PWM）3 种模式时，比较/捕捉寄存器与 16 位计数器进行比较操作，需要置位 ECOMn，ECOMn=0 则禁止比较操作。

2）CAPPn、CAPNn：正捕捉控制位 CAPPn 和负捕捉控制位 CAPNn。PCA 模块工作于输入跳变捕获模式：CAPPn=1 时，允许 PCA 模块捕获 CCPn 引脚输入脉冲的上升沿，而 CCAPn=0 则禁止捕获上升沿；CAPNn=1 时，允许 PCA 模块捕获 CCPn 引脚输入脉冲的下降沿，而 CCANn=0 则禁止捕获下降沿；两者均置位时，同时允许捕获上升沿和下降沿。

3）MATn：比较匹配控制位。16 位计数器（CH、CL）与比较/捕捉寄存器（CCAPnH、CCAPnL）进行比较操作时，置位 MATn，若两比较值匹配则置位寄存器 CCON 中中断请求标志位 CCFn。而 MATn=0 时，不进行比较匹配操作。

4）TOGn：翻转控制位。PCA 模块工作于高速脉冲输出模式且 TOGn 置位时，若 16 位计数器（CH、CL）与比较/捕捉器寄存器（CCAPnH、CCAPnL）值匹配，输出引脚 CCPn 翻转。

5）PWMn：脉宽调制模式控制位。PWMn=1 时，PCA 模块工作于脉宽调制输出模式，CCPn 引脚输出 PWM 脉冲。

6）ECCFn：PCA 模块中断允许控制位。ECCFn = 1 时，允许 PCA 模块 n 的中断申请；ECCFn = 0 时，禁止 PCA 模块 n 的中断申请。其中，PWM 模式无需中断处理支持。

PCA 模块的工作模式设定见表 10-3（其中 x 符号代表 0 或 1 任意）。

表 10-3　PCA 模块工作模式设定表（n 的取值为 0、1 或 2）

ECOMn	CAPPn	CAPNn	MATn	TOGn	PWMn	ECCFn	PCA 模块功能
0	0	0	0	0	0	0	无操作
1	0	0	0	0	1	0	PWM，无中断
x	1	0	0	0	0	x	CCPn 上升沿触发 16 位捕获
x	0	1	0	0	0	x	CCPn 下降沿触发 16 位捕获
x	1	1	0	0	0	x	CCPn 上升沿/下降沿触发 16 位捕获
1	0	0	1	0	0	x	16 位软件定时模式
1	0	0	1	1	0	x	16 位高速脉冲输出模式

7. PCA 模块 PWM 寄存器 PCA_PWMn（n 的取值为 0，1 或 2）

PCA 模块工作于 PWM 模式时，由 PWM 模式寄存器 PCA_PWMn 选择 PWM 模式的计数器位数。它们分别位于 SFR 区中的 F2H、F3H 和 F4H 地址字节单元中，其各功能位定义及初值如下：

位号	B7	B6	B5	B4	B3	B2	B1	B0	复位值
位名	EBSn_1	EBSn_0	—	—	—	—	EPCnH	EPCnL	00xx xx00B

1）控制位 EBSn_1、EBSn_0 选择计数器参与计数的位数。PCA 模块工作于 PWM 模式时有 3 种计数器计数位数模式，由 EBSn_1、EBSn_0 功能位选择计数器的位数。位数选择见表 10-4。

表 10-4　PWM 模式 3 种计数器长度选择表

EBSn_1	EBSn_0	PWM 模式位数
0	0	8 位计数长度功能模式
0	1	7 位计数长度功能模式
1	0	6 位计数长度功能模式
1	1	无效

2）EPCnH 与 CCAPnH 组成 9 位数，EPCnL 与 CCAPnL 组成 9 位数，用于 PWM 工作模式的数值比较。

8. PCA 模块中断管理寄存器

上述 PCA 模块可以产生包括特殊 16 位计数器（CH、CL）计满溢出及三路 PCA 模块功能中断总共 4 个中断标志位：CF、CCF2、CCF1 和 CCF0。它们位于 PCA 模块控制寄存器 CCON 中。此外，还需要其他寄存器管理向 CPU 申请中断。

1）PCA 模块模式寄存器 CMOD 的位 ECF 位为 16 位计数器溢出中断的使能位；

2）PCA 模块模式寄存器 CCAPMn 的位 ECCFn 为 PCA 模块功能中断的使能位；

3）中断使能寄存器 IE 中的位 EA 为单片机中断总使能位；

4）优先级寄存器 IP 中的位 PPCA 位选择 PCA 中断的优先级：PPCA = 1 时，PCA 中断设定为高优先级，PPCA = 0 时 PCA 中断为低优先级。

PCA 模块的 4 个中断信号以逻辑"或"的形式合成为一个公共的 PCA 中断源，如图 10-3 所示。PCA 的中断同样由寄存器 IE 的总使能位 EA 控制，只有 EA = 1 时，PCA 中断才能申请 CPU 中断。

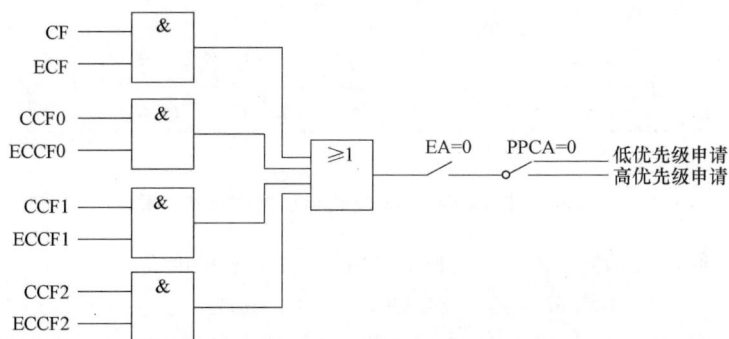

图 10-3 PCA 中断源合成逻辑

PCA 中断的入口地址为 003BH，C 语言编程的中断端口号为 7，即 interrupt 7。

由于 4 个中断公用一个 PCA 中断程序入口或函数，在中断服务程序中需要判断 4 个中断的标志位才能识别是哪一个中断信号申请了中断，并且需要软件将该标志位清 0。

10.2 PCA 模块的 4 种工作模式

利用 PCA 模块的工作模式寄存器 CCAPMn 中的控制位，对比较/捕捉寄存器（CCAPnH、CCAPnL）与 16 位计数器（CH、CL）进行不同的功能操作，可以让 PCA 模块工作于 16 位软件定时、高速脉冲输出、输入跳变捕获或者脉宽调制（PWM）输出等不同模式。

10.2.1 16 位软件定时模式

1. 16 位软件定时模式的原理

PCA 模块的工作模式寄存器 CCAPMn 中的位 ECOMn 和位 MATn 均置位，对应模块 n 工作于 16 位软件定时模式，其原理结构如图 10-4 所示。

比较/捕捉寄存器 [CCAPnH、CCAPnL] 与 16 位计数器 [CH、CL] 的值相比较，两者相等时，PCA 控制寄存器 CCON 中相应的中断标志位 CCFn 置位，如果工作模式寄存器 CCAPMn 中的中断使能位 ECCFn 置位，则置位的 CCFn 可向 CPU 申请中断。中断程序

先写CCAPnL　　　后写CCAPnH

停止比较　　　恢复比较
0　　　　　　1

| CF | CR | — | — | — | CCF2 | CCF1 | CCF0 | CCON |

PCA中断

| CCAPnH | CCAPnL |

使能

16 位 比较器

0.停止比较
1.恢复比较

匹配

| CH | CL |

| — | ECOMn | CAPPn | CAPNn | MATn | TOGn | PWMn | ECCFn | CCAPMn |
| | 0 | 0 | 1 | 0 | 0 | | |

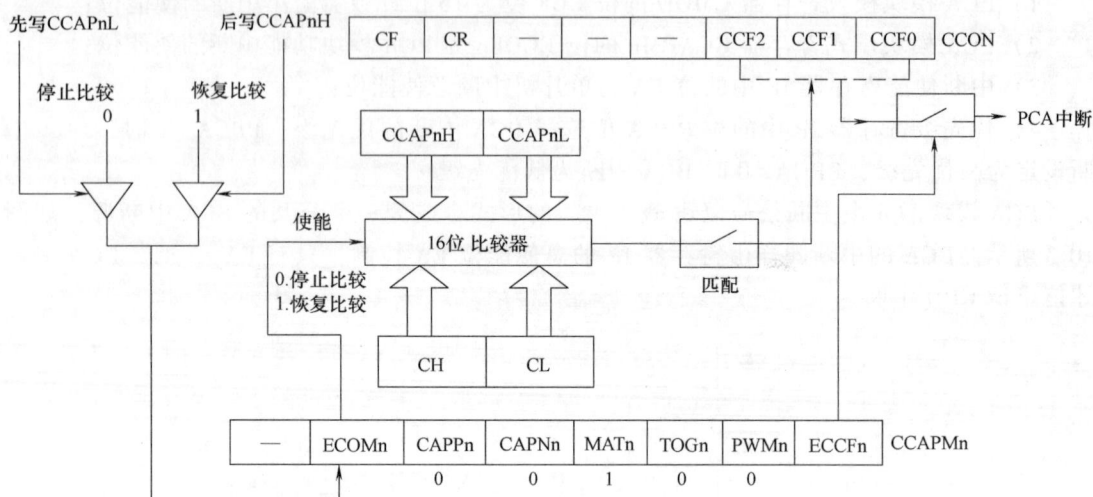

图 10-4　PCA 模块 16 位软件定时器模式结构图

退出中断服务之前务必清除标志位 CCFn，为下一次中断做准备。

中断程序中改变或递增寄存器［CCAPnH、CCAPnL］的值，可以改变定时器的定时长度。先写操作低字节寄存器 CCAPnL 可临时禁用比较功能，再写操作高字节寄存器 CCAPnH 则重新使能比较功能，这样可以避免变更比较/捕捉寄存器时比较输出的不确定性。

定时时间与计数器输入脉冲周期及脉冲计数值有关：

定时时间＝计数脉冲周期×计数值。

计数值＝捕捉寄存器［CCAPnH、CCAPnL］－计数器寄存器［CH、CL］

若计数开始时把计数器［CH、CL］清 0，比较/捕捉寄存器［CCAPnH、CCAPnL］的设定值即为计数值。

2. 16 位软件定时模式的使用要点

PCA 模块应用于 16 位软件定时模式，需要注意以下几方面的要点：

（1）设置 16 位计数器的工作模式寄存器 CMOD

1）确定计数脉冲源控制位 CPS2、CPS1 和 CPS0 的内容，选择计数脉冲源。计数脉冲源可为系统时钟（SYSclk）的 1 分频、2 分频、4 分频、6 分频、8 分频、12 分频，或者 T0 的溢出脉冲、外接输入脉冲 ECI 这 8 种之一。

2）确定空闲模式下 PCA 模块计数器是否停止工作控制位 CIDL 的内容，在单片机空闲时：CIDL＝0 计数器继续计数，CIDL＝1 计数器停止计数。

（2）设置 PCA 模块比较/捕捉工作模式寄存器 CCAPMn（n 的取值为 2、1 或 0）　根据用于软件定时器的 PCA 模块，设置模块 n 的比较/捕捉工作模式寄存器 CCAPMn。

1）置位寄存器 CCAPMn 的比较器使能位 ECOMn 和匹配控制位 MATn，清 0 其他模式设定位：CAPPn、CAPNn、TOGn、PWMn。PCA 模块 n 工作于 16 位软件定时模式。

2）设置 CCAPMn 的中断允许控制位 ECCFn：ECCFn＝1 时，允许比较匹配时中断；ECCFn＝0 时，禁止比较匹配时中断。

（3）根据定时时间设置比较/捕捉寄存器［CCAPnH、CCAPnL］ 根据定时时间和 16 位计数器选用的时钟源周期，计算比较/捕捉寄存器［CCAPnH、CCAPnL］的值，即比较/捕捉［CCAPnH、CCAPnL］=定时时间/时钟源周期。这里 16 位计数器寄存器［CH、CL］初值均设为 0。

（4）如果以中断方式处理 PCA 中断，还需设置中断使能寄存器 IE 和中断优先级寄存器 IP

1）中断使能寄存器 IE 的总中断允许控制位 EA：EA＝1，总中断允许。

2）中断优先级寄存器 IP 的中断优先级控制位 PPCA：PPCA＝1 时，PCA 模块 n 中断为高优先级；PPCA＝0 时，PCA 模块 n 中断为低优先级。

（5）设置计数器控制寄存器 CCON

1）清零相关的中断请求标志位：计数器溢出标志位 CF 和三路 PCA 模块中断标志位 CCF0、CCF1 或 CCF2。

2）计数器运行控制位 CR 置位，即 CR＝1 启动 PCA 工作。

（6）算法程序编制 根据设置 PCA 模块工作于 16 位软件定时器的目的，编制软件定时器的应用程序。

3. 16 位软件定时模式的应用举例

例 10-1 利用 PCA 模块的 16 位软件定时器功能，在 P1.6 引脚输出 1Hz 的脉冲，从而控制 P1.6 引脚连接的指示灯 LED8 的闪烁。设系统时钟（SYSclk）的频率为 24MHz。

解 系统时钟频率为 24MHz，选用 12 分频信号作为计数器的信号源。若以 10ms 作为基本计时单位，则 PCA 计数器的计数值＝0.01s/（12/24MHz）＝20000＝4E20H。引脚 P1.6 以 0.5s，也就是 50 个基本计时单位进行翻转控制，即可实现指示灯 LED8 以 1Hz 频率的闪烁要求。

（1）汇编语言编程实现

```
; * * * * * * * * * STC 新增特殊功能寄存器说明 * * * * * * * * * * * * * * *
        P_SW1  DATA   0xA2;
        CCON   DATA   0xD8
        CMOD   DATA   0xD9
        CCAPM0 DATA   0xDA        ;PCA 模块 0 的工作模式寄存器
        CL     DATA   0xE9
        CCAP0L DATA   0xEA        ;PCA 模块 0 的捕捉/比较寄存器低 8 位
        CH     DATA   0xF9
        CCAP0H DATA   0xFA        ;PCA 模块 0 的捕捉/比较寄存器高 8 位
        CCF0   BIT    CCON.0      ;PCA 模块 0 中断标志，由硬件置位，必须由软件清 0
        P1M1   DATA   0x91
        P1M0   DATA   0x92
; * * * * * * * * * * * * 主程序 * * * * * * * * * * * * * * * * *
        ORG    0000H
        AJMP   START
```

```
              ORG      003BH              ;PCA 中断入口地址
              AJMP     PCA_ISR
              ORG      0100H
START:        MOV      SP, #D0H           ;堆栈指针
              MOV      P1M1, #0           ;准双向口
              MOV      P1M0, #0
              MOV      CMOD, #80H         ;计数器不中断, 空闲不计数, 计数脉冲为 12 分频
                                          ;系统时钟
              MOV      CCAPM0, #49H       ;PCA 模块 0 工作于 16 位软件定时模式, 且允许中断
              MOV      CH, #0             ;16 位计数器初值为 0
              MOV      CL, #0
              MOV      CCAP0L, #20H       ;PCA 模块 0 比较/捕捉寄存器初值 4E20H
              MOV      CCAP0H, #4EH       ;用于产生 10ms 的基本定时
              MOV      R0, #50            ;10ms 基本定时的次数
              SETB     EA                 ;总中断使能位
              MOV      CCON, #40H         ;清零中断标志位 CF、CCF0、CCF1、CCF2, 启动计
                                          ;数 CR = 1
              SJMP     $


PCA_ISR:      MOV      A, #20H            ;寄存器 CCAP0H、CCAP0L 的值递增 4E20H, 即 10ms
              ADD      A, CCAP0L
              MOV      CCAP0L, A
              MOV      A, #4EH
              ADDC     A, CCAP0H
              MOV      CCAP0H, A
              CLR      CCF0               ;清零 CCF0(字节地址可整 8 的, 可位寻址)
              DJNZ     R0, GO_BACK        ;定时 10ms 的次数递减, 未到 0.5s 计时则返回
              CPL      P1.6               ;LED8 闪烁
              MOV      R0, #50            ;重新赋值 10ms 中断的次数
GO_BACK:      RETI
              END
```

（2）C 语言编程实现

```c
#include<STC15Fxxxx. h>
Sbit LED8    = P1^6;              //发光二极管 LED8
u8   Interrupte_NUM;              //中断次数变量
```

```
void main( void )
{
    CMOD = 0x80;                    //计数器不中断，空闲时不计数，12 分频系统时钟为信
                                    //号源
    CCAPM0 = 0x49H;                 //PCA 模块 0 工作于 16 位软件定时模式，且允许中断
    CH = 0;                         //16 位计数器初值为 0
    CL = 0;
    CCAP0L = 0x20;                  //PCA 模块 0 比较/捕捉寄存器初值 4E20H，产生 10ms 的
                                    //基本定时
    CCAP0H = 0x4E;
    Interrupte_NUM = 50;            //10ms 基本定时的次数
    EA = 1;                         //总中断使能位
    CCON = 0x40;                    //清零中断标志位 CF、CCF0、CCF1、CCF2，启动计数 CR = 1
    while( 1 );
}


/ * * * * * * * * * * * * * PCA 中断函数 * * * * * * * * * * * * * * * * * * /
void PCA_isr( void ) interrupt 7
{
    unsigned int i;
    i = CCAP0H * 256 + CCAP0L + 0x4E20;     //寄存器 CCAP0H、CCAP0L 的值递增
                                            //4E20H，即 10ms
    CCAP0L = i;                             //CCAP0L 取 i 的低 8 位
    CCAP0H = i>>8;                          //i 右移 8 位，赋值 CCAP0H
    CCF0 = 0;                               //清零 CCF0 标志位
    Interrupte_NUM -= 1;
    if( Interrupte_NUM == 0 )
    {
        LED8 = ! LED8;                      //LED8 闪烁
        Interrupte_NUM = 50;                //间隔变量重新赋值
    }
}
```

10.2.2　高速脉冲输出模式

1. 高速脉冲输出模式的原理

PCA 模块的比较/捕捉工作模式寄存器 CCAPMn 中的位 ECOMn、位 MATn 和位 TOGn 均置位，对应模块工作于高速脉冲输出模式，其原理结构如图 10-5 所示。

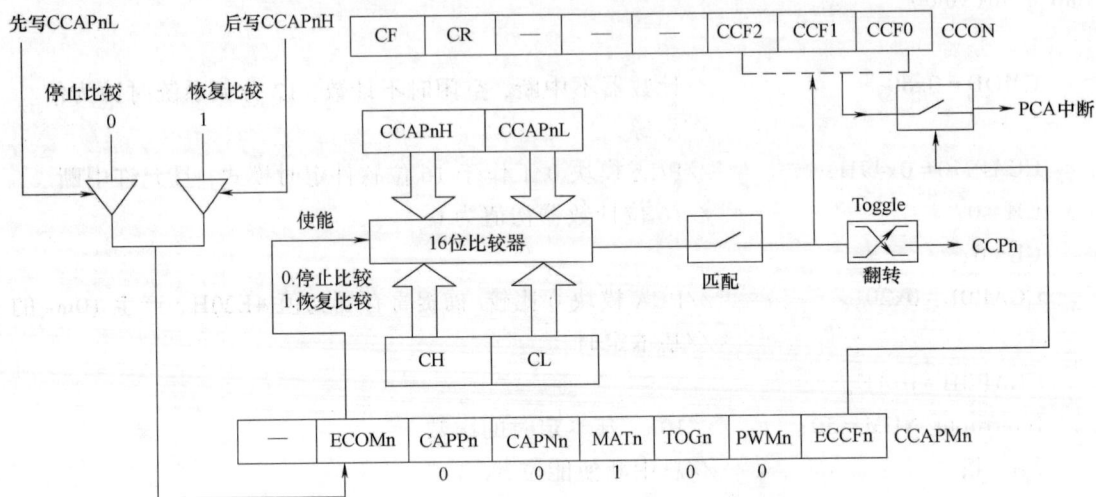

图 10-5 PCA 模块高速脉冲输出模式结构图

比较/捕捉寄存器［CCAPnH、CCAPnL］的值与 16 位计数器［CH、CL］的值匹配时，PCA 的输出引脚 CCPn 翻转，同时 PCA 控制寄存器 CCON 中相应的中断标志位 CCFn 置位，如果比较/捕捉工作模式寄存器 CCAPMn 中的中断使能位 ECCFn 置位，则置位的 CCFn 可向 CPU 申请中断。

PCA 模块的输出引脚 CCPn 直接输出不经 CPU 软件处理的脉冲信号，故有高速的特点。

高速脉冲输出模式一般用于输出脉冲信号。若为方波脉冲信号可以这样产生：16 位计数器［CH、CL］的初值设为 0，比较/捕捉寄存器［CCAPnH、CCAPnL］在比较匹配后以固定值递增，而计数器连续计数，因此，比较匹配的时间间隔固定，PCA 模块的输出引脚 CCPn 输出需要的方波脉冲。这里计数次数的递增值正好对应方波脉冲信号的半波周期。

输出方波脉冲信号周期 ＝ PCA 计数器时钟周期 × 计数次数递增值 × 2

利用四舍五入取整，可以计算计数次数的递增值：

计数次数递增值 ＝ INT［输出方波脉冲信号周期/（PCA 计数器时钟周期 × 2）+0.5］

＝ INT［PCA 计数器时钟频率/（输出方波脉冲信号频率 × 2）+0.5］

2. 高速脉冲输出的使用要点

PCA 模块应用于高速脉冲输出模式，需要注意以下几方面的要点：

（1）设置辅助功能寄存器 P_SW1 设置辅助功能寄存器 P_SW1 的 PCA 模块外接引脚选择控制位 CCP_S1 和位 CCP_S0 内容，选择用于 PCA 模块的高速脉冲输出的具体 PCA 模块的输出引脚 CCPn。

（2）设置 16 位计数器的工作模式寄存器 CMOD

1）确定计数脉冲源控制位 CPS2、CPS1 和 CPS0 的内容，选择计数脉冲源。

2）确定空闲模式下 PCA 模块计数器是否停止工作控制位 CIDL 的内容，在单片机空闲时：CIDL＝0 计数器继续计数，CIDL＝1 计数器停止计数。

（3）设置 PCA 模块比较/捕捉工作模式寄存器 CCAPMn（n 的取值为 2、1 或 0）

1）置位寄存器 CCAPMn 的比较器使能位 ECOMn、匹配控制位 MATn 和翻转控制位 TOGn，清零其他模式设定位：正捕获控制位 CAPPn、负捕获控制位 CAPNn、脉宽调制模式控制位 PWMn，PCA 模块工作于高速脉冲输出模式。

2）设置 CAAPMn 的中断允许控制位 ECCFn：ECCFn=1 时允许比较匹配中断，而 ECCFn=0 时禁止比较匹配中断。

（4）如果以中断方式处理 PCA 中断，还需设置中断允许寄存器 IE 和中断优先级寄存器 IP

1）寄存器 IE 的总中断允许控制位 EA：EA=1，总中断允许。

2）寄存器 IP 的中断优先级控制位 PPCA：PPCA=1，PCA 中断为高优先级；PPCA=0，PCA 中断为低优先级。

（5）设置比较/捕捉寄存器［CCAPnH、CCAPnL］ 根据高速脉冲的半波周期和计数器选用的时钟源周期，计算比较/捕捉寄存器［CCAPnH、CCAPnL］的递增值。即

递增值=INT［PCA 计数器时钟频率/（输出方波脉冲信号频率×2）+0.5］

（6）设置计数器控制寄存器 CCON

1）清零相关的中断请求标志位：计数器溢出标志位 CF 和三路 PCA 模块中断标志位 CCF0、CCF1 或 CCF2。

2）运行控制位 CR 置位，即 CR=1 启动 PCA 工作。

（7）算法程序编制 根据设置 PCA 模块工作于高速脉冲输出模式的目的，编制应用程序。

3. 高速脉冲输出模式的应用举例

例 10-2 利用 PCA 模块在 P3.6 引脚高速脉冲输出其他外设需要的 20kHz 方波脉冲信号。设系统时钟（SYSclk）频率为 24MHz。

解 P3.6 为 PCA 模块 1 的一个备选输出引脚，故利用 PCA 模块 1 的高速脉冲输出模式输出所需的方波脉冲信号。选用系统时钟 12 分频信号为计数信号源，计数器时钟的频率为 2MHz，可以计算出计数次数的递增值为：INT［（2MHz/20kHz×2）+0.5］=50。

16 位计数器 CH、CL 的初值设为 0，PCA 模块 1 的比较/捕捉寄存器［CCAP1H、CCAP1L］以增量 50 进行递增，通过高速脉冲输出模式，P3.6 引脚输出外设需要的 20kHz 方波脉冲。

（1）汇编语言编程实现

```
;* * * * * * * * * * *STC 新增特殊功能寄存器说明* * * * * * * * * * * * * * * * *
        P_SW1   DATA   0xA2;
        CCON    DATA   0xD8
        CMOD    DATA   0xD9
        CCAPM1  DATA   0xDB      ;PCA 模块 1 的工作模式寄存器
        CL      DATA   0xE9
        CCAP1L  DATA   0xEB      ;PCA 模块 1 的捕捉/比较寄存器低 8 位
        CH      DATA   0xF9
```

```
            CCAP1H DATA  0xFB        ;PCA 模块 1 的捕捉/比较寄存器高 8 位
            CCF1    BIT   CCON.1     ;PCA 模块 1 中断标志，由硬件置位，由软件清 0
            CR      BIT   CCON.6     ;1 为允许 PCA 计数器计数，0 为禁止计数
            CF      BIT   CCON.7     ;PCA 计数器溢出标志，由硬件置位，必须由软件
                                     ;清 0
            PPCA    BIT   IP.7       ;PCA 中断优先级设定位
            P3M1    DATA  0xB1
            P3M0    DATA  0xB2
;* * * * * * * * * * * * * * 主程序 * * * * * * * * * * * * * * * * *
            ORG     0000H
            AJMP    START
            ORG     003BH            ;PCA 中断入口地址
            AJMP    PCA_ISR
            ORG     0100H
START:      MOV     SP, #D0H         ;堆栈指针
            MOV     P3M1, #0         ;P3 口设为准双向口
            MOV     P3M0, #0
            ANL     P_SW1, #CFH      ;PCA 模块外接引脚选择控制位(CCP_S1;CCP_S0)=
                                     ;(0;0)
            ORL     P_SW1, #10H      ;(CCP_S1;CCP_S0)=(0;1)，PCA 模块 1 外接引脚
                                     ;为 P3.6
            MOV     CMOD, #80H       ;计数器不中断，空闲不计数，选用系统时钟的 12
                                     ;分频信号
            MOV     CCAPM1, #4DH     ;PCA 模块 1 工作于高速脉冲输出模式，且允许中断
            MOV     CH, #0           ;16 位计数器初值为 0
            MOV     CL, #0
            MOV     CCAP1L, #50      ;PCA 模块 0 比较/捕捉寄存器，递增值为 50
            MOV     CCAP1H, #0;
            MOV     IP, #80H         ;PCA 中断为高优先级
            SETB    EA               ;总中断使能位
            CLR     CCF1             ;PCA 模块 1 的中断标志位清 0
            SETB    CR               ;启动 16 位特殊计数器计数
            SJMP    $

PCA_ISR:    MOV     A, #50           ;寄存器 CCAP1H、CCAP1L 的值递增 50
            ADD     A, CCAP1L        ;先写 CCAP1L，暂时禁止 PCA 比较操作
            MOV     CCAP1L, A
            MOV     A, #0
```

```
        ADDC    A, CCAP1H
        MOV     CCAP1H, A        ;后写CCAP1H,写完重新使能PCA比较操作
        CLR     CCF1             ;清零CCF1标志位
        RETI
        END
```

（2）C语言编程实现

```c
#include<STC15Fxxxx.h>;              //含有新增特殊功能寄存器的说明
    void main(void)
{
    P_SW1 = P_SW1&0xCF|0x10H;        //(CCP_S1:CCP_S0)=(0:1),PCA模块1外接引
                                     //脚P3.6
    CMOD = 0x80;                     //计数器不中断,空闲时不计数,12分频系统时钟为
                                     //信号源
    CCAPM1 = 0x4D;                   //PCA模块1工作于高速脉冲输出模式,且允许中断
    CH = 0;                          //16位计数器初值为0
    CL = 0;
    CCAP1L = 50;                     //PCA模块0比较/捕捉寄存器,递增值为50
    CCAP1H = 0;
    IP = 0x80;                       //PCA中断为高优先级
    EA = 1;                          //总中断使能位
    CCF1 = 0;                        //PCA模块1的中断标志位清0
    CR = 1;                          //启动16位特殊计数器计数
    while(1);
}
/* * * * * * * * * * * * * PCA中断函数 * * * * * * * * * * * * * * * * */
void PCA_isr(void)interrupt 7
{
    unsigned int i;
    i = CCAP1H*256+CCAP1L+50;        //寄存器CCAP1H、CCAP1L的值递增50
    CCAP1L = i;                      //CCAP1L取值i的低8位
    CCAP1H = i>>8;                   //i右移8位,给CCAP1H赋值
    CCF1 = 0;                        //清零CCF1标志位
}
```

10.2.3 输入跳变捕获模式

1. 输入跳变捕获模式的原理

PCA模块的工作模式寄存器CCAPMn中的正捕捉控制位、负捕捉控制位〔CAPPn、

CAPNn] 中至少一位为 1 时，对应 PCA 模块工作于输入跳变捕获模式，其原理结构如图 10-6 所示。

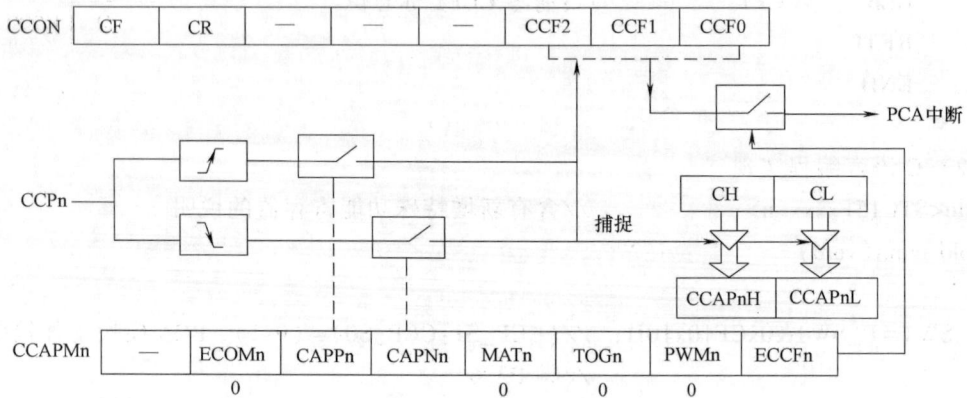

图 10-6　PCA 模块捕获模式结构图

PCA 模块的输入引脚 CCPn 发生上升沿或下降沿跳变时，PCA 硬件将 16 位计数器 [CH、CL] 的值装载到比较/捕捉寄存器 [CCAPnH、CCAPnL] 中，同时置位中断请求标志 CCFn，如果工作模式寄存器 CCAPMn 中的中断使能位 ECCFn 置位，则置位的中断请求标志 CCFn 可向 CPU 申请中断。响应中断的服务程序，中断标志位 CCFn 须由软件清 0。

2. 输入跳变捕获模式的使用要点

PCA 模块应用于输入跳变捕获模式，需要注意以下几方面的要点：

（1）设置辅助功能寄存器 P_SW1　设置辅助功能寄存器 P_SW1 中的 PCA 模块外接引脚选择控制位 CCP_S1 和 CCP_S0 内容，选择用于输入跳变捕获 PCA 模块的输入引脚 CCPn

（2）设置 16 位计数器的工作模式寄存器 CMOD

1）确定计数脉冲源控制位 CPS2、CPS1 和 CPS0 的内容，选择计数脉冲源。

2）确定空闲模式下 PCA 模块计数器是否停止工作控制位 CIDL 的内容，在单片机空闲时：CIDL＝0 计数器继续计数，CIDL＝1 计数器停止计数。

（3）设置 PCA 模块比较/捕捉工作模式寄存器 CCAPMn（n 的取值为 2、1 或 0）

1）根据上升沿或下降沿跳变捕获的要求，置位比较/捕捉寄存器 CCAPMn 的正捕捉控制位 CAPPn（上升沿）或负捕捉控制位 CAPNn（下降沿），而清零其他模式设定位：匹配控制位 MATn、翻转控制位 TOGn、脉宽调制模式控制位 PWMn，PCA 模块工作于输入跳变捕获模式。

2）设置寄存器 CCAPMn 的中断允许控制位 ECCFn：ECCFn＝1 时允许输入脉冲跳变时中断，而 ECCFn＝0 时禁止输入脉冲跳变时中断。

（4）如果以中断方式处理 PCA 中断，还需设置中断允许寄存器 IE 和中断优先级寄存器 IP

1）寄存器 IE 的总中断允许控制位 EA：EA＝1，总中断允许。

2）寄存器 IP 的中断优先级控制位 PPCA：PPCA＝1，PCA 中断为高优先级；PPCA＝0，

PCA 中断为低优先级。

（5）设置计数器控制寄存器 CCON

1）清零中断请求标志位：计数器溢出标志位 CF 和三路 PCA 模块中断标志位 CCF0、CCF1 或 CCF2。

2）运行控制位 CR 置位，即 CR = 1 启动 PCA 工作。

（6）算法程序编制 根据设置 PCA 模块工作于输入跳变捕获模式的目的，编制应用程序。

3. 输入跳变捕获模式的应用举例

输入脉冲跳变捕获模式有多方面的应用，如利用输入信号前、后两次跳变的时刻测量信号的宽度，或者利用两个引脚输入跳变的时刻测量两信号的相位差。下面的例子是以信号跳变扩展外中断源的应用。

例 10-3 利用 PCA 模块把 P2.6 引脚功能扩展为跳变触发的外部中断源，并在 P2.6 跳变时改变 P2.7 连接指示灯 LED4 的亮、灭状态。

解 因 P2.6 引脚可作为 PCA 模块 1 的输入引脚，故把 PCA 模块 1 设置为输入跳变捕获模式。本例对信号跳变时比较/捕捉寄存器的捕获值没有特别要求，故 16 位计数器计数脉冲源及计数器初值可以不做特别初始化处理。

（1）汇编语言编程实现

```
;＊＊＊＊＊＊＊＊＊＊＊STC 新增特殊功能寄存器说明＊＊＊＊＊＊＊＊＊＊＊＊＊＊＊
        P_SW1   DATA    0xA2;
        CCON    DATA    0xD8
        CMOD    DATA    0xD9
        CCAPM1  DATA    0xDB        ;PCA 模块 1 的工作模式寄存器
        CL      DATA    0xE9
        CCAP1L  DATA    0xEB        ;PCA 模块 1 的捕捉/比较寄存器低 8 位
        CH      DATA    0xF9
        CCAP1H  DATA    0xFB        ;PCA 模块 1 的捕捉/比较寄存器高 8 位
        CCF1    BIT     CCON.1      ;PCA 模块 1 中断标志,由硬件置位,必须由软件清 0
        CR      BIT     CCON.6      ;1 为许 PCA 计数器计数,0 为禁止计数
        CF      BIT     CCON.7      ;PCA 计数器溢出标志,由硬件置位,必须由软件清 0
        PPCA    BIT     IP.7        ;PCA 中断优先级设定位
        P2M1    DATA    0x95;
        P2M0    DATA    0x96;


;＊＊＊＊＊＊＊＊＊＊＊＊主程序＊＊＊＊＊＊＊＊＊＊＊＊＊＊＊＊＊＊＊
        ORG     0000H
        AJMP    START
        ORG     003BH               ;PCA 中断入口地址
        AJMP    PCA_ISR
        ORG     0100H
```

```
START:   MOV    SP, #D0H          ;堆栈指针
         MOV    P2M1, #0          ;准双向口
         MOV    P2M0, #0
         ANL    P_SW1, #CFH       ;PCA 模块外接引脚选择控制位（CCP_S1:CCP_S0）=
                                  ;(0:0)
         ORL    P_SW1, #20H       ;(CCP_S1:CCP_S0)=(0:1), PCA 模块 1 外接引
                                  ;脚 P2.6
         MOV    CMOD, #80H        ;计数器不中断, 空闲时不计数, 系统时钟 12 分频
                                  ;为信号源
         MOV    CCAPM1, #31H      ;PCA 模块 1 为输入信号上升下降沿捕获模式, 且允
                                  ;许中断
         MOV    CH, #0            ;16 位计数器初值为 0, 也可以随意
         MOV    CL, #0
         SETB   EA                ;总中断使能位
         CLR    CCF1             ;PCA 模块 1 的中断标志位清 0
         SETB   CR                ;启动 16 位特殊计数器计数
         SJMP   $
PCA_ISR: CPL    P2.7             ;上跳或下跳时中断, 改变 LED4 的亮、灭状态
         CLR    CCF1             ;清零 PCA 模块 1 的标志位 CCF1
         RETI
         END
```

（2）C 语言编程实现

```
#include<STC15Fxxxx. h>
sbit LED4 = P2^7;                   //发光二极管 LED4

void main( void)
{
    P_SW1 = (P_SW1& 0xCF) | 0x20H;  //(CCP_S1:CCP_S0)=(0:1), PCA 模块 1 外接引
                                    //脚为 P2.6
    CMOD = 0x80;                    //计数器不中断, 空闲时不计数, 系统时钟 12 分
                                    //频为信号源
    CCAPM1 = 0x31                   // PCA 模块 1 为输入信号上升、下降沿捕获模式,
                                    //且允许中断
    CH = 0;                        //16 位计数器初值为 0, 也可以随意
    CL = 0;
    EA = 1;                        //总中断使能位, 优先级没要求
    CCF1 = 0;                      //PCA 模块 1 的中断标志位清 0
```

```
    CR = 1;                        //启动 16 位特殊计数器计数
    while(1);
}
/* * * * * * * * * * * * * PCA 中断函数 * * * * * * * * * * * * * * * */
void PCA_isr(void) interrupt 7
{
    LED4 = ~ LED4;                 //LED4 指示灯状态翻转
    CCF1 = 0;                      //清零 CCF1 标志位
}
```

10.2.4 脉宽调制（PWM）输出模式

1. 脉宽调制（PWM）输出模式的原理

PCA 模块的工作模式寄存器 CCAPMn 中的比较器功能使能位 ECOMn 和脉宽调制模式控制位 PWMn 置位，对应模块工作于脉宽调制 PWM 模式，用于调节脉冲高电平时间（脉宽）占用脉冲信号周期的比例。

PCA 模块工作于 PWM 模式，有 8 位、7 位和 6 位三种不同长度的 PWM 工作模式，由 PCA 模块 PWM 模式寄存器 PCA_PWMn 的功能选择位 EBSn_1 和 EBSn_0 决定 PWM 计数长度。寄存器 PCA_PWMn 中的位 EPCnH 和位 EPCnL 分别作比较数据位，参与 PWM 功能操作。

图 10-7 为 3 种长度 PWM 模式的原理结构图。图中 m 取值 8、7 或者 6，分别代表 8 位 PWM、7 位 PWM 或者 6 位 PWM 模式。

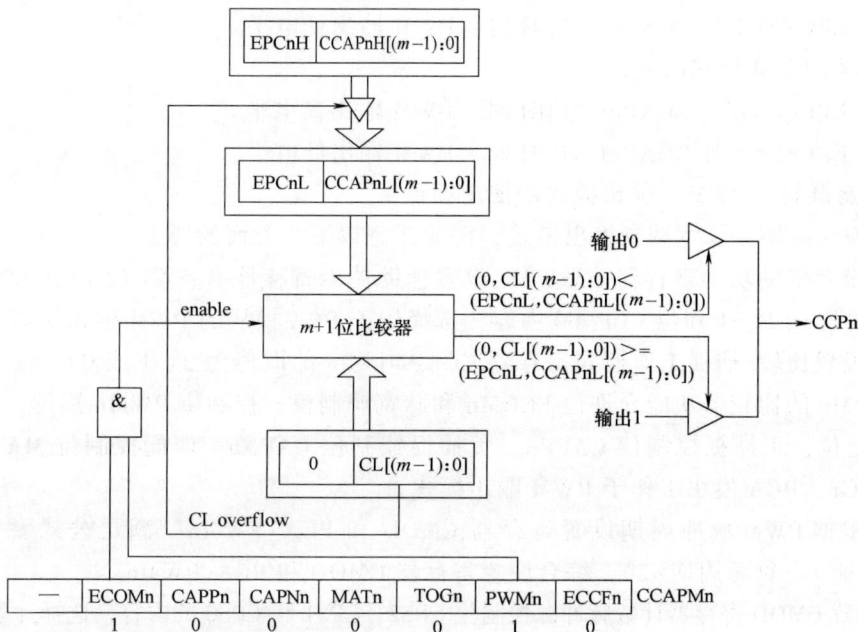

图 10-7　PCA 模块 PWM 模式结构图

PWM 信号的脉宽（高电平时间）与捕获寄存器［EPCnL、CCAPnL］的设定值有关，当［0，CL（$(m-1):0$）］的值小于捕获寄存器［EPCnL、CCAPnL（$(m-1):0$）］时，PWM 引脚输出低电平；当［0，CL（$(m-1):0$）］的值大于或等于捕获寄存器［EPC-nL、CCAPnL（$(m-1):0$）］时，PWM 引脚输出高电平。

计数器 CL（$(m-1):0$）计满溢出（8 位由 FFH 变为 00H、7 位由 7FH 变为 00H、6 位由 3FH 变为 00H）时，捕获预装寄存器［EPCnH、CCAPnH（$(m-1):0$）］的值装载到捕获寄存器［EPCnL、CCAPnL（$(m-1):0$）］中。

PCA 模块 PWM 输出的周期取决于 PCA 计数器的时钟源周期，即

$$m \text{ 位 PWM 的周期} = \text{时钟源周期} \times 2^m \quad (m \text{ 的取值为 8、7 或者 6})$$

设定脉宽时，需要同时对捕获预装寄存器［EPCnH、CCAPnH（$(m-1):0$）］和捕获寄存器［EPCnL、CCAPnL（$(m-1):0$）］赋初值，且两者相等。

PWM 的脉宽时间可以用以下公式计算：

$$\text{PWM 的脉宽时间} = \text{时钟源周期} \times [2^m - \text{CCAPnL}((m-1):0)]$$

$$\text{脉宽占空比} = (2^m - \text{CCAPnL})/2^m$$

若要求 PWM 输出的频率（或周期）可调，则需要改变计数器时钟源的频率（或周期），这时可利用 T0 溢出或 ECI 外部时钟作为 16 位计数器的时钟源。

8 位、7 位或 6 位三种长度 PWM 模式的两种输出特殊情况：

（1）8 位 PWM 模式的输出

1）当 EPCnL=0 且 CCAPnL=00H 时，PWM 输出高电平。

2）当 EPCnL=1 且 CCAPnL=FFH 时，PWM 输出低电平。

（2）7 位 PWM 模式的输出

1）当 EPCnL=0 且 CCAPnL=80H 时，PWM 输出高电平。

2）当 EPCnL=1 且 CCAPnL=FFH 时，PWM 输出低电平。

（3）6 位 PWM 模式的输出

1）当 EPCnL=0 且 CCAPnL=C0H 时，PWM 输出高电平。

2）当 EPCnL=1 且 CCAPnL=FFH 时，PWM 输出低电平。

2. 脉宽调制（PWM）输出模式的使用要点

PCA 模块应用于脉宽调制输出模式，需要注意以下几方面的要点：

（1）设置辅助功能寄存器 P_SW1　设置辅助功能寄存器 P_SW1 的 PCA 模块外接引脚选择控制位 CCP_S1 和位 CCP_S0 内容，选择用于 PCA 模块的 PWM 输出引脚 CCPn。

（2）设置比较/捕捉工作模式寄存器 CCAPMn（n 的取值为 2、1 或 0）　工作模式寄存器 CCAPMn 的比较器功能允许位 ECOMn 和脉宽调制模式控制位 PWMn 置位，而清零其他模式设定位：正捕捉控制位 CAPPn、负捕捉控制位 CAPNn、匹配控制位 MATn、翻转控制位 TOGn，PCA 模块工作于 PWM 输出模式。

（3）根据 PWM 脉冲周期设置寄存器 CMOD 和 PCA_PWMn　满足公式要求：m 位 PWM 的周期=时钟源周期×2^m，综合设置寄存器 CMOD 和 PCA_PWMn。

1）设置 CMOD 寄存器计数脉冲源控制位 CPS2、CPS1 和 CPS0 的内容，选择计数脉冲源。

2）设置 PCA_PWMn 寄存器的功能选择位 EBSn_1 和 EBSn_0 的内容，选择 PWM 模

式的计数长度 m。

（4）设置计数器［CH、CL］和比较/捕捉寄存器［CCAPnH、CCAPnL］

1）计数器［CH、CL］的初值一般设为 0。

2）根据占空比公式

脉宽占空比 $=(2^m-CCAPnL)/2^m$

计算比较/捕捉寄存器低字节 CCAPnL，而高字节 CCAPnH 的赋值与低字节 CCAPnL 相等。

（5）置位计数器控制寄存器 CCON 的运行控制位 CR 运行控制位 CR 置位，即 CR = 1 启动 PCA 工作。

做了上述设置以后 PWM 模块工作，相应的 PCA 模块输出引脚 CCPn 上输出要求周期及占空比的 PWM 脉冲信号。PCA 模块工作于 PWM 模式时不需要中断处理支持。

3. 脉宽调制（PWM）输出模式的应用举例

脉宽调制（PWM）输出模式在直流电动机调压调速控制、数模（D/A）转换等方面均有着广泛的应用。

STC15F 系列单片机本身没有数模（D/A）转换器，但是实际控制系统可能需要模拟量输出，如闭环温度控制系统的目标温度值给定等。利用 PCA 模块工作于 PWM 输出模式可以实现模拟量输出。

例 10-4 利用 PCA 模块 PWM 输出模式，通过如图 10-8 所示电路的 P3.5 引脚网络输出约 3.5V 的电压信号。设系统时钟（SYSclk）频率为 24MHz。

解 引脚 P3.5 可做 PCA 模块 0 的外接引脚 CCP0，用于 PWM 模式的调制脉冲输出引脚。P3.5 引脚输出的脉冲信号经过

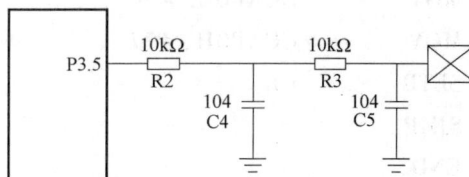

图 10-8 PCA 模块 PWM 输出的 DAC 应用

R2、C4 和 R3、C5 组成的双重滤波网络，基本可以消除信号波动成分，得到平稳的直流模拟电压信号。

本例对 PWM 输出信号的周期没做特别要求，这里选用系统时钟的 6 分频信号作为计数器的时钟信号，PWM 选用 8 位 PWM 工作模式。

要求输出的电压信号为 3.5V，则 PWM 输出信号的占空比约为：3.5/5 = 70%。

根据占空比公式：占空比 $=(2^m-CCAPnL)/2^m$，可以求得 CCAP0L = 77

（1）汇编语言编程实现

```
;* * * * * * * * * * *STC新增特殊功能寄存器说明 * * * * * * * * * * * * * * * *
    P_SW1       DATA        0xA2
    CMOD        DATA        0xD9
    CCAPM0      DATA        0xDA            ;PCA 模块 0 的工作模式寄存器
    CL          DATA        0xE9
    CCAP0L      DATA        0xEA            ;PCA 模块 0 的捕捉/比较寄存器低 8 位
    CH          DATA        0xF9
    CCAP0H      DATA        0xFA            ;PCA 模块 0 的捕捉/比较寄存器高 8 位
```

```
        PCA_PWM1    DATA            0xF3            ;PCA 模块 1 的 PWM 寄存器
        P3M1        DATA            0xB1
        P3M0        DATA            0xB2
;* * * * * * * * * * * * * * 主程序* * * * * * * * * * * * * * * * * * * *
        ORG         0000H
        MOV         P3M1, #0                        ;P3.5 推挽输出模式, 其他准双向口
        MOV         P3M0, #020H
        ANL         P_SW1, #CFH                     ;(CCP_S1:CCP_S0) = (0:0)
        ORL         P_SW1, #10H                     ;(CCP_S1:CCP_S0) = (0:1), PCA 模块
                                                    ;0 外接引脚为 P3.5
        MOV         CCAPM0, #42H                    ;PCA 模块 0 为 PWM 输出模式
        MOV         PCA_PWM0, #0                    ;PWM 模式为 8 位计数长度
        MOV         CMOD, #8CH                      ;计数器不中断, 空闲不计数, 系统时钟
                                                    ;6 分频为信号源
        MOV         CH, #0                          ;16 位计数器初值为 0, 也可以随意
        MOV         CL, #0
        MOV         CCAP0L, #77                     ;占空比约 70%
        MOV         CCAP0H, #77                     ;CCAP0H 与 CCAP0L 赋值相同
        SETB        CR                              ;启动 16 位特殊计数器计数
        SJMP        $
        END
```

（2）C 语言编程实现

```c
#include<STC15Fxxxx.h>
void main(void)
{
    P_SW1 = P_SW1&0xCF|0x10H;        //(CCP_S1:CCP_S0) = (0:1), PCA 模块 1 外
                                     //接引脚为 P3.5
    CCAPM0 = 0x42;                   //PCA 模块 0 为 PWM 输出模式
    PCA_PWM0 = 0;                    //PWM 模式为 8 位计数长度
    CMOD = 0x8C;                     //计数器不中断, 空闲不计数, 系统时钟 6 分
                                     //频为信号源
    CH = 0;                          //16 位计数器初值为 0, 也可以随意
    CL = 0;
    CCAP0L = 77;                     //占空比约 70%
    CCAP0H = 77;                     //CCAP0H 与 CCAP0L 赋值相同
    CR = 1;                          //启动 16 位特殊计数器开始计数
    while(1);
}
```

习题与思考题

1. STC15F 系列单片机的 PCA 模块有几种工作模式? 各模式使用的要点是什么?
2. 分析对比一下 PCA 模块用作定时器与通用定时器的定时功能有何不同?
3. 利用 PCA 模块的高速脉冲输出模式, 如何得到占空比非 50% 的脉冲信号?
4. 实验板 P2.7 引脚连接 LED4 指示灯, 利用 PCA 模块实现 LED4 亮度控制。
5. 编写程序测试 P2.6 引脚输入脉冲信号的宽度。

第 11 章

STC15F 系列单片机综合应用

本章主要介绍单片机控制系统开发过程，在基本技术方法介绍的基础上，以两个应用实例讲解控制系统开发的技术方法。

11.1 单片机控制系统的设计方法

单片机控制系统的设计步骤主要体现以下几个方面：首先要根据系统所要求完成的功能确定系统的总体设计方案，确定软件和硬件功能的边界，明确软硬件各自的功能；接着进行相应的硬件系统设计以及软件程序设计和编制，并进行软件和硬件的独立调试；最后要在硬件电路和软件程序的配合下完成系统的联合调试，通过调试发现系统存在的问题，解决出现的问题直至完全调试成功。有时设计甚至需要反复迭代，直到系统可以稳定运行。设计思路如图 11-1 所示。

11.1.1 软/硬件功能边界划分

单片机系统是软/硬件协同工作，软件和硬件相互依存，又相互制约。有些功能用软件实现和用硬件实现在实现效果上是等效的，其软/硬件功能的划分有较大

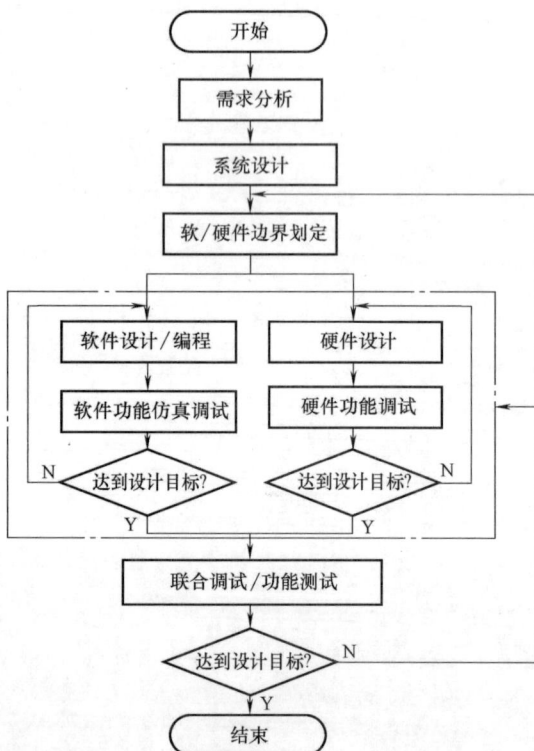

图 11-1 单片机软/硬件系统设计思路

的变化范围，要遵循软/硬件功能合理划分和平衡的原则。考虑软/硬件功能划分要考虑以下几个方面：

1. 功能的时限要求

考虑所实现功能对响应时间的限定。对于一些功能，硬件实现比软件实现速度更快，实时性更好。如硬中断方式比查询方式响应更及时、实时性更强。因此，要考虑满足功能需求的情况下硬件中断源的分配。

2. 开发周期的要求

对于有些功能，用硬件实现简便易行，但用软件实现较复杂，且调试困难。如译码，解码等操作，软件计算时间长，程序编制量大。但是用解码电路硬件实现简单可靠，开发周期短。

3. 功能柔性的要求

考虑用户需求变更或功能更新的需要，系统的功能用软件实现会给功能变更和升级带来便利，增强系统的功能柔性。

4. 成本的要求

若考虑批量生产，要综合权衡硬件成本和软件开发成本之间的关系。软件成本主要为开发过程中的研发成本。硬件成本的影响则伴随产品的整个销售周期。

11.1.2 硬件系统设计

单片机控制系统基本上包括单片机系统、信号检测模块、控制信号输出模块、人机对话模块及电源模块，有的还包括通信模块。其中，单片机系统包括单片机基本系统部分和扩展部分。扩展部分的选用与否由设计者所选用单片机的具体功能特点决定，如果所选单片机已经具有了扩展部分的功能，就没有必要进行扩展部分的设计。扩展部分一般指的是存储器扩展和接口扩展两个方面。各模块具体介绍如下：

1. 信号检测模块设计

信号检测模块主要用于完成单片机对被检测、控制对象的状态和信息的测试，其工作原理是由传感器输出电信号，经过放大、转换（电流/电压转换、模/数转换、电压/频率转换等）得到数字信号以后送单片机处理。

2. 控制信号输出模块设计

控制信号输出模块主要用于执行单片机对被控对象的指令，其工作原理是由单片机输出数字量、开关量或携带频率的周期信号，经转换（数/模转换或频率/电压转换）后驱动各种执行机构实现控制功能。

3. 人机对话模块设计

人机对话功能模块通常包括键盘（按键或拨码盘）、显示器（LED、LCD 或 CRT）、打印机等部分。它们与单片机之间的连接，可以采用各种专用接口芯片或通用并行、串行接口芯片，同时也可用语音输入、输出接口或远程通信控制接口来实现。

4. 电源模块设计

电源模块设计要考虑系统总功率、元器件供电电压、器件发热等造成的影响，一般在设计时应考虑一定的裕度。电源线布线应简洁，保证在复杂工业环境下供电的可靠性和稳定性。

5. 通信模块设计

通信模块主要完成单片机之间或单片机与计算机之间信息交互功能。设计时要充分考虑通信的频率、信号类型对收发器元器件选型的要求，不是元器件对信号响应越灵敏越好。如响应灵敏的收发器虽能保证高频信号的收发，但在用于低频通信信号的收取时，容易导致高频干扰信号的窜入。

硬件的设计使用 Altium Designer、Mentor Pads 等 EDA 软件进行。首先设计原理图，原理图主要是按模块的工作原理确定电路连接关系，原理图无误后转换成制版 PCB 图。PCB 图主要考虑元器件的合理布局，重点需要考虑电源模块、高频通信模块以及信号放大模块的正确运行，确定 PCB 图无误后就可以发给制版厂家制版了。等制版完成，把必要的元器件焊接在电路板上，再进行相应的硬件和软件调试，直至达到设计目的。

11.1.3 软件系统设计

硬件电路是系统的骨架，软件是系统的具体内容，二者相结合才构成一个完整的控制系统。软件系统设计的过程为：首先分析问题，然后确定解决问题的具体算法，再根据算法流程编写程序，最后结合硬件联合调试程序，直至调试成功。

编写程序时，首先要合理安排寄存器和内存及有扩展的外存分配。如果分配不好就会造成存储空间不足或存储空间利用率不高的问题；其次，在编写程序时应尽量根据系统各部分的功能做模块化程序设计，包括主程序模块、各功能子程序模块及中断服务子程序模块等，这样可以使程序结构清晰，系统功能容易扩展；最后，在设计程序时应做到程序的可读性好、可维护性好，如变量及函数的命名、注释，以及程序设计文档等工作，往往被初学者忽略。养成良好的编程习惯，对增强程序的可维护性有很大意义。

11.1.4 整体抗扰性设计

在进行硬件系统设计（包括印刷电路版的排版）和程序设计时，应时刻注意干扰问题。干扰问题如果解决不好，其他环节设计得再好，整个系统也不可能正常工作。抗干扰设计主要从硬件和软件两方面注意以下几点问题：

1. 来自电源的干扰

来自电源的干扰包括电源线中的高频干扰、感性负载产生的瞬变噪声、电网电压的短时下降干扰及拉闸过程形成的高频干扰等。采取的对应抗干扰措施是：电源设计应尽量采用低通滤波，电源变压器应采用较好的屏蔽措施，在各芯片靠近电源的一端加几十微法的电容退耦。

2. 来自传感器、信号检测模块及信号控制模块部分的干扰

为了滤除这些干扰，采取的对应抗干扰措施是：模拟电路应通过隔离放大器进行隔离，数字电路尽量采用光电耦合器进行隔离，且将模拟地与数字地分开。

3. 印制电路板布局不合理带来的干扰

在排版时，电源线的布置应将强电与弱电电路严格分开，不要将它们设计在同一块电路板上，地线应尽可能粗一些。

4. 信号线间的串扰

当两条或几条较长的导线靠得很近时，其中一条导线上的信号将对其他导线产生串扰，产生串扰的原因是由于线间分布电容的影响。为避免线间串扰的产生，信号线应尽量采用双绞线或屏蔽电缆，印制电路板上的信号线应力求靠近地线或用地线包围，尽量加大信号线与其他线间的距离，可以采用分散走线的方式。

5. 软件设计时的抗干扰措施

如果遇到周围环境等方面带来的干扰，程序的执行可能发生混乱，系统就无法完成正常的功能。所以，编程时应采取一定的软件抗干扰措施。一种方法是设置软件陷阱：在程序空间中未使用的区域写入空操作及强制跳转指令（NOP/LJMP 0000H），这样，当程序由于干扰而跑飞到这一空间区域时，强制程序复位运行。再一种方法就是采用"看门狗"技术，具体有硬件"看门狗"技术、软件"看门狗"技术或软/硬件混合"看门狗"技术，它们的作用和软件陷阱的作用相似，其工作原理都是在程序受到干扰跑飞后经过一定时间强制复位系统。

需要注意的是，软件抗干扰措施只是保证系统在不可抗因素导致程序跑飞时保证系统有安全保护不至于发生重大事故和危险，只应作为应急手段，不应作为常规抗干扰措施使用，系统的主要抗干扰能力还应依靠硬件设计来保障。

11.1.5 仿真与调试

1. 仿真与调试的作用

编制完程序并焊装好电路板以后，下一步的工作就是进行系统的仿真与调试。仿真调试主要是利用专用的单片机仿真器完成的。仿真器的作用是暂时替代电路板上的单片机芯片，它有一个插头插接到要插装单片机的插座上，另有串行通信线连接到计算机，在计算机上通过各种仿真命令，如单步运行、跟踪运行、断点运行及全速运行程序等，可以随时查看寄存器、RAM、EPROM 单元内容，了解运行结果。仿真与调试的主要作用是：

1）诊断与检查硬件错误。
2）汇编与反汇编程序，从中发现程序编写过程中出现的明显语法错误。
3）仿真调试程序，检查潜在的硬件错误和软件算法错误。
4）修改错误（包括硬件和软件错误），直至程序调试无误以后，将目标程序代码通过编程器下载（固化）到程序存储器中。

2. 硬件调试方法

常见的硬件错误主要有错线、开路、短路及元器件本身的损坏等。出现这些错误的原因可能是设计者最初的设计错误或印刷电路板的制作工艺出现差错，或者是插件接触不良。针对可能出现的这些硬件错误，必须进行相应的硬件调试。硬件调试方法分静态测试和连接仿真器的动态调试。

（1）静态测试 静态测试包括两个方面：一个方面是样机非加电状态时的线路错误检查，根据装配图认真核对电路板光板上各元器件印制型号、规格是否符合要求，一般利用万用表根据硬件电气原理图仔细检查样机线路连接的正确性，重点检查扩展系统总线（地址总线、数据总线和控制总线）是否存在相互间的短路、错连现象；另一个方面是电源模块和样机焊装元器件以后加电状态下的供电检查，首先进行电源模块的单独测试，只有输出电压正常时该模块才能启用向其他模块供电，然后检查各电路板上各点电位是否正常，尤其应注意插座上的各点电位，若有高压，仿真时将会损坏仿真器。

（2）动态调试 静态测试只是排除了样机上的明显故障，潜在的硬件故障主要靠连机动态调试完成。插上除单片机以外的所有元器件，把仿真器的仿针插头插入单片机插座代替单片机，然后打开样机和仿真器电源即可进行连机动态调试。具体调试包括以下几个方面：

1）测试晶振和复位电路。调节仿真头上的选择开关，仿真器借用用户系统上的晶振电路工作，此时，若系统能够正常工作，则说明晶振电路无故障，否则需检查晶振电路排除故障。如果有手动复位开关存在，按下复位按钮，看仿真器能否正常复位，同时还要检查系统上电能否正常复位。

2）测试扩展RAM存储器。用仿真器将一串数据写入样机的RAM存储器单元，然后读出对应RAM单元的内容，若对任意单元写入和读出的内容一致，说明该RAM电路和CPU的连接没有错误，否则说明有连接故障或器件错误存在。

3）测试I/O口和I/O设备。I/O口有输入口和输出口之分，对于输出口先将数据写入输出口，然后测量或观察输出口和设备的状态变化（如LED数码管是否被点亮，继电器是否吸合）。对于输入口，先用命令读入输入口的状态，然后观察读出的内容和输入口所接输入设备的状态（如键盘、拨码开关的状态）是否一致。如果对于I/O口的读/写操作和输入/输出设备的状态变化一致，说明I/O口和所连设备没有故障，否则即存在连接故障，这时就应根据测量和观察到的现象查找故障原因、排除故障。当然，对于可编程的I/O接口，在进行测试前，应先把命令字写入命令口，使之具有系统所要求的逻辑功能。

4）其他功能模块的相应测试。包括A/D和D/A转换模块、通信模块、人机接口模块等可以利用上面类似方法进行测试，排除存在的错误。

3. 软件调试方法

软件调试是在上面的硬件测试完成或者认为没有错误的前提下进行的。在软件运行时比较典型的错误类型主要有以下几种：①程序运行时出现混乱，用户系统不能按规定的功能进行操作，原因可能是堆栈溢出、程序中转移地址计算错误、工作寄存器出现冲突等；②中断不能正常响应或循环响应某一中断，出现这一错误的原因有中断控制寄存器的初值设置不正确、中断程序不是以RETI指令作为返回命令、中断服务程序没有有效清除中断源或者由于硬件故障使中断一直有效并使CPU连续响应该中断等；③输入/输出错误，主要原因可能是程序端没能和I/O口正确连接。

针对以上这些可能出现的错误，调试过程一般按照以下两个步骤进行：

（1）各功能模块程序的调试　由于编程时是按照模块化功能设计的，首先应将各功能模块程序调试好，包括主程序中的各个功能模块、各个子程序功能模块、各中断服务程序功能模块等。在逐一调试模块时可采用仿真器的单步运行、断点全速运行或全速运行方式反复调试。可能调试过程中间会出现各种各样的问题，但由于各模块程序相对较小，所以能够比较容易找出错误所在。

（2）综合调试　在完成了各个模块程序的调试工作以后，接着便要进行系统的综合调试。综合调试一般采用全速断点方式进行，这一步的主要工作是排除系统中遗留的错误。综合调试的最后，应该使用户系统的晶振电路工作，系统全速运行目标程序，实现预定的功能后，即可将目标程序固化到程序存储器中，用户系统就可以独立运行了。

11.2　应用举例

11.2.1　单片机对步进电动机的控制

1. 步进电动机介绍

步进电动机是单片机控制系统中一种十分重要的自动化执行元件。它和单片机数字系统结合可以把脉冲信号输出转换成角位移，又可以通过滚轴-丝杠机构转换为直线运动。根据其结构和工作原理，步进电动机分为永磁式、混合式和反应式 3 种。单片机控制系统中应用较多的是反应式步进电动机，但目前有向混合式电动机转移的趋势。反应式步进电动机具有步进频率高、频率响应快、不通电时可自由转动、可双向旋转、直接接收数字信号、定位准确、起停速度快、结构简单、寿命长、价格相对较低等优点。

步进电动机工作时一般采用单极性的直流电供电。要使步进电动机执行步进转动，就必须对步进电动机的各相绕组进行恰当的时序方式通电。对于三相反应式步进电动机而言，工作方式有三拍和六拍之分，三拍就是在步进电动机转动一个齿距时换相三次，六拍则是换相六次。对于三拍方式还有单三拍和双三拍之分。假设步进电动机的三相绕组分别以 A、B、C 表示，则各种工作方式的换相次序如下：

单三拍：A→B→C→A；

双三拍：AB→BC→CA→AB；

六拍：A→AB→B→BC→C→CA→A。

在这 3 种工作方式中，单三拍的频率特性最差，六拍的频率特性最好；单三拍的功耗最低，双三拍的功耗约为单三拍的两倍，六拍的功耗约为单三拍的 1.5 倍。

2. 单片机与步进电动机的接口

单片机控制步进电动机时，接口部分需具有以下功能：

（1）电压隔离功能　单片机的工作电压为 5V，而步进电动机的工作电压可达几十伏，甚至上百伏，一旦步进电动机的电压窜至单片机，轻则给单片机带来不必要的干扰信号，重则会损坏单片机。所以接口部件应能够将单片机与步进电动机回路隔离开来，一般情况下选用光电耦合器进行隔离。

（2）传递控制信息并驱动步进电动机功能 能够将单片机发出的控制信息传送到步进电动机回路驱动步进电动机。驱动电路有单电压驱动、高低压复合驱动、斩波驱动等放大电路。其中单电压驱动最简单，只是工作频率相对较低。

（3）产生步进电动机工作所需要的控制信息 对于不同的工作方式，步进电动机需要不同的工作电压波形，如单三拍、双三拍或六拍工作等。可以采用单片机产生工作电压波形，也可采用环行分配器（如CH250）负责步进电动机的各相的通电时序。显然前者最为简单，也最节省成本。

（4）产生步进电动机运行需要的不同频率 步进电动机如果需要不同的速度工作，就要改变各相脉冲电压信号的频率。一般有3种方式：定时器定时、软件延时及硬件分频器分频。其中软件延时最容易实现，但存在精确度差的弊端。

这里设计一种最简单的单片机控制步进电动机运行的控制系统。单片机选用内部带4KB E^2PROM 存储器和128B RAM 的 STC15F2K60S2 单片机芯片，分别通过 P1.0、P1.1 和 P1.2 口为步进电动机提供三相控制脉冲；单片机与步进电动机之间的隔离选用光电耦合器 TLP521，其输入由74HC04驱动；功率放大采用单电压功率放大电路，由晶体管 VT1 和 VT2、VT3 和 VT4、VT5 和 VT6 分别构成三相达林顿输出驱动步进电动机的三个绕组电路，具体实现如图 11-2 所示。

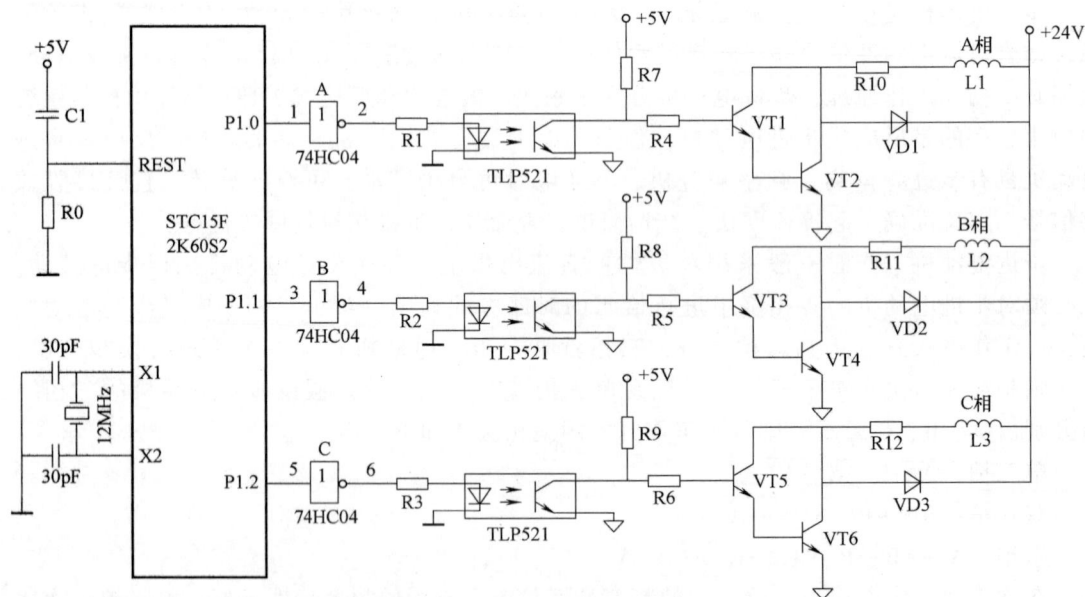

图 11-2 单片机控制三相步进电动机硬件电路原理图

3. 三相步进电动机软件延时法控制程序设计

步进电动机的控制程序比较简单，主要是根据步进电动机的工作方式将三相控制代码按一定频率从 P1.0、P1.1 和 P1.2 口输出，从而控制步进电动机按预先设定的步数运行，三相步进电动机 3 种工作方式及其控制字见表 11-1。程序设计应包括判断旋转方向、按相序确定控制字、由旋转方向按顺序输入控制字和控制电动机的步进步数等内容。在此分别以双三拍和三相六拍工作方式为例编写步进电动机的运行控制程序。假设双三拍工作方式相序为 AB→BC→CA→AB，三相六拍工作方式相序为 A→AB→B→BC→C→CA→A。汇编语言中，当 30H＝1 时，C 语言中，当 P21＝1 时，电动机以正向运转，反之以反方向给各绕组通电则电动机反方向运转。其程序流程图如图 11-3 所示。

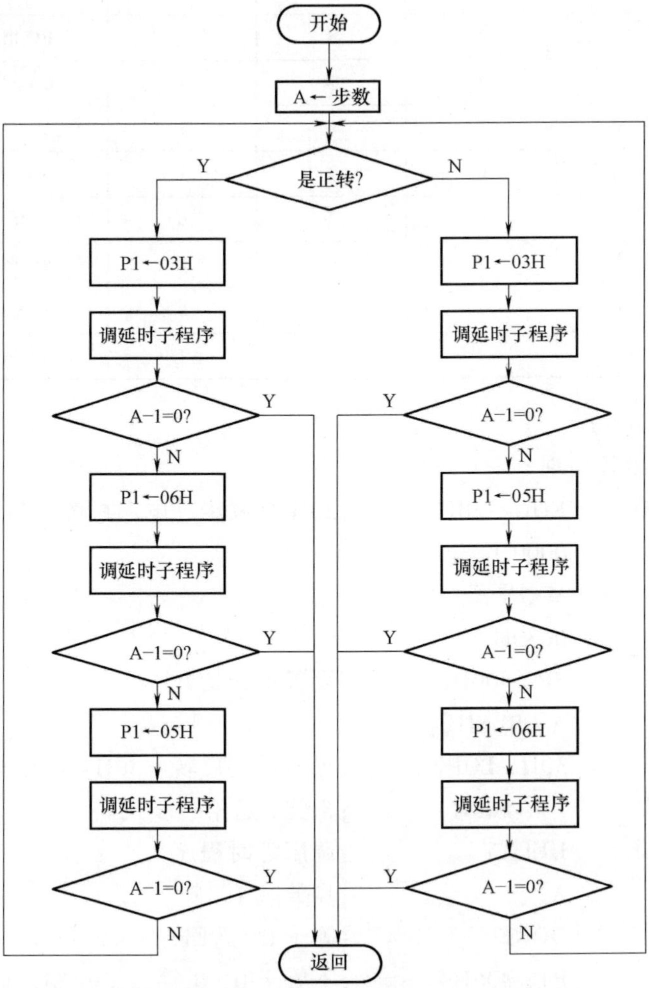

图 11-3　三相步进电动机软件延时法控制程序流程图

表 11-1　步进电动机工作方式及控制代码

工作方式	拍 序	控制输出			通电绕组	控制代码
		P1.2	P1.1	P1.0		
		C 相	B 相	A 相		
单三拍	第一拍	0	0	1	A 相	01H
	第二拍	0	1	0	B 相	02H
	第三拍	1	0	0	C 相	04H

（续）

工作方式	拍序	控制输出			通电绕组	控制代码
		P1.2	P1.1	P1.0		
		C 相	B 相	A 相		
双三拍	第一拍	0	1	1	AB 相	03H
	第二拍	1	1	0	BC 相	06H
	第三拍	1	0	1	CA 相	05H
三相六拍	第一拍	0	0	1	A 相	01H
	第二拍	0	1	1	AB 相	03H
	第三拍	0	1	0	B 相	02H
	第四拍	1	1	0	BC 相	06H
	第五拍	1	0	0	C 相	04H
	第六拍	1	0	1	CA 相	05H

三相双三拍控制程序：

（1）汇编语言编程实现

```
            BUSHU    EQU   20H        ;20H 存放步进电动机的运行步数
            ORG      0000H
            AJMP     MAIN
            ORG      0030H
MAIN：      MOV      SP, #60H         ;设置堆栈指针
            MOV      A, BUSHU
            JNB      30H, LOP2        ;正转还是反转？30H = 1 正转，反之反转
LOP1：      MOV      P1, #03H         ;正转，送第一步代码
            ACALL    DELAY            ;调用延时程序
            DEC      A                ;步数减 1
            JZ       DONE             ;等于 0，返回
            MOV      P1, #06H         ;不等于 0，送第二步控制代码
            ACALL    DELAY            ;调用延时程序
            DEC      A                ;步数减 1
            JZ       DONE             ;等于 0，返回
            MOV      P1, #05H         ;不等于 0，送第三步控制代码
            ACALL    DELAY            ;调用延时程序
            DEC      A                ;步数减 1
            JNZ      LOP1             ;不等于 0，继续送第一步控制代码
            AJMP     DONE             ;等于 0，返回
LOP2：      MOV      P1, #03H         ;反转，送第一步代码
```

```
        ACALL    DELAY           ;调用延时程序
        DEC      A               ;步数减 1

        JZ       DONE            ;等于 0, 返回
        MOV      P1, #05H        ;不等于 0, 送第二步控制代码
        ACALL    DELAY           ;调用延时程序
        DEC      A               ;步数减 1
        JZ       DONE            ;等于 0, 返回
        MOV      P1, #06H        ;不等于 0, 送第三步控制代码
        ACALL    DELAY           ;调用延时程序
        DEC      A               ;步数减 1
        JNZ      LOP2            ;不等于 0, 继续送第一步控制代码
DONE:   END
DELAY:  …                        ;延时子程序略。通过改变延时子程序的延时
                                 ;时间, 可以改变步进电动机的三相通电频率,
                                 ;从而改变步进电动机的转速
```

（2）C 语言编程实现

```
#include < STC15F2K60S2. h>          //51 芯片引脚定义头文件
#include <intrins. h>               //内部包含延时函数 _nop_( );
#define uchar unsigned char
#define uint unsigned int
uchar code FFW[3] = { 0x03, 0x06, 0x05};
uchar code REV[3] = { 0x03, 0x05, 0x06};
sbit K1 = P2^1;                      //当 P2^1 为 1 时正转, 为 0 时反转
//延时子程序
void delay(uint z)
{
    uint x, y;
    for (x = z; x > 0; x--)
        for (y = 114; y > 0; y--);
}
//电动机正转
void motor_ffw( )
{
    uchar i;
    for (i = 0; i < 3; i++)           //步进电动机运行步数的一个周期
    {
        P1 = FFW[i];                  //取数据
```

```c
        delay(1);                           //调节转速
    }
}
//电动机反转
void motor_rev()
{
    uchar i;
    for (i = 0; i < 3; i++)                 //步进电动机运行步数的一个周期
    {
      P1 = REV[i];                          //取数据
      delay(1);                             //调节转速
    }
}
//主函数
void main()
{
    uchar j = 10;                           //假设步进电动机运行步数的周期数为10
                                            //(运行步数 = 10×3)

    int i = 0;
    if (K1)
    {
        for (i = 0; i < j; i++)
          motor_ffw();
    }
    else
    {
        for (i = 0; i < j; i++)
            motor_rev();
    }
}
```

11.2.2　单片机对生产线物料拾取的检测控制

1. 应用场景

图 11-4 所示为某一生产线物料拾取系统，货物由传送带传送至最右边的平台。货物到达平台之后，将光电传感器发出的光线遮住，被光电传感器感知，随后光电传感器向单片机发送信号，单片机接收到此信号后，立即向机械手发出方波信号指令，使机械手向下运动抓取货物。此外，单片机上接有 3 位数码管，用于显示每两个货物到来的间隔时

间，精确到 0.1s。

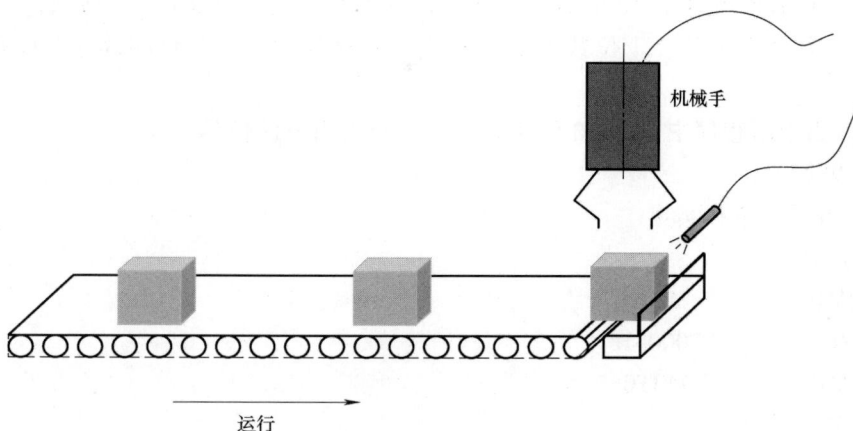

图 11-4　生产线物料拾取系统

2. 硬件电路设计

单片机选用带 60KB 片内 Flash 程序存储器、1KB 大容量片内 EEPROM 存储器和 2048B SRAM 的 STC15F2K60S2 单片机芯片（晶振频率 12MHz），通过 P3.2 口接收光电传感器的输入信号，通过 P2.0 口为机械手提供控制脉冲（周期 500μs），P1.0、P1.1 和 P1.2 口分别与 3 位动态共阴极数码管显示器的 3 个 com 端相连；单片机与 3 位动态共阴极数码管显示器之间采用 8 同相 3 态缓冲器/驱动器 74LS241，实现缓冲和驱动功能，具体实现如图 11-5 所示。

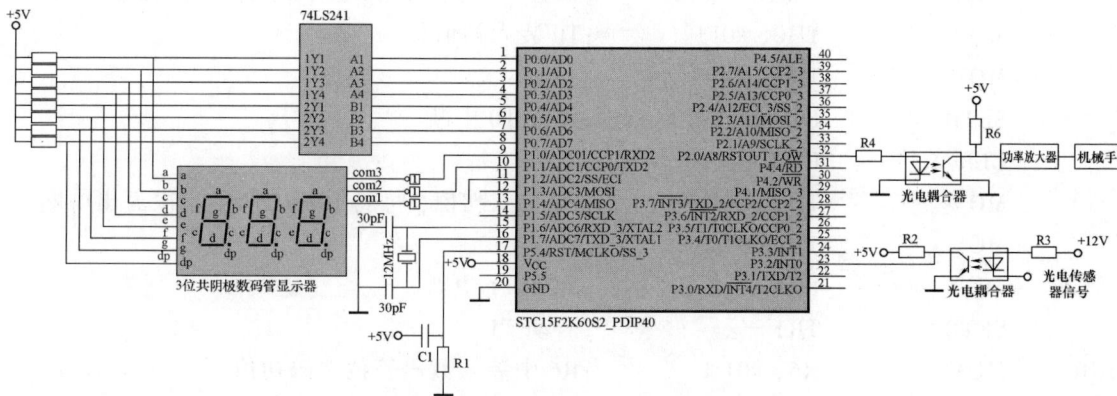

图 11-5　物料拾取系统控制驱动电路

3. 软件程序设计

程序设计主要由主程序、外部中断 0 程序、T0 溢出中断程序和 T1 溢出中断程序 4 部分组成。主程序主要完成单片机的初始化，启动 T1 及数码管显示功能。其中，T1 每隔 10ms 就产生一个溢出中断，用于记录两个货物到来的时间间隔。并且在 T1 溢出中断中实现了将两个货物时间间隔分离出小数位、个位、十位的功能，以便于数码管的显示。而数码管的显示功能通过 3 位数码管不停地循环显示及利用数码管的余晖实现。

当一个货物到达平台后，光电传感器向单片机发出的信号触发外部中断，进入外部中断 0 程序。该程序实现了 T0 的启动，从而控制单片机发出方波信号的周期；并且将要显示数据的小数位、个位、十位数据取出以便主程序处理，同时将存放这几位的寄存器清 0。

在 T0 溢出中断程序中，将 T0 停止计时，停止发出方波信号。

程序清单如下：

（1）汇编语言编程实现

```
ORG     0000H
        AJMP        MAIN
        ORG         0003H
        LJMP        INIT0
ORG     000BH
        LJMP        T0
ORG     001BH
        LJMP        T1
        ;主程序
        ORG         0100H
MAIN：  SETB        EA                  ;开总中断
        SETB        EX0                 ;允许 INT0 中断
        SETB        IT0                 ;设置外部中断 INT0 为边沿触发方式
        MOV         TMOD, #00H          ;设置 T0 为工作方式 0，T1 为工作方式 0
        MOV         TH0, #0FFH          ;T0 装入初值
        MOV         TL0, #06H
        SETB        ET0                 ;允许 T0 中断
        CLR         P2.0
        MOV         TH1, #0D8H          ;T1 装入初值，每隔 10ms，产生一次溢出中断
        MOV         TL1, #0F0H
        SETB        ET1                 ;允许 T1 中断
        SETB        TR1                 ;启动 T1
DIR：   MOV         R6, #01H            ;R6 中装入数码管位选码初值
        MOV         R0, #30H            ;R0 中装入被显示数据的存放地址初值
        MOV         A, R6
LOOP：  MOV         P1, A               ;输出位选码
        MOV         A, @R0              ;取被显示的数据
        ADD         A, #0EH             ;形成查表偏移地址
        MOVC        A, @A+PC            ;求出显示代码
        MOV         P0, A               ;输出显示数据
        JNB         P1.1, DIR1          ;判断输出的数据是否为个位
```

```
        SETB      P0.7                    ;若是，则输出个位的小数点
DIR1：  INC       R0                      ;指向下一个显示数据
        MOV       A，R6
        JB        ACC.2，DIR              ;判断 3 位数是否显示完毕
        RL        A                       ;形成下一个位选码
        MOV       R6，A
        AJMP      LOOP
DATA：  DB3FH，06H，5BH，4FH，66H，6DH
        DB7DH，07H，7FH，6FH
        END
;外部中断 0
INIT0： SETB      P2.0                    ;发出方波信号
        SETB      TR0                     ;启动 T0
        MOV       30H，R1                 ;将要显示的小数位取出
        MOV       31H，R2                 ;将要显示的个位取出
        MOV       32H，R3                 ;将要显示的十位取出
        MOV       R1，#00H                ;将之前存放的货物间隔时间值清 0，以重新开
                                          ;始计时
        MOV       R2，#00H
        MOV       R3，#00H
        MOV       R7，#00H
        RETI
;T0 溢出中断
T0：    CLR       TR0                     ;T0 停止计时
        CLR       P2.0                    ;停止发出方波信号
        RETI
T1 溢出中断
T1：    IN        CR7                     ;每产生一次中断，R7 加 1
        CJNE      R7，#10，FANHUI         ;R7 加满 10 时，R1(显示的小数位)加 1
        MOV       R7，#00H                ;同时将 R7 清 0
        INCR1
        CJNE      R1，#10，FANHUI         ;R1 加满 10 时，R2(显示的个位)加 1
        MOV       R1，#00H                ;同时将 R1 清 0
        INC       R2
        CJNE      R2，#10，FANHUI         ;R2 加满 10 时，R3(显示的十位)加 1
        MOV       R2，#00H                ;同时将 R2 清 0
        INC       R3
FANHUI：RETI
```

指令"ADD A, #0EH"中数值0EH的含义是：指令"MOVC A, @ A+PC"执行时，PC当前值指向语句"MOV P0, A"，该语句距表首的距离为0EH，即"MOV P0, A"至"AJMP LOOP"的指令机器码共占用0EH个字节单元。

(2) C语言编程实现

```c
#include<reg51. h>
#define uchar unsigned char
#define uint unsigned int
sbit p2_0 = P2^0;                //控制机械手脉冲周期 500μs
sbit p1_1 = P1^1;                //控制数码管个位的显示
sbit p0_7 = P0^7;                //数码管小数点

uint pR0 = 0;                    //保存 10ms 的个数
uint pR1 = 0;                    //保存小数位数据
uint pR2 = 0;                    //保存个位数据
uint pR3 = 0;                    //保存十位数据
uint ShuZi[3] = {0};
uchar code table[ ] = {0x3f, 0x06, 0x5b, 0x4f, 0x66, 0x6d, 0x7d, 0x07, 0x7f, 0x6f};
void main( )
{
    uint a = 0;                  //中间变量，表示将要显示的一位数字
    uint i = 0;
    p2_0 = 0;
    EA = 1;                      //开总中断
    EX0 = 1;                     //允许中断
    IT0 = 1;                     //设置外部中断为边沿触发方式
    TMOD = 0x00;                 //T0 和 T1 均为模式 0，可自动装初值。
    TH0 = 0xFF;                  //T0 装入初值，定时 250μs
    TL0 = 0x06;
    ET0 = 1;                     //允许 T0 中断
    TH1 = 0xD8;                  //T1 装入初值，每隔 10ms，产生一次溢出中断
    TL1 = 0xF0;
    ET1 = 1;/                    //允许 T1 中断
    TR1 = 1;                     //启动 T1
    while(1)                     //循环显示 3 位数
    {
        P1 = 0x01;               //P1.0 P1.1 P1.2 控制数码管位选
        for(i = 0; i<3; i++)
        {
```

```
            a = ShuZi[i];           //将要显示的一位数字
            P0 = table[a];          //将数字转化成数码管显示
            if(p1_1 == 1)           //如果轮到个位数字显示
            {
                p0_7 = 1;           //则显示小数点
            }
            P1 = P1<<1;             //移位处理，显示下一个数字
        }
    }
}
//外部中断
void ext0(void) interrupt 0
{
    p2_0 = 1;                       //发出方波信号
    TR0 = 1;                        //启动 T0
    ShuZi[0] = pR1;                 //将要显示的小数位取出
    ShuZi[1] = pR2;                 //将要显示的个位取出
    ShuZi[2] = pR3;                 //将要显示的十位取出
    pR1 = 0;                        //将之前存放的货物间隔时间值清 0, 以重新开始
                                    //计时
    pR2 = 0;
    pR3 = 0;
    pR0 = 0;
}
//T0 溢出中断
void t0(void) interrupt 1
{
        TR0 = 0;                    //T0 停止计时
        p2_0 = 0;                   //停止发出方波信号
}
//T1 溢出中断
void t1(void) interrupt 3
{
    ++pR0;                          //每产生一次中断(10ms), pR0 加 1
    if(pR0 == 10)
    {
        pR0 = 0x00;                 //时间达到 0.1s(100ms)时, 将 pR0 清 0
        ++pR1;                      //同时 pR1(小数位)加 1
```

```
        if(pR1 = = 10)
        {
            pR1 = 0x00;          //时间达到 1s 时, 将 pR1 清 0
            ++pR2;               //同时 pR2(个位)加 1
            if(pR2 = = 10)
            {
                pR2 = 0x00;      //时间达到 10s 时, 将 pR2 清 0
                ++pR3;           //同时 pR3(显示的十位)加 1
                if(pR3 = = 10)   //当时间达到 100s 时, 超出数码管表示范围
                {
                    …            //应设置相应处理函数
                                 //此处略
                }
            }
        }
    }
}
```

习题与思考题

1. 单片机实际控制系统的设计大体分哪几个步骤? 各步骤的主要特点是什么?

2. 单片机应用系统的抗干扰措施 (包括软件和硬件) 主要有哪些?

3. 试设计一个十字路口交通灯控制系统, 要求如下:

(1) 观察一个装有交通灯的十字路口的车辆运行规律。

(2) 写出东西和南北方向红、绿、黄灯的变化规律, 并画出运行规律流程图。

(3) 设计出由 STC15F 系列单片机控制交通灯的硬件电路图。

(4) 写出所设计的接口地址。

(5) 设计初始化程序和系统运行程序。

4. 试设计步进电动机的起、停、调速控制系统, 要求如下:

(1) 分别用开关 S1、S2 控制步进电动机的起动和停止, S3、S4 控制调速。

(2) 选用 STC15 系列单片机的一款设计出单三拍电动机的接口电路。

(3) 编写出控制程序。

附录

附录A　Keil μVision4 集成开发环境

在开发单片机过程中除需必备的硬件外，同样离不开软件的支持。实际上，单片机在运行过程中只能够识别可执行的机器码，因此我们需要将编写好的 C/C++ 程序转换为相应的机器码，而这一过程的实现就需要专门的软件来完成。

本书采用 Keil μVision4 集成开发环境（Integrated Development Environment，IDE）。Keil μVision4 是 Keil 公司在 2009 年 2 月发布的，它引入了灵活的窗口管理系统，使开发人员能够使用多台监视器，具备可在虚拟接口上随意放置窗口的完全控制能力，具有人性化的用户界面可以更好地利用屏幕空间和更有效地组织多个窗口，为我们提供了一个整洁、高效的环境来开发应用程序。Keil μVision4 能够很好地支持本书所采用的 STC15F 系列单片机，它提供包括 C/C++ 编译器/宏汇编器、连接器和一个 HEX 文件生成器的功能，能够使我们简单高效地完成开发工作。

A.1　Keil μVision4 的安装和启动

如果计算机中未安装 Keil μVision4，则应该先安装 Keil μVision4。在 Keil 公司官网上可以直接下载 Keil μVision4，下载得到的是一个 ".exe" 可执行文件，打开它，并按照屏幕上的提示进行安装即可。

安装结束后，在 Windows 的桌面上会出现 Keil μVision4 的快捷启动图标，并在"开始"程序里增加"Keil μVision4"程序项。在需要使用 Keil μVision4 时，直接双击桌面上的 Keil μVision4 快捷启动图标或者单击"开始"程序中的"Keil μVision4"程序项，此时屏幕上在短暂显示 Keil μVision4 的版权页后，出现 Keil μVision4 的主窗口，如图 A-1 所示。

可以发现 Keil μVision4 集成开发环境具有典型的 Windows 界面风格，整个编程界面主要包括菜单栏、工具栏、项目管理区、源代码工作区和输出信息窗口。在 Keil μVision4 主

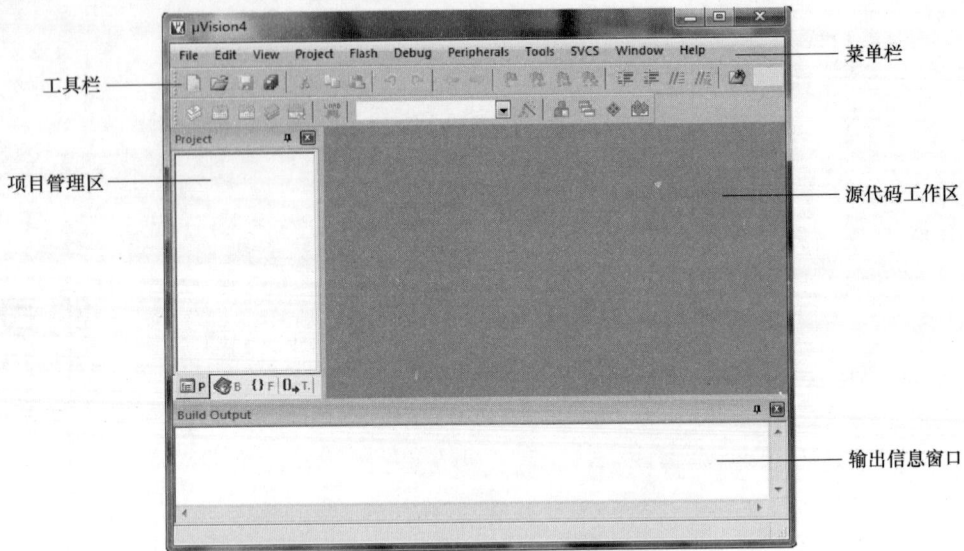

图 A-1　Keil μVision4 软件主窗口

窗口的顶部是 Keil μVision4 的菜单栏，其中包含 11 个菜单项：File（文件）、Edit（编辑）、View（视图）、Project（工程）、Flash（闪存）、Debug（调试）、Peripherals（外围设备）、Tools（工具）、SVCS（软件版本控制系统）、Window（窗口）、Help（帮助）。工具栏位于菜单栏下方和源代码工作区上方，它分为两行：第一行是文件工具栏，主要用于对源代码工作区进行保存、剪切、复制和粘贴等操作；第二行是编译工具栏，主要用于控制源代码的编译和下载过程，以及对整个项目工程的管理。主窗口的左侧是项目管理区，用于浏览项目文件结构，方便管理程序文件。主窗口右侧是源代码工作区，用户在这里编辑程序代码。主窗口下侧是输出信息窗口，用于输出程序错误、调试信息等。

A.2　创建一个工程

为了保证接下来的操作顺利完成，需要完成一项准备工作。因为本书所采用的单片机为 STC15F 系列中的 STC15F2K60S2 型号，所以需要将该型号单片机的相关库文件和头文件添加到 Keil μVision4 软件中。从宏晶公司官网上下载 STC-ISP 软件，打开该软件如图 A-2 所示。

选中 STC-ISP 窗口右侧"Keil 仿真设置"选项，然后单击"添加型号和头文件到 Keil 中　添加 STC 仿真器驱动到 Keil 中"按钮。这时会弹出一个"浏览文件夹"窗口，在该窗口中根据文字提示设备 Keil μVision4 软件的安装位置即可，这样就完成了准备工作。

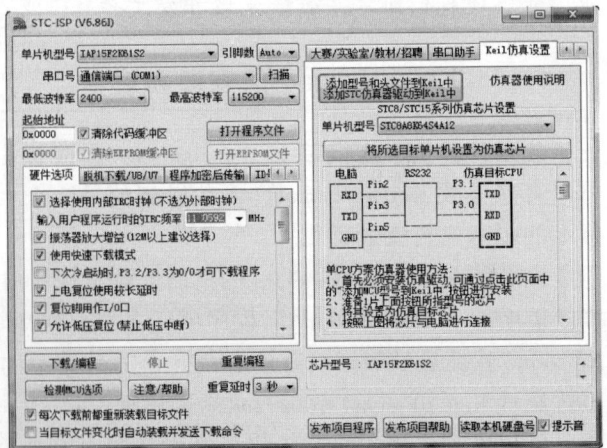

图 A-2　STC-ISP 软件主界面

在 Keil μVision4 项目开发过程中，我们只需通过创建工程来完成单片机 CPU 型号的选择、确定编译连接的参数和管理多个文件等任务。如果要新建一个工程，可以采取以下操作步骤：

1）在 Keil μVision4 的 Project 菜单中单击 "New μVision Project" 命令，打开 "Create New Project" 对话框，如图 A-3 所示。选择合适位置存放该工程，一般将工程存储在单独的一个文件夹中，这样便于管理与工程相关的文件。在此对话框中的 "文件名" 文本框中输入工程文件名，最后单击 "保存（S）" 按钮。此时会弹出一个 "Select a CPU Data Base File" 对话框（如图 A-4 所示），提示为该工程选择合适的 CPU 数据库，单击下拉按钮选择 "STC MCU Database" 选项，然后单击 "OK" 按钮。

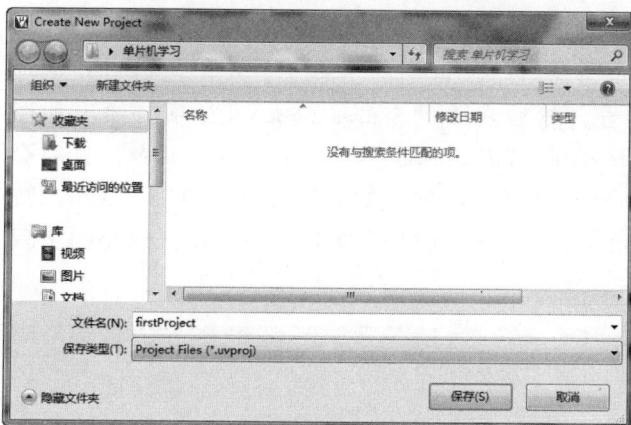

图 A-3　新建工程对话框

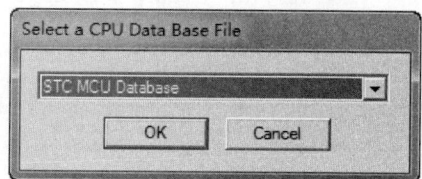

图 A-4　CPU 型号选择对话框

2）在完成上一步后，会弹出 "Select Device for Target 'Target1'" 对话框，如图 A-5 所示。因在上一步中我们选择了 "STC MCU Database" 选项，所以此时对话框中 MCU 型号都是 STC 型号，在窗口左侧数据列表中选择 "STC15F2K60S2" 选项，然后单击 "OK" 按钮完成 MCU 的选择。

3）选择完 MCU 型号后，会弹出如图 A-6 所示的对话框，询问是否将标准 51 初始化

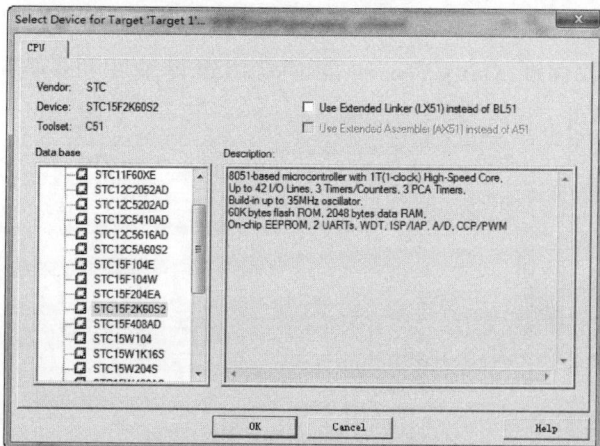

图 A-5　目标设备选择对话框

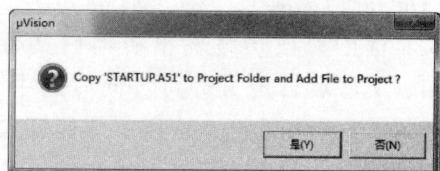

图 A-6　工程创建确认对话框

程序（STARTUP. A51）添加到工程中，在这里我们单击"否（N）"按钮。这样工程就初步创建完毕，接下来就可以新建 C 源文件以及完成相关环境参数的配置。

A.3 创建一个 C 源程序

工程建立完成后就可以编写单片机程序了。单击 Keil μVision4 菜单栏中的"File"→"New…"命令，新建文件。新建文件后需要先保存文件为 C 源文件后再进行编辑。单击主窗口菜单栏中的"File"→"Save as"命令，会弹出如图 A-7 所示的对话框，在该对话框的"文件名"文本框中输入文件名（注意：文件名后一定要带上".C"扩展名），最后单击"保存（S）"按钮。

现在可以在主窗口的编辑区编写 C 源程序代码了，写完代码后记得再保存一次。接下来需要将刚才编写的 C 源程序添加到我们已经创建的工程中，单击主窗口左侧项目管理区中"Target 1"前面的"+"号，然后右击"Source Group 1"项，弹出如图 A-8 所示的快捷菜单，然后单击"Add Existing Files to Source Group 1…"命令，这时会弹出添加源文件的对话框，如图 A-9 所示。选择已经创建的 C 源文件，单击"Add"按钮，然后再单击"Close"按钮关闭该对话框。这样就把 C 源文件添加到已创建的工程中了。

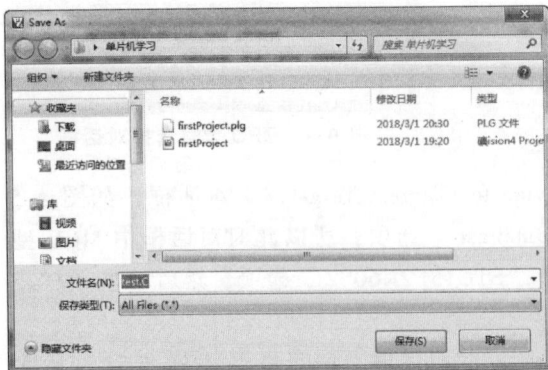

图 A-7 保存程序对话框

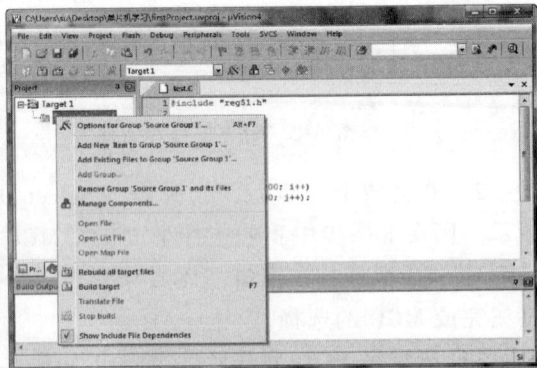

图 A-8 快捷菜单选项

接下来需要对环境进行必要的配置，以保证 Keil μVision4 能够成功编译输出机器码文件。在主窗口左侧项目管理区中右击"Target 1"→"Options for Target ' Target1 '"命令，这时会弹出如图 A-10 所示的对话框。在"Options for Target ' Target1 '"中选中"Output"选项卡，在"Name of Executable"文本框中修改最终输出机器码文件的文件名，文件名自定义即可。同时选中"Create HEX File"复选框，这样就能保证 C 源文件编译后能够输出相应机器码文件。

图 A-9 添加源文件对话框

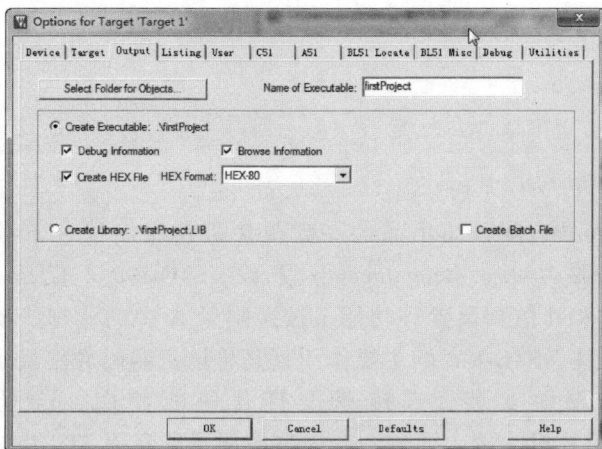

图 A-10　配置对话框

A.4　编译和调试

完成上述源程序编写以及相关配置后就可以进行编译和调试工作了。单击主窗口菜单栏中的"Project"→"Build target"命令，如图 A-11 所示，这时就开始编译 C 源程序了。其实该编译过程已经包含了程序连接的步骤，开发人员只需编译就能得到最终的机器码文件。如果编译没有出现错误，那么在工程所在文件夹中会生成扩展名为".hex"的机器码文件。

对程序进行调试是为了发现并修正程序中的错误，最终能够成功编译输出机器码文件。程序错误一般分为逻辑错误和语法错误，逻辑错误需要开发人员自行发现，语法错误则可以被编译系统检测出来，这里所讲的调试过程就是为了更正语法错误。程序的编译过程以及错误信息将在主窗口下侧的输出信息窗口中显示出来。在该编译系统中，语法错误分为两类：一类是致命错误，以 Error 表示，如果程序中有这类错误，就通不过编译，无法生成机器码文件；另一类是轻微错误，以 Warning（警告）表示，这类错误不影响生成最终机器码文件，但有可能影响单片机的运行效果，因此也应当改正，使程序编译既无 Error 又无 Warning，图 A-12 所示便

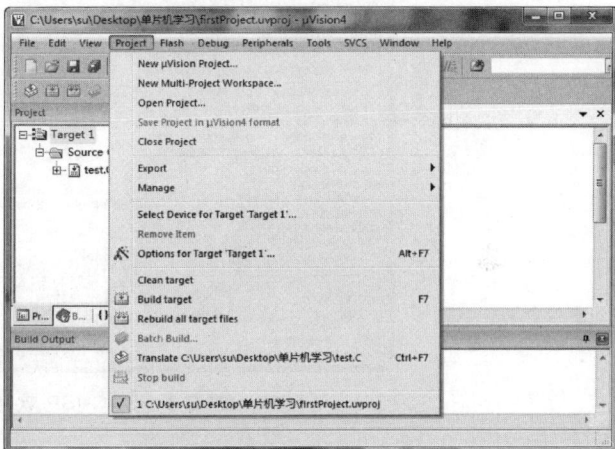

图 A-11　编译

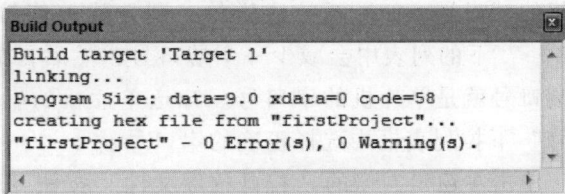

图 A-12　编译结果输出

是编译无误后的输出信息。

附录 B STC-ISP 在线编程软件

STC-ISP 是宏晶科技有限公司出品的一款单片机在线编程（下载、烧写、烧录）软件，可在 STC 官方网站（www.stcmcu.com）下载。STC-ISP 不仅是一款程序烧录软件，还集成了串口调试和 Keil 仿真设置等功能。按照附录 A 中的详细步骤操作，最终可以得到机器码（.hex）文件，STC-ISP 的主要作用就是将该机器码文件烧录到单片机中。

STC-ISP 下载后无须安装，直接双击打开便能使用。这里将以本书使用的 STC15F2K60S2 型号单片机为例，通过一个完整的例子来介绍 STC-ISP 软件的使用。

双击打开 STC-ISP 软件，其主窗口如图 B-1 所示，主窗口左侧是进行程序烧录的控制区，右侧上方是显示程序文件、串口调试以及 Keil 仿真设置等功能区，右侧下方是该软件的信息输出区，在这里主要输出烧录的过程和结果信息。

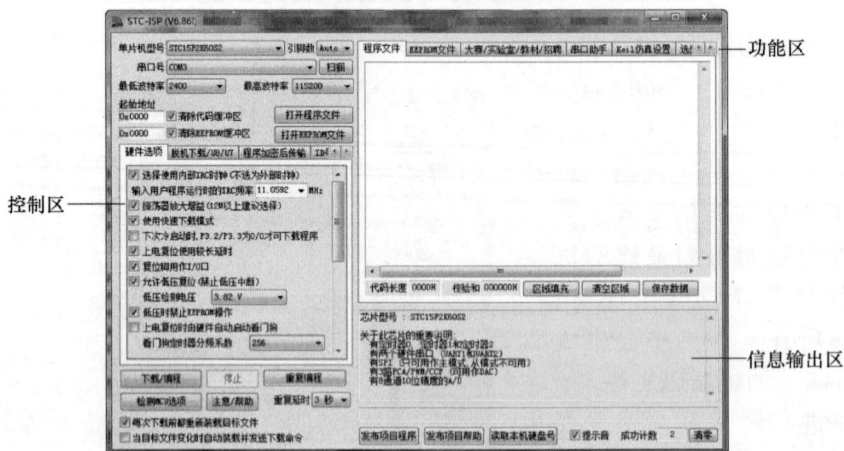

图 B-1 STC-ISP 软件主窗口

在"单片机型号"下拉列表框中选择本书所用的 STC15F2K60S2 单片机型号。"串口号"必须要选择单片机所对应的串口，单片机装好驱动后可以在 Windows 的"我的电脑"→"控制面板"→"性能和维护"→"系统"→"硬件"中单击"设备管理器"按钮，打开"设备管理器"窗口，如图 B-2 所示。在"设备管理器"窗口中的"端口（COM 和 LPT）"下的列表中可以发现类似"USB-SERIAL CH340（COM3）"的项，一般这就是单片机的端口号。如果不是这样的，则先拔掉连接单片机串口线，这时"端口（COM 和 LPT）"下的列表中会减少一个端口号，然后再插上串口线，列表中就增加一个端口号，该端口号就是单片机的串口号。知道单片机的串口号以后就可以在 STC-ISP 软件的"串口号"下拉列表框中选择正确的串口号。

单击主窗口左侧的"打开程序文件"按钮，弹出"打开程序代码文件"对话框，如图 B-3 所示。在该对话框中选择所需烧录到单片机中的机器码文件（.hex），然后单击

"打开（O）"按钮，则机器码文件就会显示在 STC-ISP 主窗口的右侧"程序文件"编辑框中，从该编辑框中可以发现机器码文件的内容实际上是由十六进制数构成的。

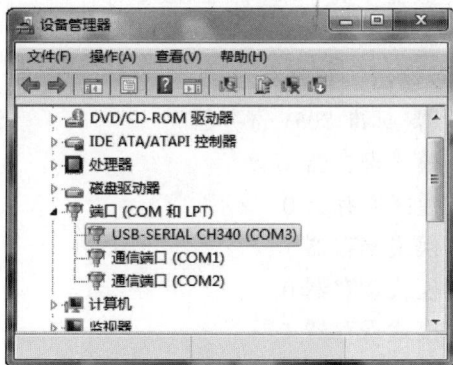

图 B-2 "设备管理器"窗口

图 B-3 "打开程序代码文件"对话框

单击 STC-ISP 主窗口左下方的"下载/编程"按钮，这时程序便开始烧录到单片机中了，烧录过程中的详细信息将在主窗口右下方的信息输出区中显示，程序烧录结束后则会输出如图 B-4 所示信息。如果烧录成功，那么输出信息中最后会得到"操作成功！"的提示，这时单片机就可以按照所烧录程序内容运行了。如果

图 B-4 程序烧录信息

烧录失败，那么信息栏中会提示失败的原因，一般包括单片机型号选择错误、串口号不对、程序量过大以及数据存储地址错误等，这时需要根据失败的原因来解决相应问题。

附录 C　STC15F 系列单片机寄存器定义文件 STC15.INC 内容

```
$ NOMOD51
$ SAVE
$ NOLIST
; 字节存储器
P0          DATA    80H     ; P0 口寄存器(标准 8051 寄存器)
SP          DATA    81H     ; 堆栈指针寄存器(标准 8051 寄存器)
DPL         DATA    82H     ; 数据指针 DPTR 低字节(标准 8051 寄存器)
DPH         DATA    83H     ; 数据指针 DPTR 高字节(标准 8051 寄存器)
PCON        DATA    87H     ; 电源控制寄存器(标准 8051 寄存器)
TCON        DATA    88H     ; 定时/计数控制寄存器(标准 8051 寄存器)
```

TMOD	DATA	89H	;定时/计数模式控制寄存器(标准 8051 寄存器)
TL0	DATA	8AH	;定时器/计数器 0 低字节(标准 8051 寄存器)
TL1	DATA	8BH	;定时器/计数器 1 低字节(标准 8051 寄存器)
TH0	DATA	8CH	;定时器/计数器 0 高字节(标准 8051 寄存器)
TH1	DATA	8DH	;定时器/计数器 1 高字节(标准 8051 寄存器)
AUXR	DATA	8EH	;辅助寄存器
INT_CLKO	DATA	8FH	;中断和时钟输出控制寄存器
P1	DATA	90H	;P1 口寄存器(标准 8051 寄存器)
P1M1	DATA	91H	;P1 口工作模式寄存器 1
P1M0	DATA	92H	;P1 口工作模式寄存器 0
P0M1	DATA	93H	;P0 口工作模式寄存器 1
P0M0	DATA	94H	;P0 口工作模式寄存器 0
P2M1	DATA	95H	;P2 口工作模式寄存器 1
P2M0	DATA	96H	;P2 口工作模式寄存器 0
CLK_DIV	DATA	97H	;时钟分频控制寄存器
SCON	DATA	98H	;串行口 1 控制寄存器(标准 8051 寄存器)
SBUF	DATA	99H	;串行口 1 数据缓冲器(标准 8051 寄存器)
S2CON	DATA	9AH	;串行口 2 控制寄存器
S2BUF	DATA	9BH	;串行口 2 数据缓冲器
P1ASF	DATA	9DH	;P1 口模拟量功能设置寄存器
P2	DATA	0A0H	;P2 口寄存器(标准 8051 寄存器)
BUS_SPEED	DATA	0A1H	;总线速度控制寄存器
AUXR1	DATA	0A2H	;辅助寄存器 1
IE	DATA	0A8H	;中断允许寄存器(标准 8051 寄存器)
SADDR	DATA	0A9H	;从机地址寄存器
WKTCL	DATA	0AAH	;掉电唤醒专用定时器低字节
WKTCH	DATA	0ABH	;掉电唤醒专用定时器高字节
IE2	DATA	0AFH	;中断允许寄存器 2
P3	DATA	0B0H	;P3 口寄存器(标准 8051 寄存器)
P3M1	DATA	0B1H	;P3 口工作模式寄存器 1
P3M0	DATA	0B2H	;P3 口工作模式寄存器 0
P4M1	DATA	0B3H	;P4 口工作模式寄存器 1
P4M0	DATA	0B4H	;P4 口工作模式寄存器 0
IP2	DATA	0B5H	;第二中断优先级寄存器
IP	DATA	0B8H	;中断优先级寄存器(标准 8051 寄存器)
SADEN	DATA	0B9H	;从机地址掩码寄存器
P_SW2	DATA	0BAH	;外设功能切换控制寄存器
ADC_CONTR	DATA	0BCH	;A/D 转换控制寄存器

ADC_RES	DATA	0BDH	;A/D 转换结果高 8 位寄存器
ADC_RESL	DATA	0BEH	;A/D 转换结果低 2 位寄存器
P4	DATA	0C0H	;P4 口寄存器
WDT_CONTR	DATA	0C1H	;看门狗定时器控制寄存器
IAP_DATA	DATA	0C2H	;ISP/IAP Flash 数据寄存器
IAP_ADDRH	DATA	0C3H	;ISP/IAP Flash 地址寄存器高 8 位
IAP_ADDRL	DATA	0C4H	;ISP/IAP Flash 地址寄存器低 8 位
IAP_CMD	DATA	0C5H	;ISP/IAP Flash 命令寄存器
IAP_TRIG	DATA	0C6H	;ISP/IAP Flash 命令触发器
IAP_CONTR	DATA	0C7H	;ISP/IAP 控制寄存器
P5	DATA	0C8H	;P5 口寄存器
P5M1	DATA	0C9H	;P5 口工作模式寄存器 1
P5M0	DATA	0CAH	;P5 口工作模式寄存器 0
SPSTAT	DATA	0CDH	;SPI 状态寄存器
SPCTL	DATA	0CEH	;SPI 控制寄存器
SPDAT	DATA	0CFH	;SPI 数据寄存器
PSW	DATA	0D0H	;程序状态字寄存器(标准 8051 寄存器)
T2H	DATA	0D6H	;T2 重新装载时间常数高字节
T2L	DATA	0D7H	;T2 重新装载时间常数低字节
CCON	DATA	0D8H	;PCA 控制寄存器
CMOD	DATA	0D9H	;PCA 工作模式寄存器
CCAPM0	DATA	0DAH	;PAC 模块 0 的工作模式寄存器
CCAPM1	DATA	0DBH	;PAC 模块 1 的工作模式寄存器
CCAPM2	DATA	0DCH	;PAC 模块 2 的工作模式寄存器
ACC	DATA	0E0H	;累加器(标准 8051 寄存器)
CL	DATA	0E9H	;PCA 计数器低 8 位
CCAP0L	DATA	0EAH	;PAC 模块 0 捕捉/比较寄存器低 8 位
CCAP1L	DATA	0EBH	;PAC 模块 1 捕捉/比较寄存器低 8 位
CCAP2L	DATA	0ECH	;PAC 模块 2 捕捉/比较寄存器低 8 位
B	DATA	0F0H	;B 寄存器(标准 8051 寄存器)
PCA_PWM0	DATA	0F2H	;PCA 模块 0 PWM 寄存器
PCA_PWM1	DATA	0F3H	;PCA 模块 1 PWM 寄存器
PCA_PWM2	DATA	0F4H	;PCA 模块 2 PWM 寄存器
CH	DATA	0F9H	;PCA 计数器高 8 位
CCAP0H	DATA	0FAH	;PAC 模块 0 捕捉/比较寄存器高 8 位
CCAP1H	DATA	0FBH	;PAC 模块 1 捕捉/比较寄存器高 8 位
CCAP2H	DATA	0FCH	;PAC 模块 2 捕捉/比较寄存器高 8 位

;位寻址寄存器定义

```
; * * * TCON(88H) * * *
    IT0      BIT      88H         ;外部中断 0(INT0)触发方式控制位
    IE0      BIT      89H         ;外部中断 0(INT0)请求标志
    IT1      BIT      8AH         ;外部中断 1(INT1)触发方式控制位
    IE1      BIT      8BH         ;外部中断 1(INT1)请求标志
    TR0      BIT      8CH         ;T0 运行控制位
    TF0      BIT      8DH         ;T0 溢出标志位
    TR1      BIT      8EH         ;T1 运行控制位
    TF1      BIT      8FH         ;T1 溢出标志位
; * * * SCON(98H) * * *
    SM0      BIT      9FH         ;该位和 SM1 一起指定串口 1 的工作方式
    SM1      BIT      9EH         ;指定串口 1 的工作方式
    SM2      BIT      9DH         ;串口 1 多机通信控制位
    REN      BIT      9CH         ;串口 1 允许接收控制位
    TB8      BIT      9BH         ;串口 1 发送时的第 9 位数据或奇偶校验位
    RB8      BIT      9AH         ;串口 1 接收时的第 9 位数据或奇偶校验位
    T1       BIT      99H         ;串口 1 发送中断标志位
    R1       BIT      98H         ;串口 1 接收中断标志位
; * * * IE(0A8H) * * *
    EX0      BIT      0A8H        ;外部中断 0 中断允许控制位
    ET0      BIT      0A9H        ;T0 中断允许控制位
    EX1      BIT      0AAH        ;外部中断 1 中断允许控制位
    ET1      BIT      0ABH        ;T1 中断允许控制位
    ES       BIT      0ACH        ;串口 1 中断允许控制位
    EADC     BIT      0ADH        ;ADC 中断允许控制位
    ELVD     BIT      0AEH        ;低电压检测中断控制位
    EA       BIT      0AFH        ;中断允许总控制位
; * * * P3(0B0H) * * *
    T1       BIT      0B5H        ;T1 外部输入端
    T0       BIT      0B5H        ;T0 外部输入端
    INT1     BIT      0B5H        ;外部中断 1 输入端
    INT0     BIT      0B5H        ;外部中断 0 输入端
    TXD      BIT      0B5H        ;串行通信数据发送端
    RXD      BIT      0B5H        ;串行通信数据接收端
; * * * IP(0B8H) * * *
    PPCA     BIT      0BFH        ;PCA 中断优先级控制位
    PLVD     BIT      0BEH        ;低电压检测中断优先级控制位
    PADC     BIT      0BDH        ;ADC 中断优先级控制位
```

```
PS          BIT         0BCH        ;串口 1 中断优先级控制位
PT1         BIT         0BBH        ;T1 中断优先级控制位
PX1         BIT         0BAH        ;外部中断 1 优先级控制位
PT0         BIT         0B9H        ;T0 中断优先级控制位
PX0         BIT         0B8H        ;外部中断 0 优先级控制位
; * * * PSW(0D0H) * * *
P           BIT         0D0H        ;奇偶标志位
F1          BIT         0D1H        ;用户标识位 1
OV          BIT         0D2H        ;溢出标志位
RS0         BIT         0D3H        ;工作寄存器组选择控制位 0
RS1         BIT         0D4H        ;工作寄存器组选择控制位 1
FO          BIT         0D5H        ;用户标志位 0
AC          BIT         0D6H        ;辅助进位标志位
CY          BIT         0D7H        ;进位标志位
; * * * CCON(0D8H) * * *
CCF0        BIT         0D8H        ;PCA 模块 0 中断标志
CCF1        BIT         0D9H        ;PCA 模块 1 中断标志
CCF2        BIT         0DAH        ;PCA 模块 2 中断标志
CR          BIT         0DEH        ;PCA 计数器计数允许控制位
CF          BIT         0DFH        ;PCA 计数器溢出(CH、CL 由 FFFFH 变为 0000H)标志
; * * * 0 区寄存器 R0~R7 定义 * * *
Reg0        Data        00H         ;寄存器 R0
Reg1        Data        01H         ;寄存器 R1
Reg2        Data        02H         ;寄存器 R2
Reg3        Data        03H         ;寄存器 R3
Reg4        Data        04H         ;寄存器 R4
Reg5        Data        05H         ;寄存器 R5
Reg6        Data        06H         ;寄存器 R6
Reg7        Data        07H         ;寄存器 R7
RegB        Data        0F0H        ;寄存器 B
$ RESTORE
```

附录 D STC15F 系列单片机寄存器头文件 stc15.h 内容

```
//内核特殊功能寄存器              //复位值         描述
sfr ACC          =  0xE0;     //0000,0000     累加器 A
sfr B            =  0xF0;     //0000,0000     B 寄存器
```

```
sfr PSW          = 0xD0;    //0000, 0000    程序状态字
sbit CY          = PSW^7;   //              进位标志位
sbit AC          = PSW^6;   //              辅助进位标志位
sbit F0          = PSW^5;   //              用户标志位 0
sbit RS1         = PSW^4;   //              工作寄存器组选择控制位
sbit RS0         = PSW^3;   //              工作寄存器组选择控制位
sbit OV          = PSW^2;   //              溢出标志位
sbit P           = PSW^0;   //              奇偶标志位
sfr SP           = 0x81;    //0000, 0111    堆栈指针
sfr DPL          = 0x82;    //0000, 0000    数据指针低字节
sfr DPH          = 0x83;    //0000, 0000    数据指针高字节

//I/O 口特殊功能寄存器
sfr P0           = 0x80;    //1111, 1111    端口 0
sfr P1           = 0x90;    //1111, 1111    端口 1
sfr P2           = 0xA0;    //1111, 1111    端口 2
sfr P3           = 0xB0;    //1111, 1111    端口 3
sfr P4           = 0xC0;    //1111, 1111    端口 4
sfr P5           = 0xC8;    //xxxx, 1111    端口 5
sfr P6           = 0xE8;    //0000, 0000    端口 6
sfr P7           = 0xF8;    //0000, 0000    端口 7
sfr P0M0         = 0x94;    //0000, 0000    端口 0 模式寄存器 0
sfr P0M1         = 0x93;    //0000, 0000    端口 0 模式寄存器 1
sfr P1M0         = 0x92;    //0000, 0000    端口 1 模式寄存器 0
sfr P1M1         = 0x91;    //0000, 0000    端口 1 模式寄存器 1
sfr P2M0         = 0x96;    //0000, 0000    端口 2 模式寄存器 0
sfr P2M1         = 0x95;    //0000, 0000    端口 2 模式寄存器 1
sfr P3M0         = 0xB2;    //0000, 0000    端口 3 模式寄存器 0
sfr P3M1         = 0xB1;    //0000, 0000    端口 3 模式寄存器 1
sfr P4M0         = 0xB4;    //0000, 0000    端口 4 模式寄存器 0
sfr P4M1         = 0xB3;    //0000, 0000    端口 4 模式寄存器 1
sfr P5M0         = 0xCA;    //0000, 0000    端口 5 模式寄存器 0
sfr P5M1         = 0xC9;    //0000, 0000    端口 5 模式寄存器 1
sfr P6M0         = 0xCC;    //0000, 0000    端口 6 模式寄存器 0
sfr P6M1         = 0xCB;    //0000, 0000    端口 6 模式寄存器 1
sfr P7M0         = 0xE2;    //0000, 0000    端口 7 模式寄存器 0
sfr P7M1         = 0xE1;    //0000, 0000    端口 7 模式寄存器 1
//系统管理特殊功能寄存器
```

```
sfr PCON          = 0x87;      //0001, 0000      电源控制寄存器
sfr AUXR          = 0x8E;      //0000, 0000      辅助寄存器
sfr AUXR1         = 0xA2;      //0000, 0000      辅助寄存器1
sfr P_SW1         = 0xA2       //0000, 0000      外设端口切换寄存器1
sfr CLK_DIV       = 0x97;      //0000, 0000      时钟分频控制寄存器
sfr BUS_SPEED     = 0xA1;      //xx10, x011      总线速度控制寄存器
sfr P1ASF         = 0x9D;      //0000, 0000      端口1模拟功能配置寄存器
sfr P_SW2         = 0xBA;      //0xxx, x000      外设端口切换寄存器

//中断控制特殊功能寄存器
sfr IE            = 0xA8;      //0000, 0000      中断控制寄存器
sbit EA           = IE^7;      //                总中断允许位
sbit ELVD         = IE^6;      //                低电压检测中断控制位
sbit EADC         = IE^5;      //                ADC中断允许控制位
sbit ES           = IE^4;      //                串口1中断允许位
sbit ET1          = IE^3;      //                T1溢出中断允许位
sbit EX1          = IE^2;      //                外部中断1允许位
sbit ET0          = IE^1;      //                T0溢出中断允许位
sbit EX0          = IE^0;      //                外部中断0允许位
sfr IP            = 0xB8;      //0000, 0000      中断优先级寄存器
sbit PPCA         = IP^7;      //                PCA中断优先级控制位
sbit PLVD         = IP^6;      //                低电压检测中断优先级控制位
sbit PADC         = IP^5;      //                ADC中断优先级控制位
sbit PS           = IP^4;      //                串口1中断优先级控制位
sbit PT1          = IP^3;      //                T1中断优先级控制位
sbit PX1          = IP^2;      //                外部中断1优先级控制位
sbit PT0          = IP^1;      //                T0中断优先级控制位
sbit PX0          = IP^0;      //                外部中断0优先级控制位
sfr IE2           = 0xAF;      //0000, 0000      中断控制寄存器2
sfr IP2           = 0xB5;      //xxxx, xx00      中断优先级寄存器2
sfr INT_CLKO      = 0x8F;      //0000, 0000      外部中断与时钟输出控制寄存器

//定时器特殊功能寄存器
sfr TCON          = 0x88;      //0000, 0000      T0/T1控制寄存器
sbit TF1          = TCON^7;    //                T1溢出中断标志
sbit TR1          = TCON^6;    //                T1运行控制位
sbit TF0          = TCON^5;    //                T0溢出中断标志
sbit TR0          = TCON^4;    //                T0运行控制位
```

```
sbit IE1          =   TCON^3;   //            外部中断 1 请求标志
sbit IT1          =   TCON^2;   //            选择外部中断 1 请求为边沿触
                                               发方式的控制位
sbit IE0          =   TCON^1;   //            外部中断 0 请求标志
sbit IT0          =   TCON^0;   //            选择外部中断 0 请求为边沿触
                                               发方式的控制位
sfr TMOD          =   0x89;     //0000,0000   T0/T1 模式寄存器
sfr TL0           =   0x8A;     //0000,0000   T0 低字节
sfr TL1           =   0x8B;     //0000,0000   T1 低字节
sfr TH0           =   0x8C;     //0000,0000   T0 高字节
sfr TH1           =   0x8D;     //0000,0000   T1 高字节
sfr T4T3M         =   0xD1;     //0000,0000   T3/T4 模式寄存器
sfr T3T4M         =   0xD1;     //0000,0000   T3/T4 模式寄存器
sfr T4H           =   0xD2;     //0000,0000   T4 高字节
sfr T4L           =   0xD3;     //0000,0000   T4 低字节
sfr T3H           =   0xD4;     //0000,0000   T3 高字节
sfr T3L           =   0xD5;     //0000,0000   T3 低字节
sfr T2H           =   0xD6;     //0000,0000   T2 高字节
sfr T2L           =   0xD7;     //0000,0000   T2 低字节
sfr WKTCL         =   0xAA;     //0000,0000   掉电唤醒定时器低字节
sfr WKTCH         =   0xAB;     //0000,0000   掉电唤醒定时器高字节
sfr WDT_CONTR     =   0xC1;     //0000,0000   看门狗控制寄存器

//串行口特殊功能寄存器
sfr SCON          =   0x98;     //0000,0000   串行口 1 控制寄存器
sbit SM0          =   SCON^7;   //            串行口工作方式设定控制位 0
sbit SM1          =   SCON^6;   //            串行口工作方式设定控制位 1
sbit SM2          =   SCON^5;   //            UART 的 SM2 设定
sbit REN          =   SCON^4;   //            接收允许位
sbit TB8          =   SCON^3;   //            发送数据的第 9 位
sbit RB8          =   SCON^2;   //            接收数据的第 9 位
sbit TI           =   SCON^1;   //            发送中断标志
sbit RI           =   SCON^0;   //            接收中断标志
sfr SBUF          =   0x99;     //xxxx,xxxx   串行口 1 数据缓冲器
sfr S2CON         =   0x9A;     //0000,0000   串行口 2 控制寄存器
sfr S2BUF         =   0x9B;     //xxxx,xxxx   串行口 2 数据缓冲器
sfr S3CON         =   0xAC;     //0000,0000   串行口 3 控制寄存器
sfr S3BUF         =   0xAD;     //xxxx,xxxx   串行口 3 数据缓冲器
```

```
sfr S4CON          =   0x84;      //0000,0000    串行口 4 控制寄存器
sfr S4BUF          =   0x85;      //xxxx,xxxx    串行口 4 数据缓冲器
sfr SADDR          =   0xA9;      //0000,0000    从机地址寄存器
sfr SADEN          =   0xB9;      //0000,0000    从机地址屏蔽寄存器


//ADC 特殊功能寄存器
sfr ADC_CONTR      =   0xBC;      //0000,0000    A/D 转换控制寄存器
sfr ADC_RES        =   0xBD;      //0000,0000    A/D 转换结果高 8 位
sfr ADC_RESL       =   0xBE;      //0000,0000    A/D 转换结果低 2 位


//SPI 特殊功能寄存器
sfr SPSTAT         =   0xCD;      //00xx,xxxx    SPI 状态寄存器
sfr SPCTL          =   0xCE;      //0000,0100    SPI 控制寄存器
sfr SPDAT          =   0xCF;      //0000,0000    SPI 数据寄存器


//IAP/ISP 特殊功能寄存器
sfr IAP_DATA       =   0xC2;      //0000,0000    EEPROM 数据寄存器
sfr IAP_ADDRH      =   0xC3;      //0000,0000    EEPROM 地址高字节
sfr IAP_ADDRL      =   0xC4;      //0000,0000    EEPROM 地址低字节
sfr IAP_CMD        =   0xC5;      //xxxx,xx00    EEPROM 命令寄存器
sfr IAP_TRIG       =   0xC6;      //0000,0000    EEPRPM 命令触发寄存器
sfr IAP_CONTR      =   0xC7;      //0000,x000    EEPROM 控制寄存器


//PCA/PWM 特殊功能寄存器
sfr CCON           =   0xD8;      //00xx,xx00    PCA 控制寄存器
sbit CF            =   CCON^7;    //             PCA 计数器溢出(CH,CL 由
                                  //             FFFFH 变 为 0000H)标志
sbit CR            =   CCON^6;    //             PCA 计数器计数允许控制位
sbit CCF2          =   CCON^2;    //             PCA 模块 2 中断标志
sbit CCF1          =   CCON^1;    //             PCA 模块 1 中断标志
sbit CCF0          =   CCON^0;    //             PCA 模块 0 中断标志
sfr CMOD           =   0xD9;      //0xxx,x000    PCA 工作模式寄存器
sfr CL             =   0xE9;      //0000,0000    PCA 计数器低字节
sfr CH             =   0xF9;      //0000,0000    PCA 计数器高字节
sfr CCAPM0         =   0xDA;      //0000,0000    PCA 模块 0 的工作模式寄存器
sfr CCAPM1         =   0xDB;      //0000,0000    PCA 模块 1 的工作模式寄存器
sfr CCAPM2         =   0xDC;      //0000,0000    PCA 模块 2 的工作模式寄存器
sfr CCAP0L         =   0xEA;      //0000,0000    PCA 模块 0 的捕捉/比较寄存器
```

				//	低字节
sfr CCAP1L	=	0xEB;	//0000,0000	//	PCA 模块 1 的捕捉/比较寄存器 低字节
sfr CCAP2L	=	0xEC;	//0000,0000	//	PCA 模块 2 的捕捉/比较寄存器 低字节
sfr PCA_PWM0	=	0xF2;	//xxxx,xx00		PCA 模块 0 的 PWM 寄存器
sfr PCA_PWM1	=	0xF3;	//xxxx,xx00		PCA 模块 1 的 PWM 寄存器
sfr PCA_PWM2	=	0xF4;	//xxxx,xx00		PCA 模块 2 的 PWM 寄存器
sfr CCAP0H	=	0xFA;	//0000,0000	//	PCA 模块 0 的捕捉/比较寄存器 高字节
sfr CCAP1H	=	0xFB;	//0000,0000	//	PCA 模块 1 的捕捉/比较寄存器 高字节
sfr CCAP2H	=	0xFC;	//0000,0000	//	PCA 模块 2 的捕捉/比较寄存器 高字节

//比较器特殊功能寄存器

sfr CMPCR1	=	0xE6;	//0000,0000	比较器控制寄存器 1
sfr CMPCR2	=	0xE7;	//0000,0000	比较器控制寄存器 2

//增强型 PWM 波形发生器特殊功能寄存器

sfr PWMCFG	=	0xf1;	//x000,0000	PWM 配置寄存器
sfr PWMCR	=	0xf5;	//0000,0000	PWM 控制寄存器
sfr PWMIF	=	0xf6;	//x000,0000	PWM 中断标志寄存器
sfr PWMFDCR	=	0xf7;	//xx00,0000	PWM 外部异常检测控制寄存器

附录 E 逻辑符号对照表

表 E-1 逻辑符号对照表

符号名称	国标符号	常用符号	国际流行符号	IEEE 逻辑符号
与门				
或门				

（续）

符号名称	国标符号	常用符号	国际流行符号	IEEE 逻辑符号
非门				
与非门				
或非门				
异或门				
同或门				

附录 F STC15F 系列单片机指令表

表 F-1 数据传送类指令表

助记符	操作数	说　明	字节数	传统 8051 单片机所需时钟	STC15F 系列单片机所需时钟
MOV	A，Rn	寄存器内容送累加器	1	12	1
MOV	A，direct	直接地址单元内容送累加器	2	12	2
MOV	A，@Ri	间接 RAM 单元内容送累加器	1	12	2
MOV	A，#data	立即数送累加器	2	12	2
MOV	Rn，A	累加器内容送寄存器	1	12	1
MOV	Rn，direct	直接地址单元内容送寄存器	2	24	3
MOV	Rn，#data	立即数送寄存器	2	12	2
MOV	direct，A	累加器内容送直接地址单元	2	12	2
MOV	direct，Rn	寄存器内容送直接地址单元	2	24	2

（续）

助记符	操作数	说　　明	字节数	传统 8051 单片机所需时钟	STC15F 系列单片机所需时钟
MOV	direct1，direct2	直接地址单元内容送另一直接地址单元	3	24	3
MOV	direct，@ Ri	间接 RAM 单元内容送直接地址单元	2	24	3
MOV	direct，data	立即数送直接地址单元	3	24	3
MOV	@ Ri，A	累加器内容送间接 RAM 单元	1	12	2
MOV	@ Ri，direct	直接地址单元内容送间接 RAM 单元	2	24	3
MOV	@ Ri，data	立即数送间接 RAM 单元	2	12	2
MOV	DPTR，#data16	16 位立即数送数据指针	3	24	3
MOVC	A，@ A+DPTR	DPTR 为基址，变址寻址单元内容送累加器	1	24	5
MOVC	A，@ A+PC	PC 为基址，变址寻址单元内容送累加器	1	24	4
MOVX	A，@ Ri	外部 RAM 单元内容送累加器（8 位地址）	1	24	3
MOVX	A，@ DPTR	外部 RAM 单元内容送累加器（16 位地址）	1	24	2
MOVX	@ Ri，A	累加器送外部 RAM 单元（8 位地址）	1	24	4
MOVX	@ DPTR，A	累加器送外部 RAM 单元（16 位地址）	1	24	3
PUSH	direct	直接地址单元内容压入栈顶	2	24	3
POP	direct	栈底内容弹出送入直接地址单元	2	24	2
XCH	A，Rn	寄存器内容与累加器内容交换	1	12	2
XCH	A，direct	直接地址单元内容与累加器内容交换	2	12	3
XCH	A，@ Ri	间接 RAM 单元内容与累加器内容交换	1	12	3
XCHD	A，@ Ri	间接 RAM 单元内容低 4 位与累加器内容交换	1	12	3
SWAP	A	累加器内容高 4 位与低 4 位交换	1	12	1

表 F-2　算数运算类指令表

助记符	操作数	说　　明	字节数	传统 8051 单片机所需时钟	STC15F 系列单片机所需时钟
ADD	A，Rn	寄存器内容加到累加器	1	12	1
ADD	A，direct	直接地址单元内容加到累加器	2	12	2

（续）

助记符	操作数	说　明	字节数	传统 8051 单片机所需时钟	STC15F 系列单片机所需时钟
ADD	A，@Ri	间接 RAM 单元内容加到累加器	1	12	2
ADD	A，#data	立即数加到累加器	2	12	2
ADDC	A，Rn	寄存器带进位加到累加器	1	12	1
ADDC	A，direct	直接地址单元内容带进位加到累加器	2	12	2
ADDC	A，@Ri	间接 RAM 单元内容带进位加到累加器	1	12	2
ADDC	A，#data	立即数带进位加到累加器	2	12	2
SUBB	A，Rn	累加器带借位减寄存器内容	1	12	1
SUBB	A，direct	累加器带借位减直接地址单元内容	2	12	2
SUBB	A，@Ri	累加器带借位减间接 RAM 单元内容	1	12	2
SUBB	A，#data	累加器带借位减立即数	2	12	2
INC	A	累加器加 1	1	12	1
INC	Rn	寄存器加 1	1	12	2
INC	direct	直接地址单元加 1	2	12	3
INC	@Ri	间接 RAM 单元加 1	1	12	3
INC	DPTR	数据指针加 1	1	24	1
DEC	A	累加器减 1	1	12	1
DEC	Rn	寄存器减 1	1	12	2
DEC	direct	直接地址单元减 1	2	12	3
DEC	@Ri	间接 RAM 单元减 1	1	12	3
MUL	AB	A 乘以 B	1	48	2
DIV	AB	A 除以 B	1	48	6
DA	A	十进制调整	1	12	3

表 F-3　逻辑运算类指令表

助记符	操作数	说　明	字节数	传统 8051 单片机所需时钟	STC15F 系列单片机所需时钟
ANL	A，Rn	累加器与寄存器相与	1	12	1
ANL	A，direct	累加器与直接地址单元相与	2	12	2
ANL	A，@Ri	累加器与间接 RAM 单元相与	1	12	2
ANL	A，#data	累加器与立即数相与	2	12	2

（续）

助记符	操作数	说　　明	字节数	传统 8051 单片机所需时钟	STC15F 系列单片机所需时钟
ANL	direct A	直接地址单元与累加器相与	2	12	3
ANL	direct, #data	直接地址单元与立即数相与	3	24	3
ORL	A, Rn	累加器与寄存器相或	1	12	1
ORL	A, direct	累加器与直接地址单元相或	2	12	2
ORL	A, @ Ri	累加器与间接 RAM 单元相或	1	12	2
ORL	A, #data	累加器与立即数相或	2	12	2
ORL	direct, A	直接地址单元与累加器相或	2	12	3
ORL	direct, #data	直接地址单元与立即数相或	3	24	3
XRL	A, Rn	累加器与寄存器相异或	1	12	1
XRL	A, direct	累加器与直接地址单元相异或	2	12	2
XRL	A, @ Ri	累加器与间接 RAM 单元相异或	1	12	2
XRL	A, #data	累加器与立即数相异或	2	12	2
XRL	direct A	直接地址单元与累加器相异或	2	12	3
XRL	direct, #data	直接地址单元与立即数相异或	3	24	3
CLR	A	累加器清零	1	12	1
CPL	A	累加器取反	1	12	1
RL	A	累加器循环左移	1	12	1
RLC	A	累加器带进位循环左移	1	12	1
RR	A	累加器循环右移	1	12	1
RRC	A	累加器带进位循环右移	1	12	1

表 F-4　控制转移类指令表

助记符	操作数	说　　明	字节数	传统 8051 单片机所需时钟	STC15F 系列单片机所需时钟
ACALL	addr11	绝对（短）调用子程序	2	24	4
LCALL	addr16	长调用子程序	3	24	4
RET		子程序返回	1	24	4
RETI		中断返回	1	24	4
AJMP	addr11	绝对（短）转移	2	24	3
LJMP	addr16	长转移	3	24	4
SJMP	rel	短转移	2	24	3
JMP	@ A+DPTR	相对于 DPTR 间接转移	1	24	5
JZ	rel	累加器为 0 转移	2	24	4
JNZ	rel	累加器为非 0 转移			

（续）

助记符	操作数	说　　明	字节数	传统 8051 单片机所需时钟	STC15F 系列单片机所需时钟
CJNE	A，direct，rel	累加器与直接地址单元比较，不相等则转移	3	24	5
CJNE	A，#data，rel	累加器与立即数比较，不相等则转移	3	24	4
CJNE	Rn，#data，rel	寄存器与立即数比较，不相等则转移	3	24	4
CJNE	@Ri，#data，rel	间接 RAM 单元与立即数比较，不相等则转移	3	24	5
DJNZ	Rn，rel	寄存器减 1，非 0 则转移	2	24	4
DJNZ	direct，rel	直接地址单元减 1，非 0 则转移	3	24	5
NOP		空操作	1	12	1

表 F-5　布尔操作类指令表

助记符	操作数	说　　明	字节数	传统 8051 单片机所需时钟	STC15F 系列单片机所需时钟
CLR	C	进位位清 0	1	12	1
CLR	bit	直接地址位清 0	2	12	3
SETB	C	进位位置 1	1	12	1
STEB	bit	直接地址位置 1	2	12	3
CPL	C	进位位取反	1	12	1
CPL	bit	直接地址位取反	2	12	3
ANL	C，bit	进位位和直接地址位相与	2	24	2
ANL	C，/bit	进位位和直接地址位的反码相与	2	24	2
ORL	C，bit	进位位和直接地址位相或	2	24	2
ORL	C，/bit	进位位和直接地址位的反码相或	2	24	2
MOV	C，bit	直接地址位送进位位	2	12	2
MOV	bit，C	进位位送直接地址位	2	24	3
JC	rel	进位位为 1 则转移	2	24	3
JNC	rel	进位位为 0 则转移	2	24	3
JB	bit，rel	直接地址位为 1 则转移	3	24	5
JNB	bit，rel	直接地址位为 0 则转移	3	24	5
JBC	bit，rel	直接地址位为 1 则转移，该位清 0	3	24	5

附录 G ASCII 码表

表 G-1 ASCII 码表

ASCII 值	控制字符	ASCII 值	控制字符	ASCII 值	控制字符	ASCII 值	控制字符
0	NUL	32	(space)	64	@	96	`
1	SOH	33	!	65	A	97	a
2	STX	34	"	66	B	98	b
3	ETX	35	#	67	C	99	c
4	EOT	36	$	68	D	100	d
5	ENQ	37	%	69	E	101	e
6	ACK	38	&	70	F	102	f
7	BEL	39	´	71	G	103	g
8	BS	40	(	72	H	104	h
9	HT	41	)	73	I	105	i
10	LF	42	*	74	J	106	j
11	VT	43	+	75	K	107	k
12	FF	44	,	76	L	108	l
13	CR	45	-	77	M	109	m
14	SO	46	.	78	N	110	n
15	SI	47	/	79	O	111	o
16	DLE	48	0	80	P	112	p
17	DC1	49	1	81	Q	113	q
18	DC2	50	2	82	R	114	r
19	DC3	51	3	83	S	115	s
20	DC4	52	4	84	T	116	t
21	NAK	53	5	85	U	117	u
22	SYN	54	6	86	V	118	v
23	ETB	55	7	87	W	119	w
24	CAN	56	8	88	X	120	x
25	EM	57	9	89	Y	121	y
26	SUB	58	:	90	Z	122	z
27	ESC	59	;	91	[	123	{
28	FS	60	<	92	\	124	|
29	GS	61	=	93	]	125	}
30	RS	62	>	94	^	126	~
31	US	63	?	95	_	127	DEL

附录 H　常用元器件

H.1　74HC573 芯片

74HC573 芯片是具有八路输出的透明锁存器，输出为三态门，是一种高性能硅栅 CMOS 器件。该芯片适用于实现缓冲寄存器、I/O 口拓展、双向总线驱动器和工作寄存器。图 H-1 为芯片接口示意图，其中 $\overline{OE}$ 为输出使能端口，D 表示数据输入接口，GND 表示地线接口，V_{CC} 表示电源正极接口（一般接+5V 电压），Q 表示数据输出接口，LE 表示锁存使能端口。图 H-2 所示为该锁存器的真值图，其中 L 表示低电平，H 表示高电平，×表示任意电平（可以忽视），Q_0 表示上一次的电平状态，Z 表示高阻抗状态。

结合真值图分析，当输出使能端口（$\overline{OE}$）为高电平时，数据输出端口（Q）始终为高阻抗状态，此时芯片会处于不可控状态。当输出使能端口（$\overline{OE}$）为低电平且锁存使能端口（LE）为高电平时，数据输出端口（Q）的状态将和数据输入端口（D）的状态同步变化，此时器件的锁存对于数据是透明的；当输出使能端口（$\overline{OE}$）为低电平且锁存使能端口（LE）为低电平时，数据输出端口（Q）会保持上一次的电平，此时符合建立时间和保持时间的数据会被锁存。

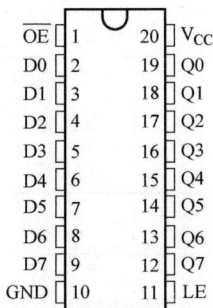

$\overline{OE}$	1	20	V_{CC}
D0	2	19	Q0
D1	3	18	Q1
D2	4	17	Q2
D3	5	16	Q3
D4	6	15	Q4
D5	7	14	Q5
D6	8	13	Q6
D7	9	12	Q7
GND	10	11	LE

图 H-1　74HC573 芯片引脚图

输入			输出
$\overline{OE}$	LE	D	Q
L	H	H	H
L	H	L	L
L	L	X	Q_0
H	X	X	Z

图 H-2　74HC573 芯片真值图

H.2　74HC595 芯片

74HC595 是一个具有 8 位 3 态移位寄存器和输出锁存器的高速 CMOS 芯片，它的移位寄存器和存储寄存器有相互独立的时钟。图 H-3 为该芯片的引脚示意图，其中各引脚所表示的含义见表 H-1。下面将详细介绍 74HC595 芯片中一些重要引脚的使用方法：

- QA～QH：此 8 个引脚为芯片的三态输出引脚，可以直接与数码管引脚相连接。
- SQH：是级联输出端，输出串行数据，将该端口与另外一个 74HC595 的 SI（数据输入）端口相连可以并行控制多个数码管。
- SCLR：该引脚用于重置移位寄存器，根据图 H-4 所示真值图，当 SCLR 为低电平时，移位寄存器会被清零。

- SCK：移位寄存器的时钟脉冲输入口，上升沿时数据寄存器的数据将移位（QA→QB→QC→…→QH），下降沿时移位寄存器数据不变。
- RCK：上升沿时移位寄存器的数据进入数据存储寄存器，下降沿时存储寄存器数据不变。通常将 RCK 置为低电平，当移位结束后，在 RCK 端产生一个正脉冲，更新显示数据。
- $\overline{OE}$：输出使能端，当 $\overline{OE}$ 为高电平时，QA~QH 为高阻态状态（不通电）；当 $\overline{OE}$ 为低电平时，QA~QH 将输出有效值。
- SI：为串行数据输入端，数据通过该接口一位一位地传递。

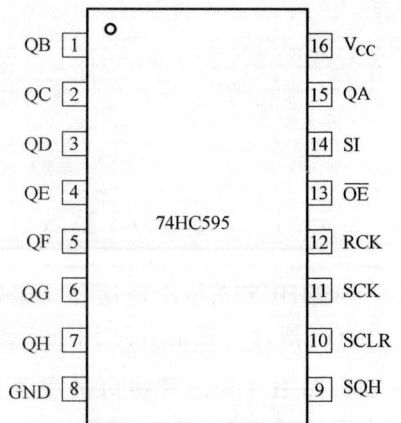

图 H-3　74HC595 芯片引脚图

表 H-1　74HC595 引脚说明

引 脚 编 号	引 脚 名	说　　明
15、1、2、3、4、5、6、7	QA~QH	三态输出引脚
8	GND	地线端
9	SQH	串行数据输出引脚
10	SCLR	移位寄存器清零端
11	SCK	数据输入时钟线
12	RCK	输出存储器锁存时钟线
13	$\overline{OE}$	输出使能端
14	SI	串行数据输入引脚
16	V_{CC}	电源端

输 入 引 脚					输 出 引 脚
SI	SCK	SCLR	RCK	$\overline{OE}$	
X	X	X	X	H	QA~QH输出高阻
X	X	X	X	L	QA~OH输出有效值
X	X	L	X	X	移位寄存器清0
L	上沿	H	X	X	移位寄存器存储L
H	上沿	H	X	X	移位寄存器存储H
X	下沿	H	X	X	移位寄存器状态保持
X	X	X	上沿	X	输出存储器锁存移位寄存器中的状态值
X	X	X	下沿	X	输出存储器状态保持

图 H-4　74HC595 芯片真值图

H.3 LED 数码管

LED 数码管（LED Segment Displays）是由多个发光二极管封装在一起组成 8 字形的器件，引线已在内部连接完成，只需引出它们的各个笔画和公共电极。LED 数码管常用段数一般为 7 段，有的另加一个小数点，当数码管特定的段加上电压后，这些特定的段就会发亮，形成想要显示的数字。LED 数码管根据 LED 的接法不同分为共阴极和共阳极两类，了解 LED 的这些特性，对编程是很重要的，因为不同类型的数码管，除了它们的硬件电路有差异外，编程方法也是不同的。

图 H-5 所示为 LED 数码管共阳极接法的引脚图，它共有 10 个引脚，其中引脚 3 和引脚 8 为公共正极（该两引脚内部已经连接在一起），其余 8 个引脚分别为 7 段笔画和 1 个小数点的负极。共阳极接法的原理图如图 H-6 所示，8 个 LED 灯的阳极被连接在一起，通过控制各个 LED 灯的阴极电平来控制 LED 灯的开和关。使用共阳极数码管时，将其公共阳极（引脚 3 或 8 任选其一）接+5V 电源，将它们段选线（a，b，c，d，e，f，g，h）接到单片机数字端口上（如 P1.0~P1.7）。显示时，从段选线送入字符编码，数码管的 8 段对应一个字节的 8 位，而 a 和 h 分别对应最低和最高位。所以，如果想让数码管显示数字 0，那么共阳极数码管的字符编码为 11000000，即 0xC0；同理可以显示其他数字。

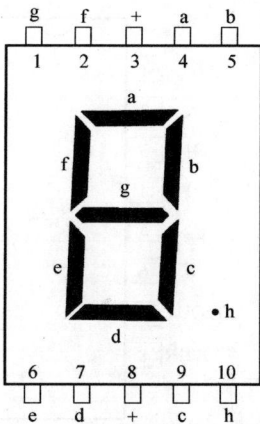

图 H-5　LED 数码管共阳极
接法引脚图

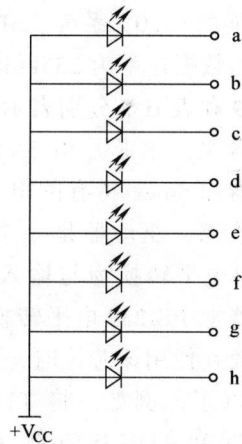

图 H-6　共阳极接法
原理图

共阴极接法就是将一个数码管的 8 个 LED 灯的阴极连接在一起，通过控制它们阳极的电平来控制 LED 灯的开和关，图 H-7 所示为共阴极接法的原理示意图。共阴极法的使用方法和共阳极法大致相同，在写程序时只需注意，数据位的状态刚好是相反的，如数字 0 的字符编码为 00111111，即 0x3F。图 H-8 所示为一个双数码管的显示模块，用法原理和单数码管一样。需注意的是图中引脚 5 和 6 分别是十位和个位的阴极。

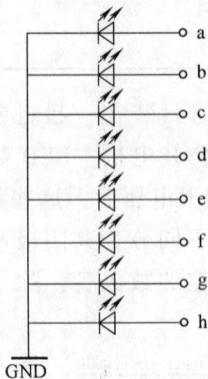

图 H-7 共阴极接法原理图

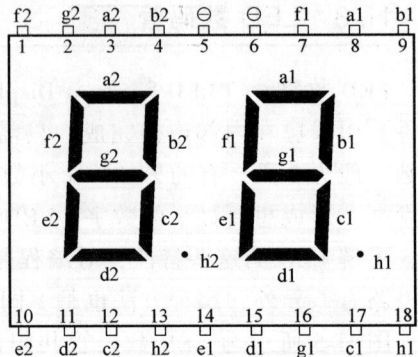

图 H-8 双数码管显示模块

H. 4 SP3232 芯片

单片机串口采用的是 TTL 电平（即输出高电平大于 2.4V，低电平小于 0.4V），PC 串口一般采用的是 RS-232 电平（即输出高电平为 $-3 \sim -15V$，低电平为 $+3 \sim +15V$）。为了实现单片机和 PC 进行串口通信，可以采用 SP3232 芯片对电平进行转换。

SP3232 包含 Sipex 系列特有的片内电荷泵电路，可从 $+3.0 \sim +5.5V$ 的电源电压产生 $2V_{CC}$ 的 RS-232 电压电平。该系列适用于 $+3.3V$ 系统，混合的 $+3.3 \sim +5.5V$ 系统或需要 RS-232 性能的 $+5.0V$ 系统。SP3232E 器件的驱动器满载工作时典型的数据速率为 235kbit/s。

图 H-9 和表 H-2 分别表示芯片的引脚示意图和每个引脚的详细含义。该芯片由 3 个基本电路模块组成：驱动器、接收器和 Sipex 特有的电荷泵。该芯片有两个驱动器和两个接收器，驱动器是一个反相发送器，它将 TTL 或 CMOS 逻辑电平转换为与输入逻辑电平相反的 RS-232 电平；接收器把 RS-232 电平转换成 TTL 或 CMOS 逻辑输出电平。一般在使用该芯片时，只需要关注一组驱动器和接收器就可以了。例如，将 T1IN、R1OUT 接到单片机上，再将 T1OUT 和 R1IN 接到 PC 串口上，再接好 GND 和 V_{CC} 引脚，就可以实现单片机和 PC 之间的串口通信了。

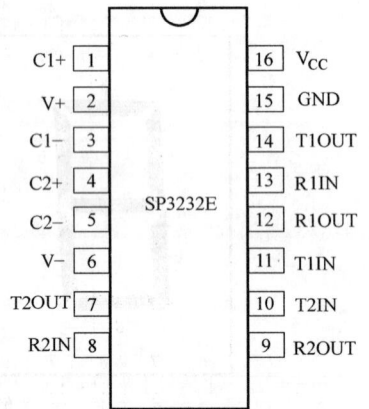

图 H-9 SP3232E 芯片引脚图

表 H-2 SP3232 芯片引脚定义

引脚号	说　明	引脚名
1	倍压电荷泵电容的正极	C1+
2	电荷泵产生的 +5.5V 电压	V+
3	倍压电荷泵电容的负极	C1−
4	反相电荷泵电容的正极	C2+
5	反相电荷泵电容的负极	C2−

（续）

引脚号	说　　明	引脚名
6	电荷泵产生的 -5.5V 电压	V-
14	RS-232 驱动器输出	T1OUT
7	RS-232 驱动器输出	T2OUT
13	RS-232 接收器输入	R1IN
8	RS-232 接收器输入	R2IN
12	TTL/CMOS 接收器输出	R1OUT
9	TTL/CMOS 接收器输出	R2OUT
11	TTL/CMOS 驱动器输入	T1IN
10	TTL/CMOS 驱动器输入	T2IN
15	接地	GND
16	+3.0~+5.5V 电源电压	V_{CC}

H.5　IS62C256AL 芯片

RAM（Random Access Memory）是一种可读写数据存储器，属于易失性存储器，断电后存储的数据就会消失，通常用于存储程序中产生的临时数据。单片机的 RAM 可以分为两类，一类是动态 RAM（Dynamic RAM）：功耗低，价格相对便宜，但需要定时刷新才能维持信息不变；另一类是静态 RAM（Static RAM）：成本相对较高，无须定时刷新，与单片机连接简单，无须添加辅助电路。一般 MCU 都内置有 RAM，但是容量有限，如本书使用的 STC15F2K60S2 型号单片机内置 RAM 的大小为 2KB。当内置 RAM 不够用时，可以考虑外置 RAM 来解决这一问题。

本书所介绍的外置 RAM 为 IS62C256AL 芯片，它是一款静态低功耗 CMOS 静态 RAM，存储量可达 32768B。目前常见的 IS62C256AL 有两种封装形式，如图 H-10 和 H-11 所示，

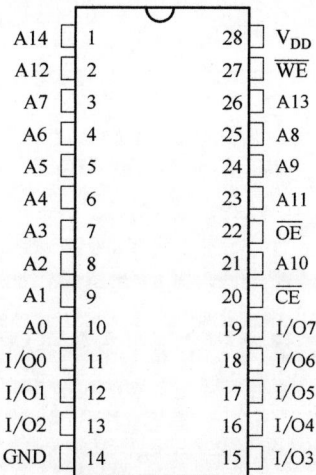

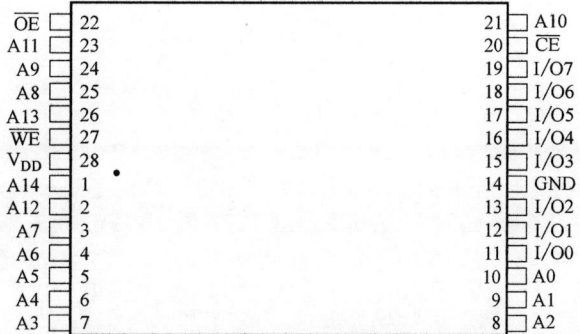

图 H-10　IS62C256AL 芯片封装 1 引脚图

图 H-11　IS62C256AL 芯片封装 2 引脚图

两种封装方式的引脚定义和数量都是相同的，各引脚的含义见表 H-3。

IS62C256AL 可直接与单片机的数字引脚连接起来，其中 A0 ~ A14 是用来选择地址的，该 RAM 一共可接 15 根地址线，所以能够存储 32KB（2^{15}）。数据线 I/O0 ~ I/O7 是用来往 RAM 中读取或者写入数据的。根据表 H-4 中芯片的模式定义，当 $\overline{CE}$ 为高电平时，这时就取消选定该芯片了，使芯片进入节能的待机模式，数据引脚呈现高阻断状态；而 $\overline{CE}$ 为低电平时，就能够正常使用该芯片了。$\overline{OE}$ 是用来禁用输出数据的，为了读写该芯片，一般将其设置为低电平。$\overline{WE}$ 是用来选择读数据或者写数据，当 $\overline{WE}$ 为高电平、$\overline{CE}$ 为低电平、$\overline{OE}$ 为低电平时，单片机可从输出引脚读数据；当 $\overline{WE}$ 为低电平、$\overline{CE}$ 为低电平、$\overline{OE}$ 为任意电平时、单片机可对数据引脚写数据。

表 H-3　IS62C256AL 芯片引脚定义

引脚编号	引脚名	说明
1 ~ 10，21，23 ~ 26	A0 ~ A14	地址输入
20	$\overline{CE}$	片选引脚
22	$\overline{OE}$	输出使能
27	$\overline{WE}$	写使能
11 ~ 13，15 ~ 19	I/O0 ~ I/O7	数据输入/输出
28	V_{DD}	电源
14	GND	接地

表 H-4　IS62C256AL 芯片模式定义

模式	$\overline{WE}$	$\overline{CE}$	$\overline{OE}$	输出引脚
取消选定（待机）	×	H	×	高阻断
禁止数据输出	H	L	H	高阻断
读数据	H	L	L	数据输出
写数据	L	L	×	数据输入

参 考 文 献

[1] 宏晶科技. STC15 单片机器件手册 [EB/OL]. [2019-04-01]. http://www. stcmcudata. com/datasheet/stc/STC-AD-PDF/STC15. pdf.

[2] 霍孟友. 单片机原理与应用 [M]. 2 版. 北京：机械工业出版社，2009.

[3] 丁向荣. 单片机原理与应用 [M]. 北京：清华大学出版社，2015.

[4] 蒋维. 基于 STC15 系列增强型单片机原理与接口技术 [M]. 北京：清华大学出版社，2014.

[5] 郭天祥. 新概念 51 单片机 C 语言教程 [M]. 北京：电子工业出版社，2009.

[6] 徐爱钧，徐阳. Keil C51 单片机高级语言应用编程与实践 [M]. 北京：电子工业出版社，2013.

[7] 赵广林. 常用电子元器件识别/检测/选用一读通 [M]. 北京：电子工业出版社，2017.

[8] 陈桂友. 单片机应用技术基础 [M]. 北京：机械工业出版社，2015.

[9] 王东锋，陈园园，郭向阳. 单片机 C 语言应用 100 例 [M]. 北京：电子工业出版社，2013.

[10] 蔡杏山. 51 单片机 C 语言教程 [M]. 北京：电子工业出版社，2017.

[11] 刘平，刘钊. STC15 单片机实战指南（C 语言版）[M]. 北京：清华大学出版社，2016.

[12] 万隆，巴凤丽，高峰，等. 单片机原理及应用技术 [M]. 北京：清华大学出版社，2014.

[13] 马潮. AVR 单片机嵌入式系统原理与应用实践 [M]. 北京：北京航空航天大学出版社，2007.

[14] 周立功，张华，等. 深入浅出 ARM7-LPC213x/214x：上册 [M]. 北京：北京航空航天大学出版社，2005.

[15] 张涵，王海堂，沈孝芹，等. ARM Cortex-M0 嵌入式系统设计与应用 [M]. 北京：电子工业出版社，2013.